空气变化规律与污染治理

——基于西部城市群大气环境质量数据

胡秋灵　著

AIR CHANGE LAW AND POLLUTION CONTROL

BASED ON THE ATMOSPHERE ENVIRONMENT QUALITY DATA OF
WESTERN URBAN AGGLOMERATION IN CHINA

人民出版社

前　言

　　空气污染危害人类身体健康乃至生命，危害经济可持续发展及社会稳定。2013 年至 2015 年，在我国多个城市群，区域性灰霾天气频繁发生，持续较长的重度灰霾天气引起公众恐慌，给正常生产经营带来严重影响，迫使"我们要像对贫困宣战一样，坚决向污染宣战"①，要"铁腕治污"加"铁规治污"。②"建设生态文明是中华民族永续发展的千年大计"③，我们必须持续实施大气污染防治行动，打赢蓝天保卫战。虽然大气污染治理法规及举措日益严厉，近几年我国城市群的空气质量也有所改善，但空气污染治理仍任重道远。

　　2012 年我国新《空气质量标准》发布，新增 $PM_{2.5}$ 和 O_3 为监测和评价空气质量常规指标，加严了 PM_{10} 和 NO_2 的浓度限值。2012 年至 2014 年，环保部组织分三个阶段完成了全国地级及以上城市空气质量新标准监测实施工作。截至 2014 年年底，全国 338 个地级及以上城市共 1436 个监测点位全部开展了空气质量新标准监测，并从 2015 年 1 月 1 日起实时发布 338 个城市

---

　　①　李克强：《十二届全国人大二次会议政府工作报告》，2014 年 3 月 5 日。
　　②　李克强：《2014 全国两会记者会实录》，人民出版社 2014 年版，第 15 页。
　　③　习近平：《决胜全面建成小康社会　夺取新时代中国特色社会主义伟大胜利——在中国共产党第十九次全国代表大会上的报告》，人民出版社 2017 年版，第 23 页。

实时监测数据。这样，我国大气环境自动监测将积累海量大气环境数据。如何依据新的海量数据资源，借鉴新的科学方法，充分挖掘大气污染的科学规律，为大气污染治理提供新的科学依据，成为迫切需要解决的热点问题。

本书利用 AQI 高频海量数据资源，在运用传统统计学方法的基础上，借鉴时间和空间计量经济学、数据挖掘等学科在处理高频海量数据方面具有的优势和科学分析方法，充分挖掘西部多个城市群各城市空气污染的独特规律及城市群内各城市空气污染的关联规律，在此基础上提出了相应的空气污染治理对策，并进一步设计了区域空气污染联防联治的费用分担结算机制。既丰富了环境统计学和环境管理学理论，又对空气污染区域联防联控有重要的现实指导意义。

本书是教育部人文社会科学研究项目"基于 AQI 高频大数据的西部城市群空气污染规律挖掘和治污减霾对策设计（15XJA910001）"的最终成果，同时也获得陕西师范大学一流学科建设基金资助。本书研究的目标是挖掘西部城市群空气污染规律，为西部城市群空气污染治理提供科学依据；在此基础上，提出西部各城市群空气污染治理对策，为西部各城市群空气污染治理提供科学支撑。

本书的特色主要表现在两个方面。一是研究视角新。表现在：（1）基于 AQI 高频大数据的西部城市群治污减霾对策设计符合复杂性空气污染治理趋势，即多污染物控制及区域联防联治；（2）以不同层级的西部城市群为研究对象，分别制定治理对策。不同层级的城市群因自然禀赋、经济发展、行政区划、管理力度等的不同，空气污染的特征必然存在差异，因此，需要提出差异化治理对策。二是研究方法新。表现在：（1）利用统计分析、金融计量经济学、数据挖掘、空间计量经济学等方法挖掘城市群空气污染规律，取各学科门类方法之长；（2）从时空变化、统计规律挖掘到治污减霾对策设计、治理政策效果评估，再到区域联防联治责任分担结算机制的提出，层层递进，体现了严密的研究逻辑，研究结果的适用性大增；（3）区域空气污染联防联治的费用分摊结算机制的设计，既运用了金融计量经济学方法的结果，又借鉴了银行间支票结算机制，使得该成果的运用简单实用，节省成本。

　　本书在数据上使用高频数据，在方法上借鉴多学科方法，特别是尝试将金融计量经济学方法和金融学知识应用于城市群内各城市大气污染关联规律的分析和区域空气污染联防联治的费用分摊结算机制的设计，有抛砖引玉之效果，期望越来越多的研究者尝试运用跨学科方法和理念，另辟蹊径也许有利于打开思路，解决困惑。当然，书中难免存在不足，恳请读者批评指正！

胡秋灵

2018 年 11 月 8 日

于西安

目　录

第一部分　空气污染时空变化分析

第二部分　空气污染统计规律分析

第三部分　空气污染规律挖掘及治污减霾对策设计

第四部分　空气污染规律分析及治理政策效果评估

第五部分　研究总结及区域联防联治费用结算机制设计

第一部分

空气污染时空变化分析

第一章　成渝城市群空气污染时空变化分析

　　成渝城市群属于国家级城市群[1]，它是长江经济带战略和西部大开发板块的"契合点"，是"一带一路"倡议的重要支撑，其经济战略地位不言而喻。随着经济的发展，能源消耗巨大，成渝城市群空气污染日益严重。成渝城市群内各城市空气相通流域一体，污染物的排放在城市群内不同城市之间输送，转化，耦合，导致成渝城市群空气污染进入多过程演化的复合型阶段[2]。因此单靠城市群内一个城市自身的力量，采用各自为政的方式难以有效地解决目前成渝城市群的空气污染问题，区域性的联防联治已成为大势所趋。成渝城市群作为西南地区经济发展的领头羊，由于地理资源禀赋及产业发展特点，其空气污染具有明显的区域性特征。研究成渝城市群空气污染的时空变化规律，是确保提出有效的成渝城市群治污减霾对策的关键。

第一节　文献综述

　　国外学者早期对空气污染的探讨主要集中于空气污染与气候变化的关系

---

　　[1]　国务院批复时间 2016 年 4 月 12 日，见《关于成渝城市群发展规划的批复》，国函〔2016〕68 号。
　　[2]　王金南、宁淼、孙亚梅：《区域空气污染联防联控的理论与方法分析》，《环境与可持续发展》2012 年第 5 期。

（Quinn 等①，2003；Sachweh 等②，1995；Stein 等③，2003），由于空气污染总是以区域连片的状态出现，近年来国内外大量研究主要针对区域性的空气污染特征，Malm（1992）分析了美国大陆性空气污染天气的时空特征④，Lanzafame 等⑤（2015）、Anikender 等⑥（2011）通过分析意大利卡塔尼亚、印度德里近年来的空气质量指数数据，归纳概括了两地区的空气污染特征，并基于此对两地的未来空气质量做了预测分析。国内学者关于区域性空气污染的研究主要集中于京津冀城市群、长江三角洲城市群以及珠江三角洲城市群。丁峰等指出京津冀地区城际间空气污染相互影响明显，提出京津冀三地联防联控需要合理有效利用总量减排、结构减排和工程减排三种模式，并实施区域内外多种污染物的协调控制⑦；王怀成等通过构建双变量空间自相关模型，揭示了长三角地区产业集聚与空气污染的空间关联性⑧；卢鹏宇通过分析泛珠三角地区经济增长与环境污染关系，得出泛珠三角各省区人均GDP 的增长对人均工业废气排放量和人均工业固体废物产生量存在正向

---

① Quinn, P.K., Bates, T.S., "North American, Asian, and Indian Haze Similar Region Impacts on Climate", *Geophysical Research Letters*, Vol.30, No.11, 2003, pp. 1555-1559.

② Sachweh, M., Koepke, P., "Radiationfog and Urban Climate", *Geophysical Research Letters*, Vol. 22, No.9, 1995, pp. 1073-1076.

③ Stein, D.C, Swap, R.J., Greco, S., et al., "Haze Layer Characterization and Associated Meteorological Control Along the Eastern Coastal Region of Southern Africa", *Journal of Geophysical Research*, Vol. 108, No.13, 2003, pp. 8506.

④ Malm, W.C., "Characteristics and Origins of Haze in the Continental United States", *Earth-Science Reviews*, Vol.33, No.1, 1992, pp. 1-36.

⑤ Lanzafame, R., Monforte, P., Pntane, G., Strano, S., "Trend Analysis of Air Quality in Catania from 2010 to 2014", *Energy Procedia*, No.82, 2015, pp. 708-715.

⑥ Anikender, K., Goyal, P., "Forecasting of Daily Air Quality Index in Delhi", *Science of Total Environment*, Vol.409, No.24, 2011, pp. 5517-5523.

⑦ 丁峰、张阳、李鱼：《京津冀空气污染现状及防治方向探讨》，《环境保护》2014 年第21 期。

⑧ 王怀成、张连马、蒋晓威：《泛长三角产业发展与环境污染的空间关联性研究》，《中国人口·资源与环境》2014 年第S1 期。

影响①。国内学者对京津冀、长三角及珠三角城市群的空气污染关注度较高，主要原因可能在于：京津冀、长三角、珠三角城市群经济发达、空气污染程度严重。然而，随着第二轮西部大开发战略的实施，以及西部较快的经济增速，特别是东部落后产能及污染产业向西部的转移，西部城市群空气污染程度也日趋严重，成渝城市群也不例外。

　　早期关于空气污染特征的研究，大多采用的是描述性统计方法，近几年有学者开始将空间计量模型方法应用于对空气污染空间特征的研究。Anil 等②（2004）最早运用空间计量模型方法研究空气污染的空间特征，目前已有一些学者将空间计量模型方法引入对空气污染的空间溢出效应和空间相关的研究中。Poon 等（2006）运用空间计量模型方法研究发现 SO_2 和烟尘在中国大陆省域之间存在空间溢出效应③；马丽梅等（2014）利用空间计量模型方法研究得出中国大陆 31 个省区市之间 PM_{10} 存在显著的空间正相关性④。王金南等（2014）利用测算空间相关性指标的莫然指数（Moran's I）方法分析了中国大陆 10km 二氧化碳排放的空间特征⑤。东童童等（2015）利用空间滞后模型、空间误差模型和空间杜宾模型探讨了工业集聚对空气污染的影响⑥。

————————————

　　①　卢鹏宇：《泛珠三角地区经济增长与环境污染关系的实证研究》，《统计与决策》2012 年第 2 期。

　　②　Anil, R., Goetz, S.J., Debertin, D.L., Pagoulatos, A., "The Environmental Kuznets Curve for US Countries: A Spatial Econometric Analysis with Extensions", *Regional Science*, Vol. 83, No. 2, 2004, pp. 407-424.

　　③　Poon, J.P.H., Casas, I., He, C.F., "The Impact of Energy, Transport, and Trade on Air Pollution in China", *Eurasian Geography and Economics*, Vol.47, No.5, 2006, pp. 1-17.

　　④　马丽梅、张晓：《中国雾霾污染的空间效应及经济能源结构影响》，《中国工业经济》2014 年第 4 期。

　　⑤　王金南、蔡博峰、曹东等：《中国 10km 二氧化碳排放网络及空间特征分析》，《中国环境科学》2014 年第 34 期。

　　⑥　东童童、李欣、刘乃全：《空间视角下工业集聚对雾霾污染的影响——理论与经验研究》，《经济管理》2015 年第 9 期。

限于数据约束，前人针对空气污染的研究多基于年度数据或日度数据。本章基于 AQI 高频分时数据，在分析成渝城市群空气质量现状的基础上，借鉴前人研究成果，运用空间计量模型方法研究成渝城市群空气污染的空间关联规律，以期为成渝城市群治污减霾对策的提出提供实证依据。

第二节　成渝城市群简介及样本城市选择

一、成渝城市群简介

成渝城市群横跨四川和重庆两省市，以重庆和四川成都为两地双核，成渝城市群包括四川省的成都、自贡、泸州、德阳、绵阳（除北川县、平武县）、遂宁、内江、乐山、南充、眉山、宜宾、广安、达州（除万源市）、雅安（除天全县、宝兴县）、资阳 15 个市，重庆市的渝中、万州、黔江、涪陵等27 个区（县）以及开县、云阳的部分地区，区域总面积达 18.5 万平方公里，2016 年地区总产值约为 4.76 万亿元。

成渝城市群是西部大开发的重要平台，是长江经济带的战略支撑，也是国家推进新型城镇化的重要示范区。成渝城市群发展基础较好，一方面，区位优势明显。成渝城市群处于全国"两横三纵"城市化战略格局沿长江通道横轴和包昆通道纵横的交汇地带，具有承东启西、连接南北的区位优势。另一方面，经济发展水平较高。成渝城市群是西部经济基础最好，经济实力最强的区域之一，电子信息、装备制造和金融等产业实力较为雄厚，具有较强的国际国内影响力①。

---

① 《成渝城市群发展规划》，见 http://www.ndrc.gov.cn/zcfb/zcfbtz/201605/W020160504573903943045.pdf。

　　成渝城市群以成都和重庆为中心形成一个椭圆，椭圆西线上的城市主要有雅安、成都、德阳、绵阳，东线上的城市主要有泸州、重庆、达州。东、西线上的城市均分布于盆地边缘，而且分别处于两条地震断裂带上。

图 1-1　成渝城市群示意图

二、样本城市与数据来源

　　2012 年 3 月，中华人民共和国生态环境部（以下简称生态环境部）出台了新的空气质量评价标准，用空气质量指数（Air Quality Index，AQI）代替原有的空气污染指数（Air Pollution Index，API）。生态环境部从 2015 年 1 月 1 日起实时发布全国 338 个地级及以上城市空气质量分时监测数据，其中包括成渝城市群的重庆、成都、绵阳、宜宾、泸州、自贡、德阳、南充、遂宁、内江、乐山、眉山、广安、达州、雅安和资阳 16 个城市。因此，受数据来源所限，本章所选择的成渝城市群的样本城市仅仅包含这 16 个城市，且采用 2015 年 1 月 2 日至 2017 年 12 月 31 日[①]的 AQI 分时数据分析成渝城市群各个城市空气污染的时空变化。原因是，相比于日度数据，分时数据所反映的空气质量信息更为准确，能够反映空气质量的日内变化情况。

第三节　成渝城市群各城市空气质量变化规律

一、成渝城市群各城市空气质量概况

根据生态环境部发布的《环境空气质量指数（AQI）技术规定（试行）》（下文简称《规定》），空气质量级别包括优、良、轻度污染、中度污染、重度污染、严重污染六种。基于 AQI 小时数据，计算得出成渝城市群各城市各类空气质量等级的时数占比，见表 1-1。由表 1-1 可以看出，雅安、资阳、绵阳的空气质量等级为优和良的比例较高，雅安空气质量优良的小时数占比高达 92%，资阳和绵阳空气质量优良的小时数分别占比 85% 和 84%；成都、眉山、重庆的空气质量处于污染等级的时数占比相对较高，分别为 30.15%、28.24%、17.61%。表明成渝城市群中雅安、资阳、绵阳的空气质量整体较好，而成都、眉山、重庆的空气质量相对较差。

---

① 生态环境部所公布的数据中缺失 2015 年 1 月 1 日的数据。

表 1-1　成渝城市群各城市空气质量现状

城市	优	良	轻度污染	中度污染	重度污染	严重污染
雅安	0.45	0.47	0.07	0.01	0.002	0.0001
资阳	0.23	0.62	0.11	0.03	0.01	0.0000
绵阳	0.33	0.51	0.12	0.03	0.01	0.0000
广安	0.25	0.58	0.10	0.03	0.03	0.0002
重庆	0.22	0.60	0.10	0.04	0.03	0.0061
遂宁	0.24	0.58	0.14	0.04	0.01	0.0000
南充	0.20	0.59	0.15	0.05	0.03	0.0001
德阳	0.22	0.56	0.14	0.05	0.03	0.0007
宜宾	0.27	0.50	0.14	0.04	0.05	0.0000
乐山	0.29	0.47	0.15	0.05	0.03	0.0013
泸州	0.24	0.51	0.15	0.05	0.04	0.0039
达州	0.25	0.50	0.16	0.04	0.04	0.0095
内江	0.23	0.51	0.14	0.07	0.05	0.0017
眉山	0.19	0.52	0.18	0.06	0.04	0.0024
成都	0.16	0.52	0.20	0.05	0.05	0.0015
自贡	0.12	0.53	0.19	0.07	0.09	0.0002

二、成渝城市群各城市空气污染的日历效应分析

图 1-2 至图 1-17 为成渝城市群中 16 个城市的 AQI 时序图，图中横线为中度污染警戒线。由图 1-2 至图 1-17 可知，16 个城市超过中度污染警戒线的时间都主要集中于 1 月、2 月和 12 月，即冬季空气污染较为严重，空气质量较差；16 个城市的 AQI 指数在每年春节期间均呈现较大幅度波动，即在春节期间空气质量明显突然恶化，显示了空气污染的"节日效应"特征，并且节后的空气质量显著优于节日期间的空气质量。这与中国传统文化

有很大关系，春节期间各家各户燃放烟花爆竹，对空气质量产生了较为显著的影响。结合图 1-2 至图 1-17 可以看出，成都、重庆和眉山超过中度污染线的时刻相对较多，说明这三个城市的空气质量较差，而雅安、资阳和绵阳超过中度污染线的时刻相对较少，说明这三个城市的空气质量较好。与从表1-1 得出的结论一致。

可见，成渝城市群各个城市的空气污染表现出明显的"季节效应"和"节日效应"，冬季相较于其他季节空气污染较为严重，春节期间相较于非春节期间空气污染较为严重。横向相比，成都、重庆和眉山空气质量相对较差，雅安、资阳和绵阳空气质量相对较好。

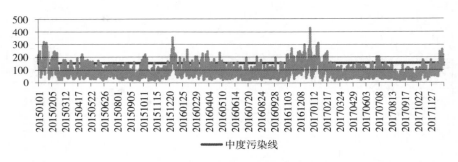

图 1-2　成都市空气质量指数时序图

三、成渝城市群各城市空气质量日内变化规律

借鉴统计学上的季节指数的计算方法，计算春夏秋冬四个季节[1]中成渝城市群各城市的 AQI 小时指数[2]，用于反映成渝城市群各城市春夏秋冬四个

---

[1]　春夏秋冬四个季节的划分：3—5 月为春季，6—8 月为夏季，9—11 月为秋季，12 月、1月和 2 月为冬季。

[2]　胡秋灵、杨哲：《基于高频 AQI 数据的关中城市群空气污染规律探索》，《中国环境管理》2017 年第 9 期。

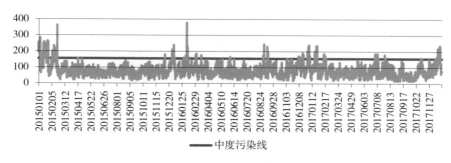

图 1-3　重庆市空气质量指数时序图

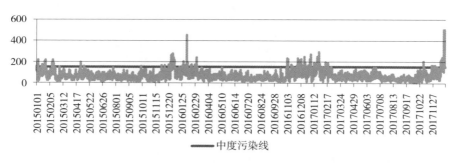

图 1-4　绵阳市空气质量指数时序图

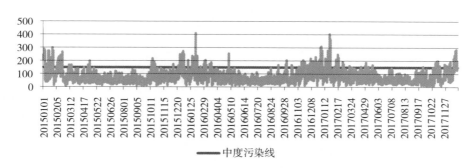

图 1-5　宜宾市空气质量指数时序图

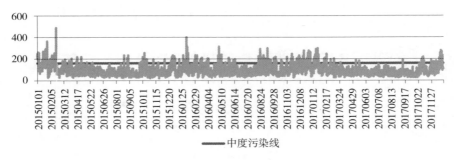

图 1-6　泸州市空气质量指数时序图

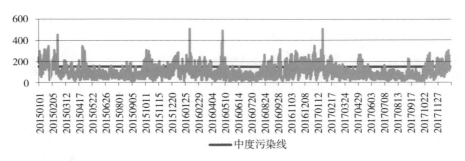

图 1-7　自贡市空气质量指数时序图

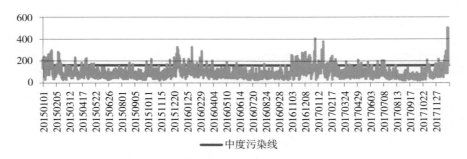

图 1-8　德阳市空气质量指数时序图

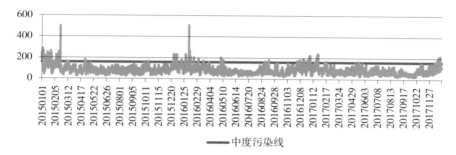

图 1-9 南充市空气质量指数时序图

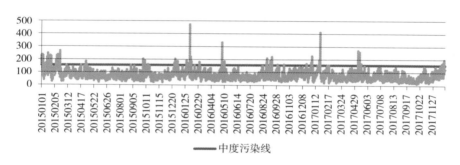

图 1-10 遂宁市空气质量指数时序图

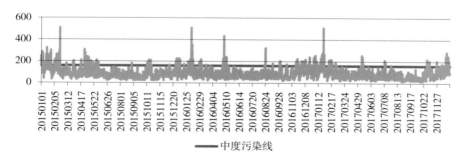

图 1-11 内江市空气质量指数时序图

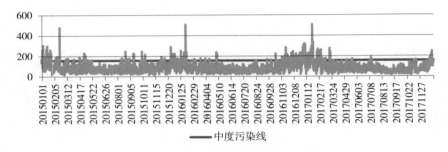

图 1-12 乐山市空气质量指数时序图

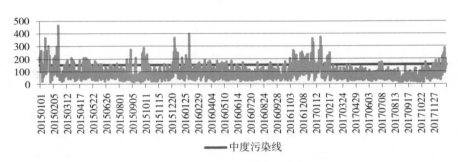

图 1-13 眉山市空气质量指数时序图

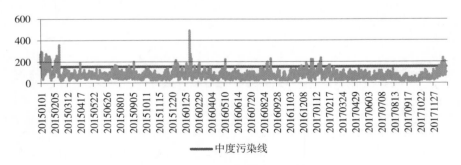

图 1-14 广安市空气质量指数时序图

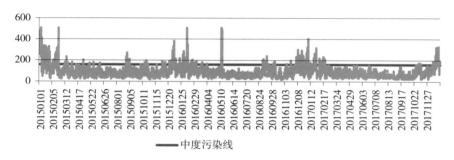

图 1-15　达州市空气质量指数时序图

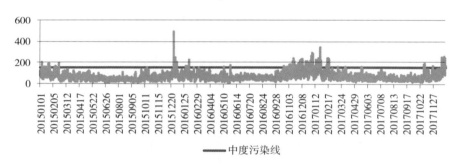

图 1-16　雅安市空气质量指数时序图

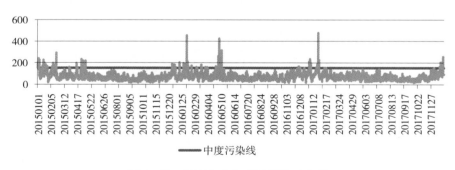

图 1-17　资阳市空气质量指数时序图

季节中空气质量的日内变化规律。由于成渝城市群中成都、重庆和眉山空气质量相对较差，限于篇幅，在此仅分析成都、重庆和眉山这三个城市空气质量的日内变化规律。

图 1-18 为重庆市各个季节 AQI 小时指数变化情况。由图 1-18 可知：（1）各个季节的 AQI 小时指数的日内变化具有相似性，均为先降后升，12 时左右又开始先降后升，只是各个季节 AQI 小时指数最大值和最小值所处的时点不同。（2）春季在 6 时出现第一个小低谷，之后又开始上升，10 时出现一次峰值，此时的空气质量较差，10 时之后空气质量开始好转，17 时 AQI 小时指数达到最低点，此时空气质量是一天中最好的时刻，17 时之后 AQI 小时指数又开始上升，23 时达到最大值。夏季、秋季和冬季与春季日内空气质量变化规律类似，夏季在 4 时 AQI 小时指数出现第一个极小值，在 10 时空气质量较差，在 18 时空气质量最好，在 23 时 AQI 小时指数达到最大值，空气质量最差；秋季在 7 时出现第一个极小值，11 时空气质量较差，16 时空气质量最好，在 23 时 AQI 小时指数达到最大值，空气质量最差；冬

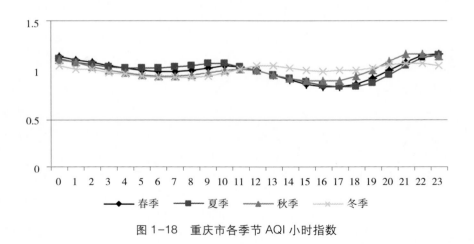

图 1-18　重庆市各季节 AQI 小时指数

季在 6 时空气质量最好，11 时空气质量较差，11 时之后 AQI 小时指数开始下降，16 时 AQI 小时指数达到极小值，16 时之后 AQI 小时指数开始上升，到 21 时达到最大值，此时的空气质量是一天中最差的时刻。

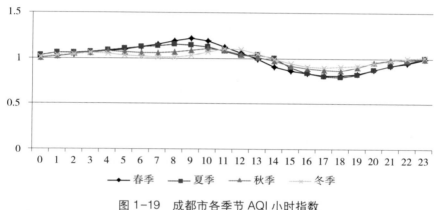

图 1-19　成都市各季节 AQI 小时指数

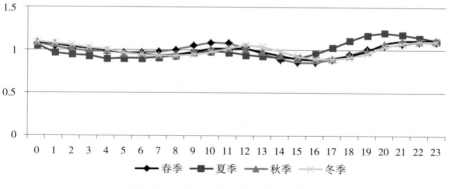

图 1-20　眉山市各季节 AQI 小时指数

图 1-19 为成都市各个季节 AQI 小时指数变化情况。由图 1-19 可知：（1）各个季节的 AQI 小时指数的日内变化具有相似性，均为先升后降，达到极小值后再先升后降，17 时左右又开始上升，只是各个季节 AQI 小时指

数极大值和极小值所处的时点不同。（2）夏季与春季日内空气质量变化规律类似。春季 AQI 小时指数在 10 时达到最大值，此时空气质量最差，之后又开始下降，18 时 AQI 小时指数最小，此时的空气质量最好，18 时之后空气质量又开始下降。夏季在 8 时空气质量最差，在 18 时空气质量最好。（3）秋季与冬季日内空气质量变化规律类似。秋季 AQI 小时指数在 4 时出现第一个极大值，10 时 AQI 小时指数达到最大值，此时空气质量最差，18 时 AQI 小时指数达到最小值，空气质量最好。冬季 AQI 小时指数在 3 时出现第一个极小值，11 时 AQI 小时指数达到最大值，此时的空气质量最差，AQI 小时指数在 17 时达到最小值，此时的空气质量最好。

图 1-20 为眉山市各个季节 AQI 小时指数变化情况。由图 1-20 可知：（1）各个季节的 AQI 小时指数的日内变化规律具有相似性，都具有一定的波动性，且波动性基本一致，达到极小值后再先升后降，只是各个季节 AQI 小时指数极大值和极小值所处的时点不同。（2）春季、夏季和秋季日内空气质量变化规律类似。AQI 小时指数均在早上 9 时左右达到一个极大值，此时空气质量较差，之后又开始下降，15 时 AQI 小时指数达到一个最小值，此时的空气质量在一天中最好，之后 AQI 小时指数又开始上升，20 时左右达到最大值，此时空气质量最差。（3）冬季 AQI 小时指数在 10 时左右出现一个极大值，此时空气质量最差，17 时左右 AQI 小时指数达到最小值，空气质量最好。之后 AQI 小时指数又开始上升，空气质量开始变差，在 22 时左右空气质量最差。

分析成渝城市群成都、重庆和眉山空气质量日内变化规律可知，成渝城市群各城市空气质量日内变化规律具有一定的相似性，均在早上 10 时左右空气质量较差，17 时左右空气质量较好。

四、成渝城市群各城市首要污染物分析

空气质量分指数（Individual Air Quality Index，简称 IAQI）指单项污染物的空气质量指数，首要污染物（Primary Pollutant）指 AQI 大于 50 时 IAQI 最大的空气污染物。《环境空气质量指数（AQI）技术规定（试行）》中给出了 IAQI 的计算方法及首要污染物浓度的确定方法。

1. 空气质量分指数分级方案

空气质量分指数级别及对应的污染物项目浓度限值如表 1-2 所示。在计算空气质量日报中的分指数时，二氧化硫（SO_2）、二氧化氮（NO_2）、一氧化碳（CO）、PM_{10} 和 $PM_{2.5}$ 都使用相应污染物的 24 小时平均浓度限值，由于臭氧（O_3）具有强氧化性，对人体危害更大，所以在空气质量日报中臭氧（O_3）分指数的计算使用 1 小时平均浓度值。

2. 空气质量分指数的计算方法

$$IAQI_p = \frac{IAQI_{Hi} - IAQI_{Lo}}{BP_{Hi} - BP_{Lo}}(C_p - BP_{Lo}) + IAQI_{L0} \tag{1.1}$$

式（1.1）中，

$IAQI_p$ 为污染物项目 P 的空气质量分指数；

C_p 为污染物项目 P 的质量浓度值；

BP_{Hi} 为表 1-2 中与 C_p 相近的污染物浓度限值的高位值；

BP_{Lo} 为表 1-2 中与 C_p 相近的污染物浓度限值的低位值；

$IAQI_{Hi}$ 为表 1-2 中与 BP_{Hi} 对应的空气质量分指数；

$IAQI_{Lo}$ 为表 1-2 中与 BP_{Lo} 对应的空气质量分指数。

表 1-2　空气质量分指数及对应的污染物项目浓度限值

（单位：ug/m³）

IAQI	污染物浓度限值					
	SO₂ 24 小时平均	NO₂ 24 小时平均	PM₁₀ 24 小时平均	CO 24 小时平均	O₃ 1 小时平均	PM₂.₅ 24 小时平均
0	0	0	0	0	0	0
50	50	40	50	2	160	35
100	150	80	150	4	200	75
150	475	180	250	14	300	115
200	800	280	350	24	400	150
300	1600	565	420	36	800	250
400	2100	750	500	48	1000	350
500	2620	940	600	60	1200	500

注：CO 浓度单位为 mg/m³。

3. 空气质量指数的计算及首要污染物的确定

表 1-3　成渝城市群各城市首要污染物情况

城　市	首要污染物	首要污染物所占比重*
重　庆	PM₂.₅	55.53%
	PM₁₀	21.49%
成都	PM₂.₅	50.56%
	PM₁₀	27.93%
绵阳	PM₂.₅	45.69%
	PM₁₀	18.32%
宜宾	PM₂.₅	61.22%
	PM₁₀	11.62%

续表

城　　市	首要污染物	首要污染物所占比重*
泸州	$PM_{2.5}$	65.33%
	PM_{10}	10.14%
自贡	$PM_{2.5}$	68.44%
	PM_{10}	17.96%
德阳	$PM_{2.5}$	48.31%
	PM_{10}	27.90%
南充	$PM_{2.5}$	63.18%
	PM_{10}	17.00%
遂宁	$PM_{2.5}$	45.28%
	PM_{10}	29.14%
内江	$PM_{2.5}$	59.32%
	PM_{10}	10.94%
乐山	$PM_{2.5}$	59.83%
	PM_{10}	11.65%
眉山	$PM_{2.5}$	59.59%
	PM_{10}	18.16%
广安	$PM_{2.5}$	32.21%
	PM_{10}	38.03%
达州	$PM_{2.5}$	60.02%
	PM_{10}	14.64%
雅安	$PM_{2.5}$	20.18%
	PM_{10}	35.34%
资阳	$PM_{2.5}$	22.31%
	PM_{10}	50.18%

注：* 表示各城市的各种污染物在所有时长中作为首要污染物所占的比例。

空气质量指数 $AQI = max\ \{IAQI_1,\ IAQI_2,\ IAQI_3,\ IAQI_4,\ IAQI_5,\ IAQI_6\}$

$$(1.2)$$

AQI 大于 50 时 IAQI 最大的污染物为首要污染物，若 IAQI 最大的污染物为两项或两项以上时，并列为首要污染物。

表 1-3 为成渝城市群各城市首要污染物情况，以各城市排名前二的首要污染物及其占比表示。由表 1-3 可以看出，除雅安、资阳、广安外，其余城市的首要污染物中，$PM_{2.5}$ 占比都最高，而雅安和资阳空气质量整体较好，因此本章第四节在利用空间计量模型分析成渝城市群各城市空气污染的空间关联规律时，选择对 $PM_{2.5}$ 进行分析，考察成渝城市群各城市 $PM_{2.5}$ 的空间关联规律。

第四节　成渝城市群各城市空气污染关联规律

一、理论依据

空气流域是由于地形构造和气候条件的限制，使得污染物进出量较小的地区[①]。各城市污染物之间的空间相关性就是以空气流域理论为基础的[②]。从某地排放的空气污染物，一般会较为迅速地污染与它相邻的局部地区，但并不会立即在全球范围内均匀混合。因此，虽然大气作为一个整体，没有一个严格的界定边界，但是大气中存在以"空气分水岭"为相对边界的气团，各个不同气团之间相对孤立，由这些气团所笼罩的地理区域，叫做空气流域。空气流域受地形、气象和气候的影响，而行政区域是人为界定的边界，

---

① 蒋家文：《空气流域管理——城市空气质量达标战略的新视角》，《中国环境监测》2004 年第 6 期。

② 胡秋灵、游艳艳：《基于时空固定空间杜宾模型的成渝城市群雾霾污染空间关联规律》，2016 中国环境科学学会学术年会会议论文，2016 年 10 月。

因此，空气流域与行政区域不一定重合。如果两个行政区域同属于一个空气流域，则两个行政区域之间污染物的流向可能是单向的也可能是双向的，即两个行政区域一方扮演污染物排放者，另一方扮演污染物接收者；或者，双方均扮演污染物的排放者与接受者。在考察某单个城市的空气污染状况时，需要同时考察与其相邻城市的空气污染情况，因为一个城市与其周边城市在一个空气流域内，空气相通流域一体。成渝城市群各城市处于同一空气流域内，因此，各个城市之间的空气污染通常会存在空间相关性。

二、实证研究方法的选择

本节的重点是探索成渝城市群内各个城市空气污染的关联规律。由于收集了成渝城市群 16 个城市 2015 年 1 月 2 日至 2017 年 12 月 31 日空气质量指数及六种污染物的所有小时数据，每个城市每种空气污染指标变量的样本数据为 8736 个，16 个城市每种空气污染指标变量的样本数据共为 8736×16 个。因此，拟借鉴前人相关研究，采用空间面板计量模型方法分析成渝城市群内各个城市空气污染的关联规律。

建立空间面板计量模型的步骤如下：首先，计算 Moran's I 指数，若 Moran's I 指数通过显著性检验，则存在空间相关性，可以建立空间面板计量模型；其次，利用 Hausman 检验，判断是应该采用固定效应还是随机效应空间面板计量模型；再次，利用 LM 检验，判别固定效应（或随机效应）空间面板计量模型属于时间、空间还是时空形式；最后，利用 Wald 检验，判别应采用空间滞后、空间误差还是空间杜宾模型。对空间面板模型估计采用 Matlab R2010b 进行，具体估计参考 Elhost（2003）完成①。

① Elhorst, J.P., "Specification and Estimation of Spatial Panel Data Models", *International Regional Science Review*, Vol.26, No.3, 2003, pp. 244-268.

（一）空气污染空间相关性测度

为分析成渝城市群各城市空气污染之间的空间相关性，需首先计算 Moran's I 指数，Moran's I 指数计算公式见式（1.3）。

$$I = \frac{\sum_{i=1}^{n} \sum_{i=1}^{n} \omega_{ij}(A_i - \bar{A})(A_j - \bar{A})}{S^2 \sum_{i=1}^{n} \sum_{i=1}^{n} \omega_{ij}} \tag{1.3}$$

式（1.3）中，I 代表 Moran's I 指数，$-1 \leqslant I \leqslant 1$。I 大于 0 表示各城市空气污染呈现空间正相关，I 小于 0 表示呈现空间负相关，等于 0 表示不存在空间相关。

$$S^2 = \frac{1}{n} \sum_{i=1}^{n} (A_i - \bar{A})^2 \tag{1.4}$$

$$\bar{A} = \frac{1}{n} \sum_{i=1}^{n} A_i \tag{1.5}$$

A_i 和 A_j 表示第 i 和第 j 个城市污染物的观测值，n 为城市个数 16；ω_{ij} 为空间权重矩阵中的元素，本节的空间权重矩阵 W 利用 16 个城市的地理坐标生成，即以地理位置的一阶邻近为基础。相邻是指地区 i 与地区 j 有共同的边界或交点。

$$\omega_{ij} = \begin{cases} 1 & 城市 i 与城市 j 相邻 \\ 0 & 城市 i 与城市 j 不相邻 \\ 0 & 城市 i 与城市 j 为同一城市 \end{cases} \tag{1.6}$$

（二）空间面板计量模型的设定

在探讨成渝城市群各城市空气污染的空间关联规律时，需要构建空间面板模型，具体包括空间滞后面板模型、空间误差面板模型及空间杜宾面板模型。结合研究对象，设定空间面板计量模型如式（1.7）。

$$y_{it} = \rho \sum_{j=1}^{n} \omega_{ij} y_{jt} + \beta x_{it} + \gamma \sum_{j=1}^{n} \omega_{ij} x_{jt} + \mu_i + \lambda_t + \varphi_{it},$$

$$\varphi_{it} = \eta \sum_{j=1}^{n} \omega_{ij} \varphi_{jt} + \varepsilon_{it} \tag{1.7}$$

$$\varepsilon_{it} \sim i.\,i.\,d\,(0,\ \delta^2)$$

式（1.7）中，i 表示截面维度，$i = 1$，2，3，…，16；t 为时间维度，$t = 1$，2，3，…，8736；ρ 是污染物空间自相关系数，η 为误差项空间相关系数，β 和 γ 为待估计的未知且固定的系数向量；μ_i 表示个体效应，λ_t 表示时间效应。若 $\eta = 0$ 且 $\gamma = 0$，则式（1.7）简化为空间滞后面板模型；若 $\rho = 0$ 且 $\gamma = 0$，则式（1.7）简化为空间误差面板模型；若 $\eta = 0$，则式（1.7）简化为空间杜宾模型。上述三种模型既可以衡量空间、时间、时空固定效应，也可以衡量空间、时间、时空随机效应。

三、变量选择及空间面板计量模型的确定

（一）变量的选择

空气污染主要由燃煤、工业废气、机动车尾气、扬尘等引起，同时受温度、湿度、风力及风向等一系列因素的影响，其中多种因素难于度量，因此建立空间面板计量模型时将 PM$_{2.5}$ 当期浓度的时间滞后项作为其解释变量，选择 PM$_{2.5}$ 的时间 1 期滞后作为式（1.7）中的 x_t，用 $CEPM_{2.5}lag1$ 表示，反映 PM$_{2.5}$ 时间滞后效应，式（1.7）中的 y_t 用 $CEPM_{2.5}$ 表示，反映 PM$_{2.5}$ 当期浓度值。

（二）空间面板计量模型的确定

为确定空间面板计量模型的最优形式，需要依次进行 Moran's I 指数检验、Hausman 检验、LM 检验、Wald 检验。各个检验结果如表 1-4 所示。由

表1-4可以看出：（1）Moran's I 指数为正，且显著不为零，表明成渝城市群各城市之间的 $PM_{2.5}$ 存在显著的空间正相关，说明对于 $PM_{2.5}$ 较高的城市，存在一个或多个 $PM_{2.5}$ 较高的城市与其相邻（高—高正相关）；（2）在空间面板模型下，Hausman 检验统计量的结果表明，在5%显著性水平下，拒绝随机效应空间面板模型，应该选择固定效应空间面板模型；（3）经典 LM 统计量在5%显著性水平下各模型均通过显著性检验；利用 R-LM 统计量检验时，所有模型也都通过5%的显著性检验，所以应采用时空固定效应空间面板模型；（4）在5%显著性水平下，Wald 检验拒绝了空间滞后模型和空间误差模型，因此应建立时空固定效应空间面板杜宾模型，简称时空固定空间杜宾模型。

表1-4 空间面板计量模型最优形式确定检验

模型类型	LMlag	R-LMlag	LMerror	R-LMerror	Moran's I 指数
普通面板或空间面板	182.32 (0.00)	96.34 (0.00)	332.41 (0.00)	267.52 (0.00)	0.13 (0.00)
空间固定效应空间面板模型	357.89 (0.00)	210.36 (0.00)	348.26 (0.00)	204.13 (0.00)	
时间固定效应空间面板模型	6.80 (0.03)	25.37 (0.00)	29.81 (0.00)	43.67 (0.00)	
时空固定效应空间面板模型	19.24 (0.00)	48.26 (0.00)	26.13 (0.00)	57.49 (0.00)	
Hausman 检验	9815.34 (0.00)				
Wald 检验（空间滞后）	26.08 (0.00)				
Wald 检验（空间误差）	542.35 (0.00)				

注：1. LMlag、LMerror、R-LMlag、R-LMerror 分别表示空间滞后面板模型、空间误差面板模型的 LM 统计量及稳健 LM 统计量。2. 数字为相关检验统计量的值。3. 括号内的数字为与相关检验统计量值对应的精确 P 值。

四、时空固定空间杜宾模型的估计及结果分析

利用极大似然方法估计时空固定空间杜宾模型，其估计结果如表 1-5 所示。由表 1-5 可知：时空固定空间杜宾模型中 $W*CEPM_{2.5}$ 系数显著为正，进一步证明了成渝城市群各城市的 $CEPM_{2.5}$ 存在空间依赖性，即 $CEPM_{2.5}$ 的空间溢出效应显著为正，表明一个城市的 $CEPM_{2.5}$ 增加会增加其相邻城市的 $CEPM_{2.5}$。$CEPM_{2.5}lag1$ 前参数显著为正，反映了 $CEPM_{2.5}$ 的时间持续效应，表明 $PM_{2.5}$ 时间 1 期滞后增加一个单位，当前 $PM_{2.5}$ 浓度值增加 0.89 个单位。$W*CEPM_{2.5}lag1$ 前参数显著为正，反映了 $CEPM_{2.5}lag1$ 的空间持续效应。

表 1-5　时空固定空间杜宾模型的估计结果

解释变量	参数值	P 值
$CEPM_{2.5}lag1$	0.89	0.00
$W*CEPM_{2.5}lag1$	0.04	0.00
$W*CEPM_{2.5}$	0.06	0.00
R-squared	0.98	
Corr-squared	0.90	
Sigma^2	41.14	
Log-likelihood	-463447.41	

时空固定空间杜宾模型由于纳入了空间滞后 $CEPM_{2.5}$ 和 $CEPM_{2.5}lag1$ 的空间项，$CEPM_{2.5}lag1$ 前的参数不能直接反映其边际效应，因而难以准确衡量 $PM_{2.5}$ 的时间滞后效应。因此，需要进一步计算 $CEPM_{2.5}lag1$ 的直接效应和间接效应，直接效应反映 $CEPM_{2.5}lag1$ 的边际效应，间接效应又称反馈效

应，如城市 A 的 $CEPM_{2.5}lag1$ 通过空间传导机制影响相邻城市 B 的 $CEPM_{2.5}lag1$，相邻城市 B 的 $CEPM_{2.5}lag1$ 会通过时间传导机制影响城市 B 的 $CEPM_{2.5}$，而城市 B 的 $CEPM_{2.5}$ 又会通过空间传导机制反过来影响城市 A 的 $CEPM_{2.5}$，这种效应一部分来自空间滞后的 $CEPM_{2.5}$ 前的系数，另一部分来自空间滞后的 $CEPM_{2.5}lag1$ 前的系数。总效应的分解结果如表 1-6 所示。由表 1-6 得出：$CEPM_{2.5}lag1$ 的直接效应为 0.85，且通过显著性检验，表明 $PM_{2.5}$ 的时间一期滞后值每增加 1 个单位，$PM_{2.5}$ 当前时刻的浓度值直接增加 0.85 个单位；$CEPM_{2.5}lag1$ 的反馈效应为 0.04，且通过显著性检验，表明 $PM_{2.5}$ 的时间一期滞后值每增加 1 个单位，通过空间传导机制会使得当前 $PM_{2.5}$ 浓度增加 0.04 个单位。

表 1-6　总效应的分解

	直接效应	间接效应	总效应
$CEPM_{2.5}lag1$	0.85 (0.00)	0.04 (0.00)	0.89 (0.00)

第五节　结论及建议

一、研究结论

1. 成渝城市群各城市空气质量好坏有别，不过均呈现日历效应。成渝城市群各个城市空气质量变化规律的分析表明：雅安、资阳、绵阳空气质量整体较好，而成都、重庆和眉山空气质量最差；成渝城市群各城市空气污染存在显著的日历效应，具体表现为"节日效应"和"季节效应"，成渝城市群各个城市冬季空气质量较差，春节期间受燃放烟花爆竹习俗的影响，空气污染也比较严重；成渝城市群各城市空气质量在 10 时左右较差，17 时左右较好。

2. $PM_{2.5}$ 是成渝城市群各城市空气污染的主要元凶。成渝城市群各个城市空气质量变化规律的分析还表明：成渝城市群各个城市排在前两位的首要污染物均为 $PM_{2.5}$ 和 PM_{10}，且绝大多数城市的首要污染物多数情况下为 $PM_{2.5}$。

3. 成渝城市群相邻城市空气污染互为影响。成渝城市群各个城市空气质量变化规律的研究结果从一个侧面反映出成渝城市群各城市空气污染之间存在一定程度的正相关；空气流域理论为成渝城市群各城市空气污染存在正相关提供了理论依据，以 $PM_{2.5}$ 为例进行的 Moran's I 指数检验结果显著为正，进一步验证了成渝城市群各城市空气污染之间存在显著的空间正相关。

4. 成渝城市群各城市空气污染会存在时间上的持续性和空间上的持续相关性。时空固定面板杜宾模型的实证研究结果表明：成渝城市群各个城市的空气污染存在时间滞后效应，且时间滞后效应存在显著的空间正相关。

二、治污减霾建议

1. 冬季和春节期间应加大雾霾治理力度。研究结果表明，成渝城市群中的成都、重庆和眉山空气质量最差，且各城市空气污染均呈现日历效应。因此，这三个城市应该加强空气污染的治理，特别是作为经济中心的省会城市成都和重庆，更应该成为治污减霾的先锋，积极锁定污染源，从严治理。并且，所有城市均应该熟知空气污染的季节性和节日性，在冬季更要重视空气污染的治理，做好春节期间的宣传工作，鼓励民众春节期间不燃放烟花爆竹。

2. 治污减霾的重点应当是防控 $PM_{2.5}$。研究结果表明，样本期内成渝城市群各城市排在前两位的首要污染物为 $PM_{2.5}$ 和 PM_{10}，即主要为颗粒物污染，且绝大多数城市首要污染物占比最高的是 $PM_{2.5}$，因此，成渝城市群各城市治污减霾的关键应该是防控颗粒物污染，特别是分析清楚造成 $PM_{2.5}$ 的因素，注意从源头控制空气污染。

3. 空气污染的联防联控十分必要。研究结果表明，成渝城市群空气污染呈现出城市之间的空间相关性，表明单个城市的空气污染治理效果会受到周边城市空气污染的影响。因此，治污减霾必须联防联控，可以设立联防联控委员会或局长联席会，协调城市之间的空气污染防控行为，在污染比较严重的冬季，更应加强空气污染治理政策的一致性，从而强化空气污染治理效果。

4. 空气污染联防联控应采取长效机制。实证研究结果表明，成渝城市群各城市的空气污染在时间上会持续，污染的出现也不是一蹴而成的，因此，应建立治污减霾的长效机制，确保空气质量的持续优良。另外，实证研究还表明，成渝城市群空气污染还存在空间上的持续相关性，表明空气污染长效机制的构建也不能脱离联防联控的指导思想。

总之，本章探讨的成渝城市群 AQI 的空间特征及其关联规律为成渝城市群建立空气污染治理的区域联防联控机制提供了一定的理论依据。从 2010 年至今，成渝城市群在区域联防联控机制建设方面已取得一定进展。四川省和重庆市人民政府 2015 年联合出台的《关于加强两省市合作共筑成渝城市群工作备忘录》中提到两地在治理雾霾方面要建立成渝城市群相邻城市的空气污染预警应急及联防联控工作机制、空气重污染天气应急联动机制等，打破行政界限共同治理雾霾。目前成渝有些城市已建立区域联防机制，如以成都、自贡、南充为主的成都平原城市群、川南城市群等空气污染联防联控工作机制，四川广安与重庆合川也在治理雾霾方面有合作。虽然成渝城市群在雾霾区域联防联控方面取得一定的进展，但要建立整个成渝城市群的区域联防联控还有一段路要走。由于目前成渝城市群各城市首要污染物多数为 $PM_{2.5}$ 和 PM_{10}，因此建议成渝城市群在建立区域联防联控机制时，可以重点加强针对 $PM_{2.5}$ 和 PM_{10} 的预警应急及联防联控机制的建立。也可以进一步根据已监测到的 $PM_{2.5}$ 和 PM_{10} 数据，利用空间模型预测未来的 $PM_{2.5}$ 和 PM_{10} 情况，为成渝城市群应对未来的空气质量变化提供一定的依据。

三、有待进一步研究的问题

本章除了采用传统的统计方法分析成渝城市群各城市空气质量变化规律外，还采用空间面板计量经济学模型方法对成渝城市群各城市空气污染之间的关联规律进行了研究，较好地揭示了成渝城市群空气污染之间的时空相关性。但是，在空间相关分析中，仅依据地理上的空间邻接关系建立空间权重矩阵，没有考虑人口、贸易和经济等因素对空间权重的可能影响。因此，如何更为科学地建立空间权重矩阵，仍然值得深入探讨。另外，时空固定空间杜宾模型考虑了成渝城市群内各城市污染物间的相关性，但是位于成渝城市群边界的城市还受到成渝城市群之外的相邻城市空气污染物的影响，如绵阳和达州等还会受到广元和巴中的影响等，受城市群概念约束，本章建立的时空固定空间杜宾模型，并没有将这些因素考虑进来，因此，如何将这些影响纳入模型也值得更进一步的探索研究。

第二章　北部湾城市群空气污染时空变化分析

从中国整个沿海地区的经济布局来看，华北有天津滨海新区，华东有长三角地区，华南有珠三角地区。改革开放以来，这些沿海经济区均获得了不同程度的高速发展，唯独连接"三南"（西南、中南、华南）的北部湾还没有真正开发起来。北部湾城市群的发展，是我国沿海经济发展链条中的最后一环。因此，培育发展北部湾城市群，发挥其承东联西、沿海沿边的独特区位优势，有利于深化中国—东盟战略合作、促进 21 世纪海上丝绸之路和丝绸之路经济带的互动，有利于拓展区域发展新空间、促进东中西部地区协调发展，有利于推进海洋生态文明建设、维护国家安全。在社会经济发展过程中，自然环境作为影响人类生产生活状态以及检验城市发展质量的一个关键性因素，必须同经济指标一样，需要定期监测、分析和评估，需要得到有力的支持和保护。北部湾城市群地理区位邻近，空气相通流域一体，在做好抱团发展的同时，也要重视环境承载力，特别是空气污染的联防联控，而要做到联防联控政策的有效性，就要依仗对各个城市空气污染变化规律以及城市间空气污染关联规律的精准分析。

第一节　文献述评

相关研究表明，空气污染的形成及空气污染物的相互作用过程非常复杂，大气气溶胶粒子的化学组成、空气中各种空气污染物的浓度及组成比例以及污染物所受到的辐射强度等多种因素的变化等都会导致空气污染状况发生一系列变化（Heintzenberg[1]，1989；Zhang 等[2]，2012；张建忠[3]，2013；郭丽君[4]，2015）。Quinn 等[5]（2003）、Sachweh 等[6]（1995）、Stein 等[7]（2003）通过分析北美洲和亚洲的部分雾霾污染相似地区的空气质量与气候变化的数据特征，得出空气质量变化与气候变化间存在密切的关联关系。此外，由于空气污染天气往往在某个地理区域集中连片出现，呈现区域性特征，国内外学者针对区域性的空气污染特征做了不少研究工作，Malm[8]（1992）分析了美国大陆性雾霾污染的时空特征，并分析归纳了各种时空特

①　Heintezenberg, J., "Fine Particles in the Global Troposphere: A Review", *Tellus. Series B: Chemical and Physical Meteorology*, Vol.41, No.2, 2010, pp. 149–160.

②　Zhang, X.Y., Wang, Y.Q., Niu, T., et al., "Atmospheric Aerosol Compositions in China: Spatial/Temporal Variability, Chemical Signature, Regional Haze Distribution and Comparisons with Global", *Atmos Chem Phys*, No.12, 2012, pp. 779–799.

③　张建忠、孙瑾、缪宇鹏：《雾霾天气成因分析及应对思考》，《中国应急管理》2014 年第 6 期。

④　郭丽君、郭学良、方春刚、朱士超：《华北一次持续性重度雾霾天气的产生、演变与转化特征观测分析》，《中国科学：地球科学》2015 年第 4 期。

⑤　Quinn, P.K., Bates, T.S., "North American, Asian, and Indian Haze Similar Region Impacts on Climate", *Geophysical Research Letters*, Vol.30, No.11, 2003, pp. 193–228.

⑥　Sachweh, M., Koepke, P., "Radiation Fog and Urban Climate", *Geophysical Research Letters*, Vol. 22, No.9, 2013, pp. 1073–1076.

⑦　Stein, D.C., Swap, R.J., Greco, S., et al., "Haze Layer Characterization and Associated Meteorological Control along the Eastern Coastal Region of Southern Africa", *Journal of Geophysical Research*, Vol. 108, No.D13, 2003.

⑧　Malm, W.C., "Characteristics and Origins of Haze in the Continental United States", *Earth-Science Reviews*, Vol.33, No.1, 1992, pp. 1–36.

征产生的原因。Lanzafame 等①（2015）、Anikender 等②（2011）分别通过分析意大利卡塔尼亚和印度德里近年来的空气质量指数数据，总结了两地近年来的空气质量变化规律，并在此基础上对两地未来一定时期内的空气质量做了预测或趋势分析。冯建社等③（2014）和熊洁等④（2015）分别分析了秦皇岛市和武汉市的空气质量指数特征，钱峻屏等⑤（2006）、王咏梅等⑥（2014）、张小红等⑦（2014）和王珊等⑧（2014）分别分析了广东、山西、长沙和西安四个地区的空气污染长期气候特征，研究发现，近年来上述各地区空气污染日数逐渐增多，空气污染多发生于冬季和春季，气温、相对湿度以及能见度等气候特征的变化形成了有利于空气污染出现的天气条件。常清等（2015）对北京地区空气污染形成的气象条件进行分析，研究发现，空气污染的形成是高浓度的大气颗粒物、燃煤污染的区域输送以及一定的温度、湿度等天气因素共同作用的结果⑨。于庚康等（2013）通过分析 2013

---

① Lanzafame, P., Monforte, G., Pntane, S., "Trend Analysis of Air Quality in Catania from 2010 to 2014", *Energy Procedia*, Vol.83, No.35, 2015, pp. 708-715.

② Anikender, K., Goyal, P., "Forecasting of Daily Air Quality Index in Delhi", *Science of Total Environment*, Vol.409, No.24, 2011, pp. 5517-5523.

③ 冯建社、张婷、张明月、田静毅：《秦皇岛空气质量指数 AQI 现状分析》，《中国环境管理干部学院学报》2014 年第 5 期。

④ 熊洁、陈楠、操文祥等：《武汉市一次重雾霾天气 AQI 演变及气象因子特征分析》，《环境科学与技术》2015 年第 12 期。

⑤ 钱峻屏、黄菲、杜鹃等：《广东省雾霾天气能见度的时空特征分析 I：季节变化》，《生态环境》2006 年第 6 期。

⑥ 王咏梅、武捷、褚红瑞等：《1961—2012 年山西雾霾的时空变化特征及其影响因子》，《环境科学与技术》2014 年第 10 期。

⑦ 张小红、刘炼烨、陈喜红：《长沙地区雾霾特征及影响因子分析》，《环境工程学报》2014 年第 8 期。

⑧ 王珊、修天阳、孙杨等：《1960—2012 年西安地区雾霾日数与气候因素变化规律分析》，《环境科学学报》2014 年第 1 期。

⑨ 常清、扬复沫、李兴华等：《北京冬季雾霾天气下颗粒物及其化学组分的粒径分布特征研究》，《环境科学学报》2015 年第 2 期。

年初江苏连续雾霾天气的各项特征，发现影响南京的大气污染物来源于黄海、安徽地区、北方传输的污染物和本地区的局地污染①。王金南等（2012）的相关研究表明，在一定的地理区域内，由于大气污染物可以在不同城市间输送并转化，从而导致单靠各个城市自身的力量、各自为政的传统治理方式难以有效地解决当今的城市空气污染问题②。因此，治理城市空气污染，应靠区域之间的联防联治。Petrosjan 等③（2003）从治污成本角度探讨了不同地区之间联防联治的治污效率。高庆先等④（2015）、刘冰等⑤（2015）分析了 APEC 期间京津冀地区的天气特征，得出加强区域间的预案协同，强化减排措施可以明显改善空气质量。姜丙毅等（2014）提出地方政府之间应构建合作平台，实现对空气污染的有效治理⑥。

以上研究的梳理表明，虽然国内学者对不少地区的空气污染特征做了分析，但是针对北部湾城市群的探讨却比较少。另外，受数据约束，国内学者早期针对空气污染的研究，大多基于年度数据或日数据。2012 年中华人民共和国生态环境部用空气质量指数（Air Quality Index，AQI）替代原有的空气污染指数（Air Pollution Index，API），2012 年至 2014 年，生态环境部组织分三个阶段完成全国地级及以上城市空气质量新标准监测实施工作，从

---

① 于庚康、王博妮、陈鹏等：《2013 年初江苏连续性雾—霾天气的特征分析》，《气象》2015 年第 5 期。

② 王金南、宁淼、孙亚梅：《区域大气污染联防联控的了理论与方法分析》，《环境与可持续发展》2012 年第 5 期。

③ Petrosjan, L., Zaccour, G., "Time Consistent Shapley Value Allocation of Pollution Cost Reduction", *Journal of Economic Dynamics and Control*, No.27, 2003.

④ 高庆先、刘俊荣、王宁等：《APEC 期间北京及周边城市 AQI 区域特征及天气背景分析》，《环境科学》2015 年第 11 期。

⑤ 刘冰、彭宗超：《跨界危机与预案协同——京津冀地区雾霾天气应急预案的比较分析》，《同济大学学报》2015 年第 4 期。

⑥ 姜丙毅、庞雨晴：《雾霾治理的政府间合作机制研究》，《学术探索》2014 年第 7 期。

2015 年 1 月 1 日起实时发布所有 338 个地级及以上城市 AQI 的小时监测数据，从数据频率、污染物种类、污染物浓度限值、城市数量等方面都优于 API 指数，因此，本章选择依据高频 AQI 小时数据，对北部湾城市群的空气质量变化进行分析，旨在为北部湾城市群空气污染的治理提供新的科学依据。

第二节　北部湾城市群简介及样本城市选择

一、北部湾城市群简介

国务院于 2017 年 1 月 20 日公布的《关于北部湾城市群发展规划的批复》将原广西北部湾经济区改为跨广东、广西、海南三省的北部湾城市群，首次将北部湾地区的经济规划上升到国家层面。规划覆盖范围包括广西壮族自治区南宁市、北海市、钦州市、防城港市、玉林市、崇左市，广东省湛江市、茂名市、阳江市和海南省海口市、儋州市、东方市、澄迈县、临高县、昌江县。城市群规划陆域面积 11.66 万平方公里，海岸线 4234 公里，还包括相应海域，图 2-1 为北部湾城市群规划范围示意图。根据北部湾城市群发展规划，北部湾城市群的总体定位是：发挥地缘优势，挖掘区域特质，建设面向东盟、服务"三南"、宜居宜业的蓝色海湾城市群。

北部湾城市群具有良好的发展基础：（1）资源要素禀赋优越：北部湾城市群地处热带亚热带，坐拥我国南部最大海湾，生态环境质量全国一流，港口、海岸线、油气、农林、旅游资源丰富，地势平坦，国土开发利用潜力较为充足，环境容量较大，人口经济承载力较强。（2）发展活力日渐提升：

图 2-1　北部湾城市群规划范围示意图

北部湾城市群经济增速近年持续保持在全国平均水平以上，海洋经济、休闲旅游等特色产业和临港型工业集群正逐步形成，创新创业活力不断涌现，人力资源较为丰富，经济综合实力不断增强。（3）开放合作不断深化：以北部湾港口群为起点的海上开放通道和以边境口岸为支撑的陆上开放通道加快形成，中国—东盟博览会、海南国际旅游岛、重点开发开放试验区、边境经济合作区、中马"两国双园"等开放平台建设有序推进，开放合作领域不断拓展，开放型经济初具规模。（4）城镇发展基础较好。南宁市已发展成为 300 万人以上的大城市，海口、湛江等城市引领作用逐步增强，南（宁）北（海）钦（州）防（城港）、湛（江）茂（名）阳（江）、海（口）澄（迈）文（昌）等地区城镇较为密集，其他中小城市和小城镇发育加快，热带亚热带城市风貌特征明显，基础设施日益完善。（5）社会人文联系紧密：北部湾城市群各城市文化同源、人缘相亲、民俗相近，人文交流密切，区域认同感较强，粤桂琼三省（区）海洋、旅游、生态治理等领域合作不断加强，毗邻区域合作逐步推进。

北部湾城市群的发展，是历史机遇的选择。随着"一带一路"建设深入推进，中国—东盟自贸区升级版建设顺利开展，为北部湾城市群充分发挥独特区位优势，全方位扩大对外开放和以开放促发展提供了更大空间。国家新型城镇化和西部大开发战略深入实施，为北部湾城市群发挥政策效应，做大做强各类城市，拓展发展新空间提供了更强劲动力。国内消费结构升级和供给体系优化，为北部湾地区发挥生态海湾优势，发展绿色经济提供了更广阔市场。珠三角等发达地区进入产业转型升级新阶段，为北部湾地区发挥后发优势，承接产业转移，夯实产业基础提供了更有力支撑。

二、样本城市与数据来源

从 2015 年 1 月 1 日起中华人民共和国生态化境部实时发布所有 338 个地级及以上城市 AQI 实时监测小时数据，其中包括北部湾城市群中的南宁、北海、防城港、钦州、玉林、崇左和海口等 7 个城市，为基于高频海量小时数据分析北部湾城市群空气质量变化情况提供了有力的数据支撑。受数据来源约束，本章仅选择这 7 个城市为样本城市，采用生态环境部公布的 2015 年 1 月 2 日至 2017 年 12 月 31 日这 7 个城市的空气质量小时数据，分析北部湾城市群各城市空气质量的时空变化规律。

第三节　北部湾城市群各城市空气质量变化规律

一、北部湾城市群各城市空气质量概况

基于所获取的样本数据，根据环保部 2012 年发布的《环境空气质量指数（AQI）技术规定（试行）》中规定的空气质量指数级别分类方法，计算得出北部湾城市群各城市各类空气质量等级时数占比，列在表 2-1 中。由表 2-1 可以看出，北部湾城市群的空气质量整体较好，7 个城市空气质量优良率均达到 90% 以上，不过 7 个城市空气污染程度也有一定差异。在北部湾城市群的 7 个城市中，海口、北海、防城港的空气质量等级为优和良的比例较高，空气质量优良率分别高达 98.50%、94.33%、95.20%，空气质量处于重度污染和严重污染的时数占比较少，重度及以上污染时数占比分别为 0.05%、0.14%、0.12%；崇左、南宁和玉林的空气质量处于污染的时数比例较高，重度及以上污染时数占比分别为 0.66%、0.49%、0.50%。表明北部湾城市群中海口、北海和防城港的空气质量整体较好，而崇左、南宁和玉林的空气质量整体较差。

表 2-1　北部湾城市群空气质量现状

	南　宁	北　海	防城港	钦　州	玉　林	崇　左	海　口
优	44.35%	58.97%	58.66%	48.98%	50.19%	48.59%	75.35%
良	46.71%	35.36%	36.54%	41.93%	41.58%	43.21%	23.15%
轻度污染	7.37%	4.90%	4.30%	7.58%	6.67%	6.65%	1.41%
中度污染	1.08%	0.62%	0.37%	1.17%	1.06%	0.90%	0.04%

续表

	南　宁	北　海	防城港	钦　州	玉　林	崇　左	海　口
重度污染	0.43%	0.13%	0.11%	0.27%	0.39%	0.62%	0.03%
严重污染	0.06%	0.01%	0.01%	0.06%	0.11%	0.04%	0.02%

二、北部湾城市群各城市空气质量日历效应分析

图 2-2 至图 2-8 分别为北部湾城市群中南宁、北海、防城港、钦州、玉林、崇左和海口 7 个城市 AQI 时序图，图中横线为中度污染警戒线。

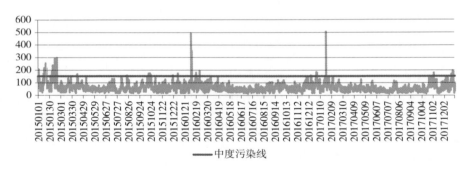

图 2-2　南宁市空气质量变化情况

由图 2-2 可知，南宁市 2015 年至 2017 年期间，春季和夏季的空气质量较好，低于中度污染警戒线；接近甚至超过中度污染警戒线的时间主要集中于每年的秋季和冬季。每年的 1—2 月期间，南宁的 AQI 指数值较当年同期高出许多，空气污染最为严重，显示出明显的"节日效应"特征。综上所述，南宁的空气质量状况表现出明显的"季节效应"和"节日效应"，在两种效应的叠加下，1—2 月的空气污染程度最为严重。

由图 2-3 可知，2015 年至 2017 年期间，与春季、夏季、秋季相比，冬

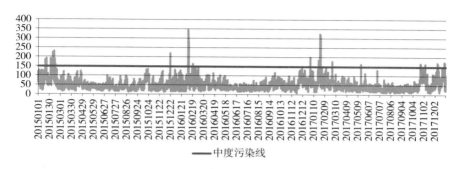

图 2-3　北海市空气质量变化情况

季北海市的 AQI 指数较高，空气污染较为严重。特别是每年春节期间，北海市的 AQI 指数值都是全年中最高的，表明春节期间空气污染最为严重，显示出明显的"节日效应"特征。就 2015 年北海市春、夏、秋三季的空气质量指数来看，春季的空气质量最好，夏季次之，秋季较差，其中 10 月份接近中度污染警戒线。北海市 2016 年夏季的空气质量最好，6—7 月的 AQI 指数最低；春季和秋季的空气质量适中，低于中度污染警戒线。北海市 2017 年春季和夏季的 AQI 指数波动较大，秋季前期的空气质量相对较好，但进入 10 月份以后 AQI 指数急剧上升，且一直维持在较高的水平，空气质量较差。从以上分析可知，北海空气质量状况的"节日效应"和"季节效应"明显，表现在冬季是空气质量最差的季节，春节期间空气污染最为严重。

　　由图 2-4 可知，与其他三季相比，2015 年、2016 年和 2017 年冬季，防城港市空气污染程度都较为严重；每年的春节期间，防城港市的 AQI 指数变化剧烈且处于同年最高水平，空气污染程度最为严重，显示出明显的"节日效应"特征。就 2015 年来看，春季和秋季的平均 AQI 指数虽然低于冬季，但变化较大，部分天数接近中度污染警戒线；夏季的平均 AQI 指数

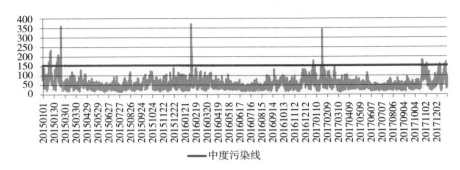

图2-4　防城港市空气质量变化情况

相对较低，优于其余三个季节。2016年，进入春季以后，防城港市的AQI
指数逐渐降低，5月中旬至8月中旬空气质量保持在较好的水平；进入冬季
之后，空气质量较差，并于春节期间超过中度污染警戒线许多。2017年，
防城港市AQI指数变化趋势和2016年相似，也表现出了较强的"季节效
应"和"节日特征"。

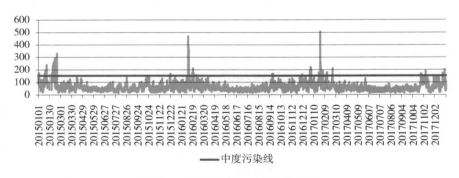

图2-5　钦州市空气质量变化情况

由图2-5可知，钦州市2015年春节前后AQI指数值相对同年其他时间
最高，春节期间钦州市AQI指数超过了300，空气污染较严重，"节日效应"
明显。春节之后，空气质量逐渐好转，春季钦州市AQI指数总体都低于中度污染警戒线，但仍然有部分日期空气质量接近中度污染警戒线；在 2015 年的四季中，夏季的空气质量最好，绝大部分日期 AQI 指数都低于 100，5 月中旬至 6 月下旬 AQI 指数在 50 上下波动，空气质量优良；进入秋季之后，钦州市 AQI 指数波动较大，总体高于夏季，部分日期 AQI 指数已经达到中度污染警戒线，空气质量变差。2015 年 12 月至 2016 年 3 月，钦州市 AQI 指数总体处于高位，春节期间 AQI 指数最大值超过了 450，呈现重度空气污染；2016 年春节之后，AQI 指数逐渐下降，空气质量明显好转，6—7 月 AQI 指数稳定，空气质量一直保持在较好的水平；进入秋季之后，AQI 指数升高且波动较大，有些日期 AQI 指数超过了中度污染警戒线。从 2016 年全年总体看，春节期间钦州市空气污染最为严重，部分日期 AQI 指数接近"爆表"，且超过中度污染警戒线的天数增多，空气质量较差，呈现出明显的"节日效应"特征。2017 年春季，钦州市的空气质量明显好转，AQI 指数都低于中度污染警戒线，且绝大部分天数 AQI 指数低于 100；2017 年夏季为一年中空气质量最好的季节，所有日期的 AQI 指数都低于 100；2017 年秋季，9 月份空气质量较好，AQI 指数都低于 100，但进入 10 月份之后，AQI 指数急剧上升，大部分日期 AQI 指数在中度污染警戒线上下波动，空气质量较差；与 2016 年类似，春节期间同样是当年中空气质量最差的时段，个别日期空气质量甚至出现"爆表"。综上所述，钦州市空气质量状况表现出明显的"季节效应"和"节日效应"。

　　由图 2-6 可知，玉林市 2015 年、2016 年和 2017 年春节期间，AQI 指数均触及 500，远远超过了 150 的中度污染警戒线，空气污染情况十分严重，表现出明显的"节日效应"特征。2015 年春季，3—4 月 AQI 指数相比于冬季有了显著下降，空气质量得到一定程度的改善，大部分 AQI 指数在 100 上下波动，但部分日期 AQI 指数超过了中度污染警戒线。进入 5 月份，玉林市

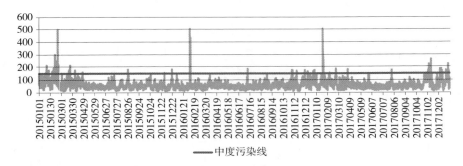

图 2-6　玉林市空气质量变化情况

空气质量得到了改善，5—6 月 AQI 指数相对比较稳定，且都低于 100，空气质量较好。除去 2016 年春节，2015 年 7 月至 2016 年 10 月期间，玉林市空气质量总体上比较稳定，只有少数日期 AQI 指数超过了中度污染警戒线，冬季也没有出现空气污染较严重的现象，季节特征不明显。2016 年 11 月—2017 年 3 月，AQI 指数超过 100 的天数占比较高，AQI 指数超过中度污染警戒线的日期较多，空气质量较差。4—9 月 AQI 指数相对较低，且 AQI 指数超过中度污染警戒线的日期较少，空气质量较好。进入冬季之后，AQI 指数波动严重，且 AQI 指数超过中度污染警戒线的日期较多，空气质量较差。从以上分析可知，玉林市空气质量状况的"节日效应"明显，但"季节效应"不明显。

由图 2-7 可知，崇左市于 2015 年春节前后 AQI 指数高于同年其他时期，呈现出明显的"节日效应"。冬季期间有些日期 AQI 指数超过了 300，超过 200 的天数相对较多，空气污染较严重。3 月到 4 月崇左市 AQI 指数高于中度污染警戒线的天数较少，但大部分日期 AQI 指数高于 100；5—11 月 AQI 指数相对稳定，只有个别天数 AQI 指数接近中度污染警戒线，空气质量相对较好。进入冬季之后，AQI 指数稍微升高，总体介于 100—150 之间，

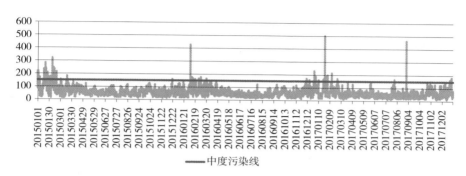

图2-7　崇左市空气质量变化情况

只有个别日期AQI指数超过中度污染警戒线。2016年春节期间有些日期AQI指数超过了400，空气污染现象比较严重。春节之后的AQI指数有了一定下降，但整体水平还是相对较高，一直到5月份AQI指数才下降到空气质量相对较好的水平。5—11月期间，AQI指数相对稳定，且高于100的天数相对较少，空气质量相对较好。2016年12月—2017年2月为冬季，AQI指数最高，春节期间个别日期AQI指数达到了500，严重污染。2017年春季，崇左市空气质量明显好转，少数日期AQI指数高于中度污染警戒线，且绝大部分天数AQI指数低于100。2017年8月—9月个别日期AQI指数超过450，严重污染，十分意外。除了这一特殊情况之外，春季和秋季的空气质量相对较好。10—11月之间AQI指数升高，接近和超过中度污染警戒线的天数较多。综上所述，崇左市空气质量状况表现出明显的"节日效应"，"季节效应"在不同的年份表现情况差别较大。

　　由图2-8可知，海口市整体上AQI指数比较低，空气质量较好。但与当年其他时期相比，2015年至2017年春节期间的空气污染程度较为严重，2015年和2017年春节期间，AQI指数最大值介于200—300之间，属于重度污染；2016年春季期间，一些日期AQI指数大于300，属于严重污染。总体

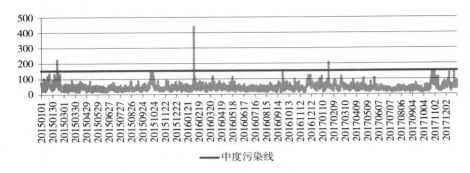

图 2-8　海口市空气质量变化情况

看，海口市空气污染的"节日效应"非常明显。2015 年至 2017 年之间，海口市 AQI 指数超过 200 的天数较少，且一年中不同季节 AQI 指数差别不大，"季节效应"不明显。

综上所述，北部湾城市群中除了玉林市和海口市外，其他五个城市空气质量表现出明显的"季节效应"和"节日效应"，冬季空气污染较为严重，春节期间空气污染最为严重，玉林市和海口市空气质量仅存在明显的"春节效应"。

三、北部湾城市群各城市空气质量日内变化规律

借鉴统计学上季节指数的计算方法，计算北部湾城市群春夏秋冬四个季节中各城市的 AQI 小时指数，以反映北部湾城市群各城市春夏秋冬四个季节中空气质量的日内变化规律。

图 2-9 展示了南宁市各个季节 AQI 小时指数变化情况。由图 2-9 可以看出：（1）各个季节的 AQI 小时指数的日内整体变化规律具有相似性，只是各个季节 AQI 小时指数最大值和最小值所处的时点不同。（2）春季在 2 时出现第一个峰值，同时也是一天中 AQI 指数的最大值，此时的空气质量

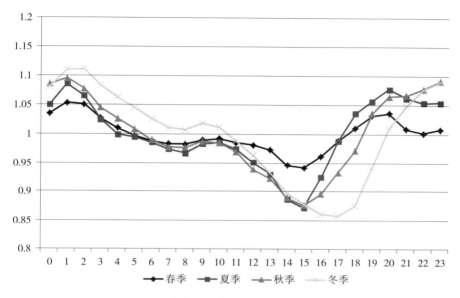

图 2-9　南宁市各季节 AQI 小时指数变化情况

较差，之后又开始下降，空气质量逐渐好转，在 9 时出现一次小低谷。10 时之后 AQI 指数开始上升，11 时之后空气质量逐渐好转，16 时 AQI 小时指数达到最低点，此时空气质量是一天中最好的时刻，16 时之后 AQI 小时指数又开始上升，20 时达到最大值，随后开始下降，空气质量好转。夏季、秋季、冬季与春季日内空气质量变化规律类似，夏季在 2 时 AQI 小时指数出现第一个极大值，在 20 时空气质量较差，在 16 时 AQI 小时指数达到最小值，空气质量最好；秋季也是在 2 时出现第一个极大值，空气质量较差，随后 AQI 指数总体呈现较低的趋势，在 16 时达到一天的最低值，空气质量最好，在 24 时 AQI 小时指数达到最大值；冬季在 3 时空气质量最差，之后 AQI 小时指数开始下降，18 时 AQI 小时指数达到极小值，空气质量最好，18 时之后 AQI 小时指数开始上升，空气质量逐渐变差。

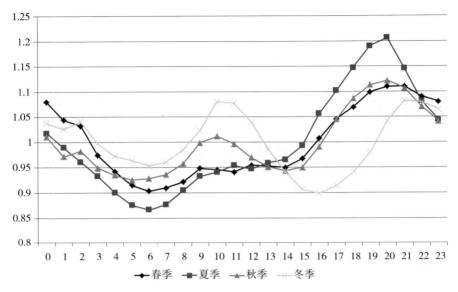

图 2-10 崇左市各季节 AQI 小时指数变化情况

图 2-10 为崇左市各个季节 AQI 小时指数变化情况。由图 2-10 可知：
（1）春夏季节 AQI 小时指数日内变化规律具有相似性：均为先降再升后
降；秋冬季节 AQI 小时指数日内变化规律具有相似性，呈现明显的波浪形
变化规律。（2）春季在 7 时出现第一个小低谷，空气质量较好，之后又开
始上升，10 时出现一次峰值，10 时—15 时之间，AQI 小时指数变化幅度
较小，之后空气质量开始变差，22 时 AQI 小时指数达到最高点，此时空
气质量是一天中最差的时刻，22 时之后 AQI 小时指数又开始下降。夏季
也是在 7 时 AQI 小时指数出现第一个极小值，空气质量在一天中最好，之
后 AQI 小时指数逐渐升高，在 21 时 AQI 小时指数达到峰值，空气质量最
差；秋季在 2 时出现第一个极小值，之后 AQI 小时指数逐渐降低，于 6 时
达到最小值，空气质量最好，之后 AQI 小时指数逐渐升高，21 时达到峰
值，为一天中空气质量最差的时刻；冬季空气质量最差的时间点为 11 时，

17 时的空气质量最好。

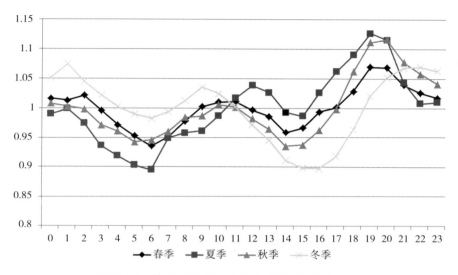

图 2-11 防城港市各季节 AQI 小时指数变化情况

图 2-11 为防城港市各个季节 AQI 小时指数变化情况。由图 2-11 可知：
（1）各个季节的 AQI 小时指数的日内变化具有相似性，只是各个季节 AQI
小时指数最大值和最小值所处的时点不同。（2）春季和秋季空气质量日内
变化规律相似，上午 10 时左右空气质量较差，14 时左右空气质量较好，17
时左右空气质量最差。夏季中午 12 时左右空气质量较差，15 时左右空气质
量较好，19 时左右空气质量最差。冬季上午 9 时左右空气质量较差，16 时
左右空气质量较好，22 时左右空气质量最差。

图 2-12 为钦州市各个季节 AQI 小时指数变化情况。由图 2-12 可知：
（1）各个季节 AQI 小时指数日内变化规律具有相似性，只是各个季节 AQI
小时指数最大值和最小值所处的时点不同。（2）春季、夏季、秋季 AQI 小
时指数的波峰和波谷时间大致相同，上午 9 时左右空气质量较差，15 时左

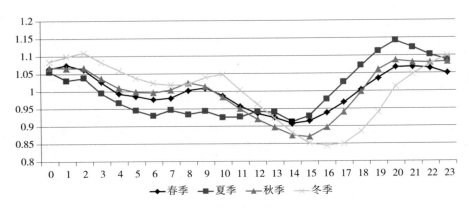

图 2-12 钦州市各季节 AQI 小时指数变化情况

右空气质量较好，20 时左右空气质量最差。冬季上午 10 时左右空气质量较差，16 时左右空气质量较好，23 时左右空气质量最差。

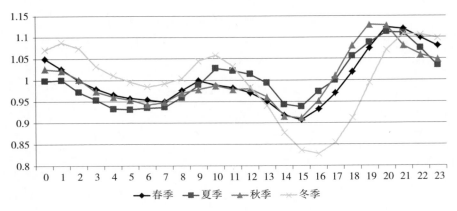

图 2-13 玉林市各季节 AQI 小时指数变化情况

图 2-13 为玉林市各个季节 AQI 小时指数变化情况。由图 2-13 可知：
（1）各个季节 AQI 小时指数日内变化具有相似性，只是各个季节 AQI 小时指数最大值和最小值所处的时点有差异。（2）春季、夏季、秋季 AQI 小时指数的波峰和波谷时间大致相同，上午 10 时左右空气质量较差，15 时左右

空气质量较好，20 时左右空气质量最差。冬季上午 10 时左右空气质量较差，16 时左右空气质量较好。21 时左右空气质量最差。

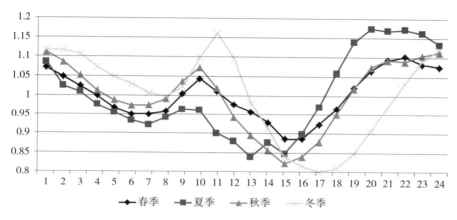

图 2-14　崇左市各季节 AQI 小时指数变化情况

　　图 2-14 为崇左市各个季节 AQI 小时指数变化情况。由图 2-14 可知：（1）各个季节的 AQI 小时指数的日内变化具有相似性，只是各个季节 AQI 小时指数最大值和最小值所处的时点不同。（2）春季、夏季、秋季空气质量日内变化规律基本一致，AQI 小时指数波峰和波谷时间基本相同，上午 9 时左右空气质量较差，15 时左右空气质量较好，20 时左右空气质量最差。冬季上午 10 时左右空气质量较差，16 时左右空气质量较好，23 时左右空气质量最差。

　　图 2-15 为海口市各个季节 AQI 小时指数变化情况。由图 2-15 可知：（1）各个季节 AQI 小时指数日内变化具有相似性，只是各个季节 AQI 小时指数最大值和最小值所处的时点不同。（2）春季和夏季空气质量日内变化规律基本一致，AQI 小时指数波峰和波谷时间基本相同，早上 6 时左右空气质量最好，之后空气质量开始下降，上午 10 时左右 AQI 小时指数达到一个

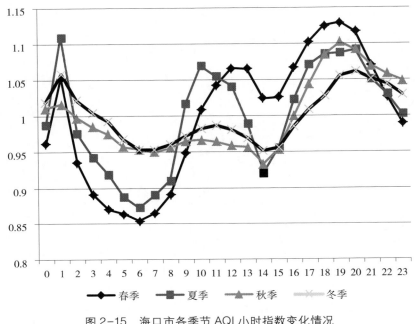

图 2-15　海口市各季节 AQI 小时指数变化情况

峰值，此时空气质量较差，之后又开始好转，14 时左右时 AQI 小时指数达到一个波谷，此时空气质量相对较好，之后空气质量又开始下降，19 时左右空气质量较差。（3）秋季和冬季空气质量日内变化规律基本一致，AQI 小时指数波峰和波谷时间基本相同，早上 6 时空气质量较好，上午 11 时左右空气质量较差，14 时左右空气质量最好，19 时左右空气质量较差。

综上所述，北部湾城市群各城市各个季节日内变动规律都比较相似，空气质量在上午 9 时左右较差，15 时左右较好，19 时左右也相对较差。

四、北部湾城市群各城市首要污染物分析

由于北部湾城市群多数城市空气污染显现了明显的"季节效应"，因

此，下面分季节探讨各城市首要污染物情况。

表 2-2 列出了北部湾城市群各城市春季首要污染物的时数占比，同时直观地展示在图 2-16 中。

表 2-2　春季首要污染物时数占比情况

	南　宁	北　海	防城港	钦　州	玉　林	崇　左	海　口
$PM_{2.5}$	32.94%	26.00%	27.16%	33.73%	43.04%	43.01%	7.96%
PM_{10}	56.23%	35.57%	59.47%	50.17%	37.89%	29.44%	67.48%
O_3	10.78%	38.44%	13.12%	15.29%	18.47%	27.17%	23.45%
CO	—	—	0.23%	0.69%	0.27%	0.33%	1.03%
NO_2	0.05%	—	0.03%	0.02%	0.12%	0.05%	0.09%
SO_2	—	—	—	0.11%	0.21%	—	—

注：表中"—"表示未出现在首要污染物中。

由表 2-2 可以看出，南宁市春季首要污染物主要为 PM_{10}、$PM_{2.5}$、O_3，占比分别为 56.23%、32.94% 和 10.78%，NO_2 在首要污染物中所占的比例较小，为 0.05%，CO 和 SO_2 没出现在首要污染物中；北海市春季首要污染物按其占比由大到小依次为 O_3、PM_{10}、$PM_{2.5}$，其占比分别为 38.44%、35.57% 和 26.00%，其余三种污染物项目未出现在首要污染物中；防城港市春季首要污染物按其占比由大到小依次为 PM_{10}、$PM_{2.5}$、O_3，其所占比例分别为 59.47%、27.16% 和 13.12%，CO 和 NO_2 的占比较小，分别为 0.23% 和 0.03%，SO_2 没有出现在首要污染物中；钦州市春季首要污染物按其占比由大到小依次为 PM_{10}、$PM_{2.5}$、O_3、CO、SO_2 和 NO_2，分别为 50.17%、33.73%、15.29%、0.69%、0.11% 和 0.02%；玉林市春季首要污染物按其占比由大到小依次为 $PM_{2.5}$、PM_{10}、O_3、CO、SO_2 和 NO_2，分别 43.04%、37.89%、18.47%、0.27%、0.21% 和 0.12%；崇左市春季首要污染物按其

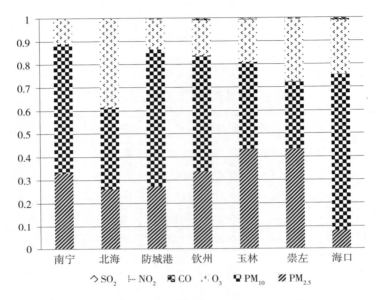

图 2-16　春季首要污染物时数占比直方图

占比由大到小依次为 PM_{10}、$PM_{2.5}$、O_3、CO 和 NO_2，占比分别为 43.01%、29.44%、27.17%、0.33% 和 0.05%，SO_2 未位列在首要污染物中；海口市春季首要污染物按其占比由大到小依次为 PM_{10}、O_3、$PM_{2.5}$、CO 和 NO_2，分别为 67.48%、23.45%、7.96%、1.03% 和 0.09%。

　　结合表 2-2 和图 2-16 可以看出，PM_{10}、$PM_{2.5}$、O_3 为北部湾城市群各城市春季排在前三的首要污染物，从排名第一的首要污染物看，其中首要污染物为 $PM_{2.5}$ 的城市为玉林和崇左，首要污染物为 PM_{10} 的城市为南宁、防城港、钦州和海口，首要污染物为 O_3 的城市为北海，总体看，首要污染物出现差异化，不过以 PM_{10} 为首要污染物的城市最多，$PM_{2.5}$ 次之。因此，北部湾城市群春季空气污染主要表现为颗粒物污染，其中以 PM_{10} 最为严重。

　　表 2-3 为北部湾城市群各城市夏季首要污染物时数占比情况，由表 2-3

可知，与春季相似，北部湾城市群各城市夏季首要污染物占比排名前三的依然为 PM_{10}、$PM_{2.5}$、O_3，其他三种污染物作为首要污染物出现的比例非常低，而且这三种污染物占比加起来最高的城市，其占比加起来也未超过1.5%。因此，下面仅对排名前三的首要污染物进行分析。

表 2-3　夏季首要污染物时数占比情况

	南 宁	北 海	防城港	钦 州	玉 林	崇 左	海 口
$PM_{2.5}$	7.53%	4.54%	10.85%	6.18%	26.92%	9.18%	3.29%
PM_{10}	70.23%	42.26%	59.95%	47.82%	48.63%	46.47%	66.58%
O_3	21.91%	53.17%	29.11%	45.80%	24.41%	44.32%	28.68%
CO	—	0.02%	0.08%	0.08%	—	0.02%	1.15%
NO_2	0.33%	—	—	0.08%	0.03%	—	0.29%
SO_2	—	0.02%	0.02%	0.04%	0.02%	0.02%	0.02%

注：表中"—"表示未出现在首要污染物中。

南宁市夏季排名前三的首要污染物按占比大小依次为 PM_{10}、O_3、$PM_{2.5}$，分别占比70.23%、21.91%、7.53%；北海市夏季排名前三的首要污染物按占比大小依次为 O_3、PM_{10}、$PM_{2.5}$，所占比例分别为53.17%、42.26%、4.54%；防城港市夏季排名前三的首要污染物按占比大小依次为 PM_{10}、O_3、$PM_{2.5}$，所占比例分别为59.95%、29.11%、10.85%；钦州市夏季排名前三的首要污染物按占比大小依次为 PM_{10}、O_3、$PM_{2.5}$，所占比例分别为47.82%、45.80%、6.18%；玉林市夏季排名前三的首要污染物按占比大小依次为 PM_{10}、$PM_{2.5}$、O_3，所占比例分别为48.63%、26.92%、24.41%；崇左市夏季排名前三的首要污染物按占比大小依次为 PM_{10}、O_3、$PM_{2.5}$，分别占比46.47%、44.32%、9.18%；海口市夏季排名前三的首要污染物按占比大小依次为 PM_{10}、O_3、$PM_{2.5}$，分别占比66.58%、

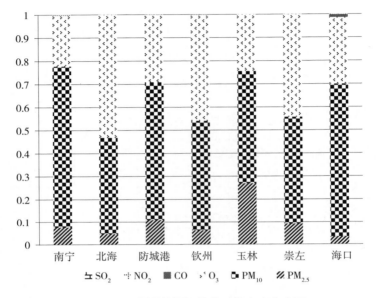

图2-17　夏季首要污染物时数占比直方图

28.68%、3.29%。

　　结合表2-3和图2-17可以看出，PM_{10}和O_3为北部湾城市群各城市夏季最主要的首要污染物，其中以PM_{10}为占比第一的首要污染物的城市有南宁、防城港、钦州、玉林、崇左和海口，以O_3为占比第一的首要污染物的城市仅为北海，因此，总体看，北部湾城市群夏季的首要污染物主要为PM_{10}，与春季类似。

表2-4　秋季首要污染物时数占比情况

	南　宁	北　海	防城港	钦　州	玉　林	崇　左	海　口
$PM_{2.5}$	29.21%	29.29%	30.83%	36.92%	37.30%	28.82%	9.66%
PM_{10}	54.30%	36.16%	42.06%	41.35%	34.83%	39.39%	49.36%
O_3	15.63%	34.25%	26.80%	21.34%	27.60%	31.49%	40.34%

续表

	南 宁	北 海	防城港	钦 州	玉 林	崇 左	海 口
CO	0.18%	0.27%	0.26%	0.37%	—	0.31%	0.47%
NO_2	0.67%	—	0.05%		—	—	0.14%
SO_2	—	0.03%	—	0.03%	0.27%	—	0.03%

注：表中"—"表示未出现在首要污染物中。

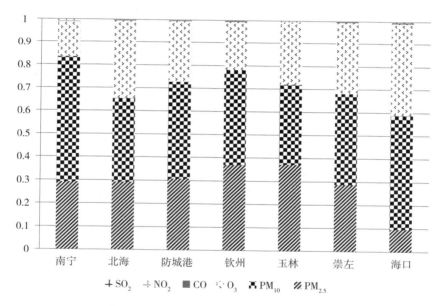

图 2-18 秋季首要污染物时数占比直方图

表 2-4 为北部湾城市群各城市夏季首要污染物时数占比情况，图 2-18
为其直方图。由表 2-4 和图 2-18 可知，与春季和夏季相似，北部湾城市群
各城市秋季首要污染物占比排名前三的依然为 PM_{10}、$PM_{2.5}$、O_3，只不过与
春季和夏季不同，秋季所有城市排名第一的首要污染物均为 PM_{10}，南宁
54.30%、北海 36.16%、防城港 42.06%、钦州 41.35%、玉林 34.83%、崇
左 39.39%、海口 49.36%。排名第二的首要污染物各城市出现差异化，南

宁、防城港、钦州、玉林四个城市排名第二的首要污染物为 $PM_{2.5}$，北海、海口、崇左排名第二的首要污染物为 O_3，需要特别说明的是海口的 O_3 占比较高，达 40.34%。可见，北部湾城市群秋季空气污染依然主要表现为颗粒物污染，特别是 PM_{10}。

表 2-5 冬季首要污染物时数占比情况

	南 宁	北 海	防城港	钦 州	玉 林	崇 左	海 口
$PM_{2.5}$	68.62%	70.77%	64.74%	74.71%	63.53%	72.43%	26.49%
PM_{10}	27.97%	15.31%	28.04%	20.68%	22.31%	14.61%	48.20%
O_3	2.91%	13.70%	7.10%	4.46%	13.58%	12.62%	24.49%
CO	0.14%	0.22%	0.06%	0.14%	0.51%	0.32%	0.65%
NO_2	0.37%	—	0.03%	—	0.08%	—	0.17%
SO_2	—	—	0.02%	0.02%	—	0.02%	—

注：表中"—"表示未出现在首要污染物中。

表 2-5 为北部湾城市群各城市冬季首要污染物时数占比情况，图 2-19 为其直方图展示。由表 2-5 和图 2-19 可知，与春季、夏季和秋季类似，北部湾城市群各城市冬季首要污染物占比排名前三的依然为 PM_{10}、$PM_{2.5}$、O_3，不过与春季、夏季和秋季不同，除了海口市排名第一的首要污染物为 PM_{10}（占 48.20%）外，其他 6 个城市排名第一的首要污染物均为 $PM_{2.5}$，而且占比很高，南宁 68.62%、北海 70.77%、防城港 64.74%、钦州 74.71%、玉林 63.53%、崇左 72.43%，均超过 60%。更值得注意的是，除了海口市排名第二的首要污染物为 $PM_{2.5}$（占 26.49%）外，其他 6 个城市排名第二的首要污染物均为 PM_{10}。可见，北部湾城市群冬季空气污染依然主要表现为颗粒物污染，不同于其他三季的是，排名第一的首要

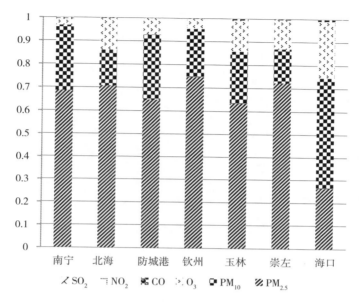

图 2-19　冬季首要污染物时数占比直方图

污染主要为 $PM_{2.5}$。

　　综上所述，北部湾城市群各城市首要污染物主要为颗粒物污染，其中大多数城市冬季首要污染物主要为 $PM_{2.5}$，而春季、夏季和秋季首要污染物主要为 PM_{10}。

第四节　基于 VAR 模型的北部湾城市群
空气污染溢出效应分析

　　北部湾城市群空间距离较近，按照空气流域理论，北部湾城市群中各个城市的空气污染应该具有空间相关性，一个城市的空气污染会扩散到另一个城市，对另一个城市的空气质量造成影响，即空气污染具有溢出效应。那么，一个城市的空气污染对其他城市的空气质量影响会有多大，影响会持续多长时间？本节将借鉴金融计量经济学的 VAR 模型方法给予回答。

一、数据序列的平稳性检验

表 2-6 时间序列平稳性检验结果

序列名（城市）	t 统计量	临界值（1%）	P 值	结 论
NN（南宁）	−8.44	−3.43	0.000 0	平稳
BH（北海）	−8.31	−3.43	0.000 0	平稳
FC（防城港）	−11.16	−3.43	0.000 0	平稳
QZ（钦州）	−8.96	−3.43	0.000 0	平稳
YL（玉林）	−7.76	−3.43	0.000 0	平稳
CZ（崇左）	−7.81	−3.43	0.000 0	平稳
HK（海口）	−11.82	−3.43	0.000 0	平稳

通过前文分析可知，北部湾城市群各城市冬季空气污染最为严重，主要为颗粒物污染，而且大多数城市的首要污染物主要为 $PM_{2.5}$，因此，本节以 $PM_{2.5}$ 为例，来分析北部湾城市群中空气污染的溢出效应。收集获得 2015 年 1 月 1 日至 2017 年 12 月 31 日 7 个城市 $PM_{2.5}$ 的小时数据，每一个城市的 $PM_{2.5}$ 数据序列都构成一个高频时间序列。建立 VAR 模型时，要求数据序列均为平稳的，因此，首先要对北部湾城市群中 7 个城市的 $PM_{2.5}$ 浓度数据序列进行平稳性检验，表 2-6 为 7 个城市 $PM_{2.5}$ 浓度序列的平稳性检验结果，从表 2-6 可以看出，7 个城市的 $PM_{2.5}$ 浓度序列的 P 值均为 0.0000，表明在 1% 的显著性水平下，拒绝数据序列不平稳的原假设，说明所有数据序列都是平稳的，可以直接建立 VAR 模型。

二、VAR 模型的建立

VAR 模型为特殊的联立方程模型系统，其特点是，模型系统中每一个内生变量都表示为模型系统中所有内生变量的滞后值的线性函数，且模型系统中作为解释变量的所有内生变量的滞后值都具有相同的滞后阶数，因此，建立 VAR 模型时首先要确定模型的滞后阶数。采用施瓦兹（SC）准则确定的 VAR 模型的滞后阶数为 4，因此，确定建立 VAR（4）模型。

由于本节建立 VAR 模型的目的是考察一个城市的空气污染的变化对其他城市的空气污染影响的程度和持续时间，而这个功能是借助 VAR 模型的脉冲响应分析实现的，而要确保脉冲响应分析结果的可靠性，首先就要确保 VAR 模型系统的平稳性。因此，需要对 VAR 模型的平稳性进行检验。VAR 模型的平稳性检验结果见图 2-20。由图 2-20 可以看出，所有根的倒数都位于单位圆内，说明 VAR 模型是平稳的，可以进行脉冲响应分析。

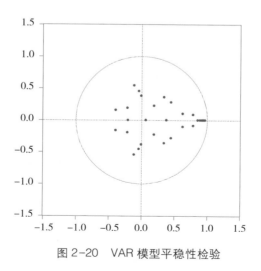

图 2-20　VAR 模型平稳性检验

三、脉冲响应分析

脉冲响应分析用于分析一个内生变量一个标准差的冲击对自身及其他内生变量产生影响的大小和持续时间。如图 2-21 所示，图 2-21 横坐标表示脉冲响应的时长，纵坐标反映响应城市空气污染对冲击城市空气污染的一个标准差冲击的响应程度。

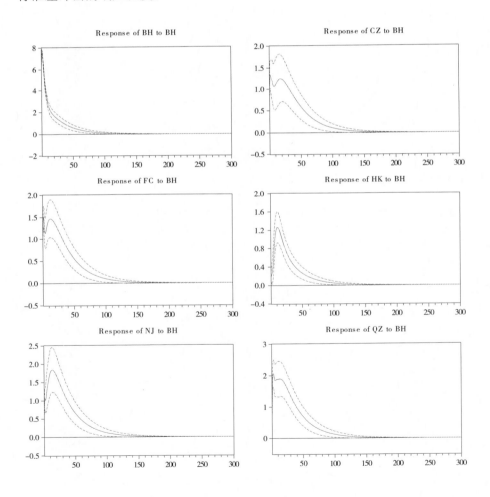

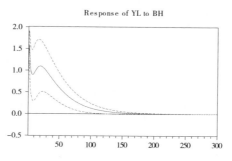

图 2-21　各城市对北海市 PM$_{2.5}$ 冲击的响应

图 2-21 反映的是各城市对北海市 PM$_{2.5}$ 一个标准差冲击的响应，从图 2-21 可以发现：北海市 PM$_{2.5}$ 的浓度变化对其他 6 个城市的影响都是正向的，即其他城市的 PM$_{2.5}$ 浓度会随着北海市 PM$_{2.5}$ 浓度的升高而升高；北海市 PM$_{2.5}$ 浓度的变化对其他 6 个城市的影响规律相似，随时间推移，该影响都先迅速增大，达到峰值，然后逐渐衰减趋零；影响的峰值都出现在冲击后一天（24 小时）之内，但每个城市各有不同。崇左市对于北海市 PM$_{2.5}$ 的冲击，刚开始反应比较强烈，随后降低，在 7 小时左右达到波谷，随后又开始增强，在 20 小时左右达到峰值，反应较为强烈。海口、南宁、钦州在 10 小时左右反应最为强烈，防城港和玉林均是在 1 小时左右反应较为强烈。结合北部湾城市群的地图可以发现，影响的峰值出现所需时间随空间距离的递增而递增；此外，在对影响峰值进行观测之后不难发现，随空间距离的递增，影响峰值的大小逐步降低。

图 2-22 反映的是各城市对南宁市 PM$_{2.5}$ 一个标准差冲击的响应，从图 2-22 可以看出，当给南宁市 PM$_{2.5}$ 一个标准差的冲击时，海口市的 PM$_{2.5}$ 开始为负向反应状态，在 15 小时左右这种负向反应达到峰值，随后逐步增加，在 30 小时左右反应开始变为正向的。北海和防城港对于南宁市 PM$_{2.5}$ 的一个标准差的冲击，在 10 小时左右正向反应达到最大。崇左、钦州、玉林在 5 小时左右正向反应达到最大。

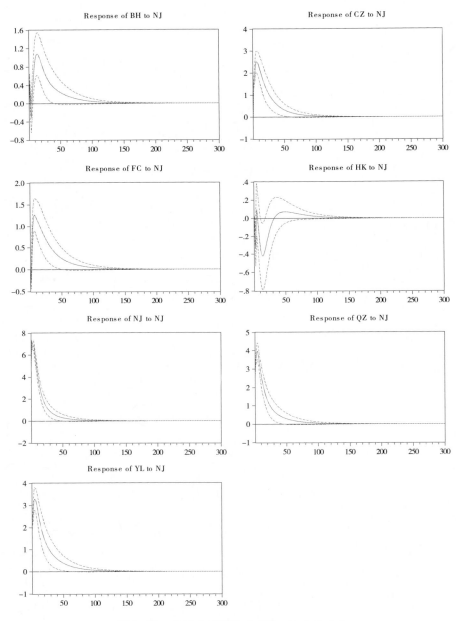

图 2-22　各城市对南宁市 PM$_{2.5}$冲击的响应

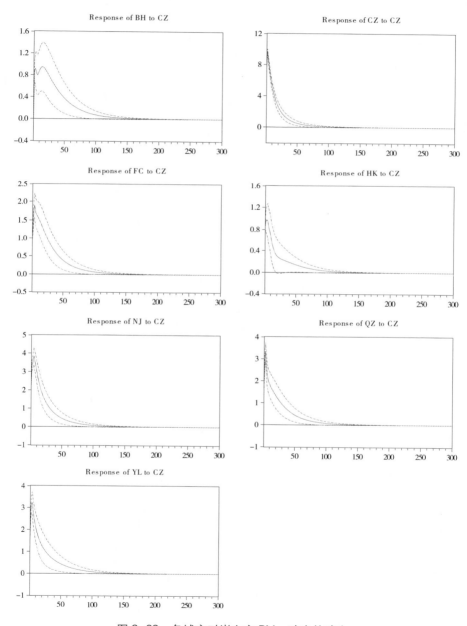

图 2-23　各城市对崇左市 PM$_{2.5}$冲击的响应

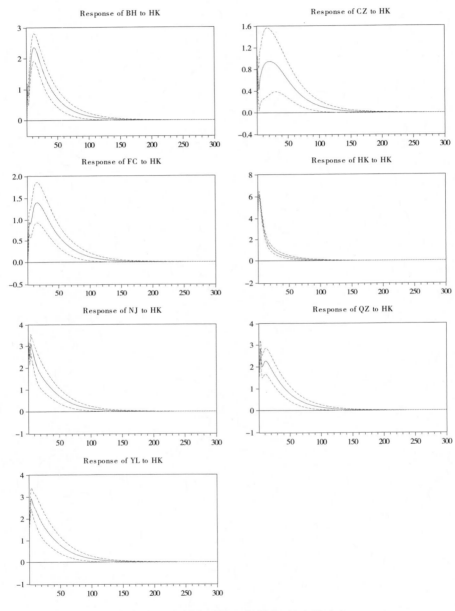

图 2-24　各城市对海口市 $PM_{2.5}$ 冲击的响应

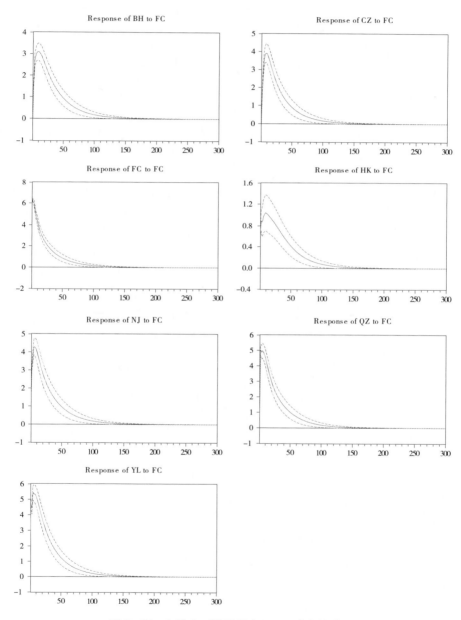

图 2-25　各城市对防城港市 $PM_{2.5}$ 冲击的响应

图 2-23 反映的是各城市对崇左市 $PM_{2.5}$ 一个标准差冲击的响应，从图 2-23 可以看出，北海市对于崇左市 $PM_{2.5}$ 一个标准差冲击的反应在 5 小时达到峰值，之后有所降低，在 7 小时左右反应达到一个波谷，随后又开始提高，10 小时左右反应又达到一个峰值，随后反应逐步降低。其余城市对崇左市 $PM_{2.5}$ 一个标准差冲击的反应都是逐步增强，在 5 小时左右达到峰值，随后就开始降低。

图 2-24 反映的是各城市对海口市 $PM_{2.5}$ 一个标准差冲击的响应，从图 2-24 可以看出，其他城市对海口市冲击的反应均为先增加后减少，钦州在 3 小时左右时达到峰值，防城港、南宁和玉林均在 5 小时左右反应最为强烈，北海在 12 小时左右反应最为强烈。

图 2-25 反映的是各城市对防城港市 $PM_{2.5}$ 一个标准差冲击的响应，从图 2-25 可以看出，北海、崇左、南宁以及玉林均在 5 小时左右反应最为强烈，钦州在 2 小时反应最为强烈，当给防城港一个冲击时，海口先出现了部分时间的负向反应，在 3 小时左右时负向反应最为强烈，随后开始逐步增强，在 10 小时左右正向反应最为强烈。

以上脉冲响应分析表明北部湾城市群 $PM_{2.5}$ 存在着显著的溢出效应，北部湾城市群中各城市的空气污染会相互影响，相互之间影响的峰值基本都出现在冲击后的一天（24 小时）之内。

第五节　基于空间计量模型的北部湾城市群 空气污染空间相关性分析

一、变量选择及数据说明

空气污染主要由燃煤、工业废气、机动车尾气、扬尘等引起，同时受温度、湿度、风力及风向等一系列因素的影响，其中多种因素难于度量，因此建立空间计量模型时将 $PM_{2.5}$ 当期浓度的时间滞后项作为其解释变量，选择 $PM_{2.5}$ 的时间 1 期滞后作为式（1.7）中的 x_t，用 $CEPM_{2.5}lag1$ 表示，反映 $PM_{2.5}$ 时间滞后效应，式（1.7）中的 y_t 用 $CEPM_{2.5}$ 表示，反映 $PM_{2.5}$ 当期浓度值。

本节使用的样本数据依然是北部湾城市群中，2015—2017 年所有 7 个城市的 $PM_{2.5}$ 小时数据，样本数据含有时间和个体两个维度，为面板数据。

二、空间计量模型的确定

表 2-7　空间计量模型选择检验

模型类型	LMlag	R-LMlag	LMerror	R-LMerror	Moran's I 指数
普通面板或空间面板	175.24 (0.00)	98.41 (0.00)	296.52 (0.00)	287.31 (0.00)	0.15 (0.00)
空间固定效应空间面板模型	368.41 (0.00)	210.49 (0.00)	250.89 (0.00)	189.41 (0.00)	
时间固定效应空间面板模型	7.2 (0.00)	28.41 (0.00)	30.42 (0.00)	45.32 (0.00)	
时空固定效应空间面板模型	30.19 (0.00)	47.21 (0.00)	26.34 (0.00)	58.24 (0.00)	
Hausman 检验	9820.41 (0.00)				
Wald 检验（空间滞后）	27.06 (0.00)				
Wald 检验（空间误差）	543.62 (0.00)				

注：1. LMlag、LMerror、R-LMlag、R-LMerror 分别表示空间滞后面板模型、空间误差面板模型的 LM 统计量及稳健 LM 统计量。2. 数字为相关检验统计量的值。3. 表中括号内的数字为相关检验统计量值对应的精确 P 值。

为确定空间计量模型的最优形式，需要依次进行 Moran's I 指数检验、Hausman 检验、LM 检验、Wald 检验。各个检验结果如表 2-7 所示。由表 2-7 可以看出：（1）Moran's I 指数为正，且显著不为零，表明北部湾城市群各城市之间的 $PM_{2.5}$ 存在显著的空间正相关，说明对于北部湾城市群中 $PM_{2.5}$ 较高的城市，存在一个或多个 $PM_{2.5}$ 较高的城市与其相邻（高—高正相关）。（2）在空间面板模型下，Hausman 检验统计量的结果表明，在 5% 显著性水平下，拒绝随机效应空间面板模型，应该选择固定效应空间面板模型。（3）经典 LM 统计量在 5% 显著性水平下各模型均通过显著性检验；利用 R-LM 统计量检验时，所有模型也都通过 5% 的显著性检验，所以应采用时空固定效应空间面板模型。（4）在 5% 显著性水平下，Wald 检验拒绝了空间滞后模型和空间误差模型，因此应建立时空固定效应空间面板杜宾模型，简称时空固定空间杜宾模型。

三、时空固定空间杜宾模型的估计及结果分析

利用极大似然方法估计时空固定空间杜宾模型，估计结果见表 2-8。由表 2-8 可知：时空固定空间杜宾模型中 $W*CEPM_{2.5}$ 系数显著为正，证明了样本城市的 $CEPM_{2.5}$ 存在空间依赖性，即 $CEPM_{2.5}$ 的空间溢出效应显著为正，表明一个城市的 $CEPM_{2.5}$ 增加会增加其相邻城市的 $CEPM_{2.5}$。$CEPM_{2.5}lag1$ 前参数显著为正，反映了 $CEPM_{2.5}$ 的时间持续效应，$PM_{2.5}$ 时间 1 期滞后增加一个单位，当前 $PM_{2.5}$ 浓度值增加 0.92 个单位。$W*CEPM_{2.5}lag1$ 前参数显著为正，反映了 $CEPM_{2.5}lag1$ 的空间持续效应。

表 2-8　时空固定空间杜宾模型的估计结果

解释变量	参数值	P　值
$CEPM_{2.5}lag1$	0.92	0.00
$W*CEPM_{2.5}lag1$	0.06	0.00
$W*CEPM_{2.5}$	0.05	0.00
R-squared	0.96	
Corr-squared	0.88	
Sigma^2	42.31	
Log-likelihood	−453442.39	

表 2-9　总效应的分解

	直接效应	间接效应	总效应
$CEPM_{2.5}lag1$	0.87 (0.00)	0.05 (0.00)	0.92 (0.00)

　　时空固定空间杜宾模型由于纳入了空间滞后 $CEPM_{2.5}$ 和 $CEPM_{2.5}lag1$ 的空间项，$CEPM_{2.5}lag1$ 前的参数不能直接反映其边际效应，因而难以准确衡量 $PM_{2.5}$ 的时间滞后效应。因此，需要进一步计算 $CEPM_{2.5}lag1$ 的直接效应和间接效应，直接效应反映 $CEPM_{2.5}lag1$ 的边际效应，间接效应又称反馈效应，如城市 A 的 $CEPM_{2.5}lag1$ 通过空间传导机制影响相邻城市 B 的 $CEPM_{2.5}lag1$，相邻城市 B 的 $CEPM_{2.5}lag1$ 会通过时间传导机制影响城市 B 的 $CEPM_{2.5}$，而城市 B 的 $CEPM_{2.5}$ 又会通过空间传导机制反过来影响城市 A 的 $CEPM_{2.5}$，这种效应一部分来自空间滞后的 $CEPM_{2.5}$ 前的系数，另一部分来自空间滞后的 $CEPM_{2.5}lag1$ 前的系数。总效应的分解结果如表 2-9 所示。由表 2-9 得出：$CEPM_{2.5}lag1$ 的直接效应为 0.87，且通过显著性检验，表明 $PM_{2.5}$ 的时间一期滞后值每增加 1 个单位，$PM_{2.5}$ 当前时刻的浓度值直接增加

0.85 个单位；$CEPM_{2.5}lag1$ 的反馈效应为 0.05，且通过显著性检验，表明 $PM_{2.5}$ 的时间一期滞后值每增加 1 个单位，通过空间传导机制会使得当前 $PM_{2.5}$ 浓度增加 0.05 个单位。

第六节　结论及建议

一、研究结论

1. 北部湾城市群各城市空气污染程度不同，但均呈现明显的日历效应。北部湾城市群各个城市空气质量变化规律的分析表明：海口、北海和防城港空气质量整体较好，而崇左、南宁和玉林空气质量较差；北部湾城市群空气污染存在显著的日历效应，具体表现为"季节效应"和"节日效应"，北部湾城市群各个城市冬季空气质量较差，春节期间受燃放烟花爆竹习俗的影响，空气污染最为严重；北部湾城市群各城市空气质量多数在上午 9 时左右时较差，15 时左右时较好，19 时左右也相对较差。

2. 颗粒物污染是北部湾城市群各城市空气污染的主要元凶，但冬季和其他三季有别。北部湾城市群各城市空气质量变化规律的分析还表明：北部湾城市群各城市的首要污染物主要为 PM_{10} 或 $PM_{2.5}$，不过季节差异十分明显。大多城市春季、夏季和秋季的首要污染物主要是 PM_{10}，冬季首要污染物主要是 $PM_{2.5}$，个别城市例外，如北海冬季的首要污染物是 PM_{10}，其他三季的首要污染物是 $PM_{2.5}$，海口春季和夏季的首要污染物主要是 O_3，玉林春季和夏季的首要污染物主要为 $PM_{2.5}$。

3. 北部湾城市群空气污染存在明显的溢出效应。基于 VAR 模型的北部湾城市群空气污染的溢出效应研究表明，北部湾城市群中一个城市的空气污染变化会对其他城市的空气污染产生影响，影响的高峰均在 24 小时之内，高峰出现的时间与空间距离成正比，影响的大小与空间距离成反比。

4. 北部湾城市群空气污染存在显著的空间正相关，且存在时间上的持续性和空间上的持续相关性。以 $PM_{2.5}$ 为例进行的 Moran's I 指数检验结果显著为正，表明北部湾城市群各城市空气污染之间存在显著的空间正相关；时空固定面板杜宾模型的实证研究结果表明，北部湾城市群各个城市的空气污染存在时间滞后效应，且时间滞后效应存在显著的空间正相关。

二、治污减霾建议

1. 冬季和春节期间应加大雾霾治理力度。研究结果表明，北部湾城市群各城市空气污染均呈现明显的日历效应，冬季空气污染较严重，春节期间空气质量最差。因此，北部湾城市群各城市均应该熟知空气污染的季节性和节日性，在冬季更要重视空气污染的治理，做好春节期间的宣传工作，鼓励民众春节期间不燃放烟花爆竹。

2. 治污减霾的重点应为防控颗粒物污染。研究结果表明，除了海口在春季和夏季的首要污染物主要为臭氧外，其他所有城市在所有季节的首要污染物均为 $PM_{2.5}$ 和 PM_{10}，即主要为颗粒物污染，因此，北部湾城市群各城市治污减霾的关键应该是防控颗粒物污染，特别是分析清楚造成颗粒物污染的因素，注意从源头控制空气污染。而且，要注意颗粒物污染的季节差异性，在冬季主要以防范 $PM_{2.5}$ 为首任，其余三季则应重点防控 PM_{10} 污染。海口市在夏季和春季还应采取机动车限行措施，完善老旧机动车回收与淘汰政策，运用经济调节手段调控机动车总量，减少臭氧排放。

3. 空气污染的联防联控很有必要。研究结果表明，北部湾城市群空气污染呈现出城市之间的空间相关性和空间溢出效应，表明单个城市的空气污染治理效果会受到周边城市空气污染的影响，因此，治污减霾必须联防联控，可以设立联防联控委员会或局长联席会，协调各城市之间的空气污染防控行为，在污染比较严重的冬季，特别是春节期间，各个城市更应加强空气污染治理政策的一致性，倡导民众自觉地减少春节期间烟花爆竹的燃放量，甚至不燃放烟花爆竹，从而改善春节期间的空气质量，让民众过个健康快乐的生态环境改善节。

4. 空气污染联防联控应采取长效机制。实证研究结果表明，北部湾城市群各城市的空气污染在时间上会持续，表明一旦空气污染产生，就不会立刻消失。因此，应建立治污减霾的长效机制，确保空气质量的持续优良。另外，实证研究还表明，北部湾城市群空气污染还存在空间上的持续相关性，表明空气污染长效机制的构建也应该建立在联防联控机制之上，否则，靠一个城市一己之力很难达到应有的效果。

三、有待进一步研究的问题

本章除了采用传统的统计方法分析北部湾城市群各城市空气质量变化规律外，还采用 VAR 模型方法研究了北部湾城市群空气污染的溢出效应，利用空间面板计量经济学模型方法研究了北部湾城市群各城市空气污染之间的空间相关性，揭示了北部湾城市群空气污染之间的时空相关性。但是，在空间相关分析中，仅依据地理上的空间邻接关系建立空间权重矩阵，没有考虑人口、贸易和经济等因素对空间权重的可能影响。因此，如何更为科学地建立空间权重矩阵，仍然值得进一步的深入探讨。另外，受数据约束，仅研究了北部湾城市群中的 7 个城市的空气污染变化规律，以及这 7 个城市空气污染的关联规律，难以全面反映北部湾城市群空气污染的真实状况。希望在不久的将来，生态环境部能实时公布区县级的小时数据，以提高研究的精度。

第二部分

空气污染统计规律分析

第三章　呼包鄂榆城市群空气污染规律分析

空气质量一直是关系人类前途命运的重大问题，空气污染危害人类身体健康及经济的可持续发展，据相关报道，目前全球每年因空气污染而过早死亡的人口超过 320 万，中国每年空气污染造成的经济损失基于支付意愿估算约占 GDP 的 3.8%。自 2004 年"雾霾"一词首次出现于天气新闻中以来，雾霾现象逐步成为社会热点。自 2013 年开始，中国多地出现了持续雾霾天气，严重影响了人们的健康生活（医学研究证实了雾霾元凶之一的细颗粒物会引发心血管和呼吸道疾病及癌症，并显著影响婴儿致畸率和早产率。），迫使"我们要像对贫困宣战一样，坚决向污染宣战"[1]，要"铁腕治污"加"铁规治污"[2]。我们必须"坚持节约资源和保护环境基本国策，努力走向社会主义生态文明新时代"。[3] 虽然空气污染治理法规及举措日益严厉，但 2014 年全国 161 个城市中空气质量达标的仅占 9.9%，空气污染治理任重道

---

　① 李克强：《十二届全国人大二次会议政府工作报告》，2014 年 3 月 5 日。
　② 李克强：《2014 全国两会记者会实录》，人民出版社 2014 年版，第 15 页。
　③ 习近平：《决胜全面建成小康社会　夺取新时代中国特色社会主义伟大胜利——在中国共产党第十九次全国代表大会上的报告》，人民出版社 2017 年版，第 23 页。

远。习总书记在十九大报告中指出，要"坚持全民共治、源头防治，持续实施大气污染防治行动，打赢蓝天保卫战"[①]，将大气污染防治问题提升到一个新的高度。

改革开放以来，我国经济社会飞速发展、综合国力不断增强、人民生活日益改善，2016年对全球经济增长的贡献率更是超过30%，总体实现小康。然而伴随着经济的持续增长，大气污染问题却与日俱增。现阶段我国正处于工业化和城市化快速发展的阶段，工业化和城市化进程加快、人口密度增大、能源消耗量不断增加和机动车保有量快速增长在大中城市表现得尤为明显，这些因素共同作用导致我国现阶段大气污染形势严峻。同时，城市化效率总体偏低的现状使得城市空气污染问题日益突出。此外，城市群作为推进城市化进程的主体形态，其所具有的集聚效应无形中带来了更高风险的城市空气污染威胁。近年来，我国多个城市群雾霾事件频发，空气污染形势已经非常严峻，开展有关空气污染的深入研究及有效治理工作已迫在眉睫。

随着城市规模不断扩大，城市间联系日益紧密，加上地理、气象条件和大气化学等因素的多重作用，各城市在大气污染治理中无法独善其身，开展区域大气污染联防联控工作已是共识。王喆等（2014）结合美、欧、日等国的跨域治理经验，为我国实施区域联防联治时如何跨越现有体制性障碍及解决不同发展水平成员的激励问题提供了有益借鉴[②]。但是由于区域内责任分担及利益划分不明确等现实问题，制约了大气污染联防联控工作的有效实施，短期内起作用的"大事件"式治理方式对于空气质量的改善在长期无

---

① 习近平：《决胜全面建成小康社会　夺取新时代中国特色社会主义伟大胜利——在中国共产党第十九次全国代表大会上的报告》，人民出版社2017年版，第23页。
② 王喆、唐婧婧：《首都经济圈大气污染治理——府际协作与多元参与》，《改革》2014年第4期。

效，亟须构建长效运行机制（杜雯翠等①，2017）。学界关于大气污染治理
的跨界合作问题，规范研究较多，如朱京安和杨梦莎（2016）建议综合法
律机制、市场机制和公众参与机制等构建上下互动的网络状区域治理机
制②，赵新峰和袁宗威（2016）提出应完善管制型、市场型与自愿型工具以更
好协调治理区域大气污染③，杨丽娟和郑泽宇（2017）认为应立法设置监督管
理机构以突破行政区划限制，并采用"受益者付费"的责任共担机制以平衡
主体间利益诉求④，王红梅等（2016）分析了竞争性、互补性和非竞争性三
种地方利益关系⑤。实证研究方面，学者多采用合作博弈方法（Petrosjan
等⑥，2003；薛俭等⑦，2014；唐湘博等⑧，2017；孟庆春等⑨，2017）、
Copula 函数（徐飞⑩，2017）、多区域投入产出模型（Kanemoto 等⑪，2014；

① 杜雯翠、夏永妹：《京津冀区域雾霾协同治理措施奏效了吗？——基于双重差分模型的分析》，《当代经济管理》2017 年第 12 期。

② 朱京安、杨梦莎：《我国大气污染区域治理机制的构建——以京津冀地区为分析视角》，《社会科学战线》2016 年第 5 期。

③ 赵新峰、袁宗威：《区域大气污染治理中的政策工具：我国的实践历程与优化选择》，《中国行政管理》2016 年第 7 期。

④ 杨丽娟、郑泽宇：《我国区域大气污染治理法律责任机制探析——以均衡责任机制为进路》，《东北大学学报（社会科学版）》2017 年第 4 期。

⑤ 王红梅、邢华、魏仁科：《大气污染区域治理中的地方利益关系及其协调：以京津冀为例》，《华东师范大学学报（哲学社会科学版）》2016 年第 5 期。

⑥ Petrosjan, L., Zaccour, G., "Time-consistent Shapley Value Allocation of Pollution Cost Reduction", *Journal of Economic Dynamics and Control*, Vol.27, No.3, 2003, pp. 381-398.

⑦ 薛俭、李常敏、赵海英：《基于区域合作博弈模型的大气污染治理费用分配方法研究》，《生态经济》2014 年第 3 期。

⑧ 唐湘博、陈晓红：《区域大气污染协同减排补偿机制研究》，《中国人口·资源与环境》2017 年第 9 期。

⑨ 孟庆春、黄伟东、戎晓霞：《基于合作博弈的山东省灰霾治理收益及补偿机制研究》，《统计与决策》2017 年第 10 期。

⑩ 徐飞：《空间关联视域下跨区域治污资源配置研究》，《环境经济研究》2017 年第 1 期。

⑪ Kanemoto, K., Moran, D., Lenzen, M. et al., "International Trade Undermines National Emission Reduction Targets: New Evidence from Air Pollution", *Global Environmental Change*, No. 24, 2014, pp. 53-59.

姜玲等[1]，2017；Miller 等[2]，2009）等测度区域污染中的责任分担及利益分配问题。

目前关于空气污染的研究以我国重点城市为对象的较多，学者对我国城市群空气质量的关注度较低，而大部分关于城市群空气污染的研究大多集中在京津冀城市群、长三角城市群和珠三角城市群，也有少部分关于关中城市群空气污染的研究，但尚未发现基于高频分时数据的呼包鄂榆城市群大气污染相关研究。2012 年我国新《空气质量标准》发布，2012 年至 2014 年，生态环境部组织分三个阶段完成了全国地级及以上城市空气质量新标准监测实施工作，并从 2015 年 1 月 1 日起实时发布所有 338 个地级及以上城市实时监测数据。本章旨在依据 AQI 分时高频海量数据资源，使用 MATLAB、EVIEWS、GEODA 等数据分析处理工具，在运用传统统计学方法的基础上，同时借鉴金融计量经济学、数据挖掘等学科在处理高频海量数据方面的优势和科学分析方法，充分挖掘呼包鄂榆城市群大气污染的独特规律及城市群内部各城市大气污染的关联规律，在此基础上，提出相应的治理对策。通过研究发现的城市群大气污染科学规律及提出的治理对策既是对环境统计学及环境管理学理论的丰富，也对城市群空气污染的联防联治有重要的现实指导意义。

第一节　呼包鄂榆城市群简介

依据《全国主体功能区规划》，呼包鄂榆城市群位于全国"两横三纵"

---

① 姜玲、汪峰、张伟等：《基于贸易环境成本与经济受益权衡的省际大气污染治理投入公平研究——以泛京津冀区域为例》，《城市发展研究》2017 年第 9 期。

② Miller, R.E., Blair, P.D., *Input-output Analysis: Foundations and Extensions*, Cambridge University Press, 2009.

城市化战略格局中包昆通道纵轴的北端，在推进形成西部大开发新格局、推进新型城镇化和完善沿边开发开放布局中具有重要地位。呼包鄂榆城市群规划范围包括内蒙古自治区呼和浩特市、包头市、鄂尔多斯市和陕西省榆林市，国土面积 17.5 万平方公里，2016 年常住人口 1138.4 万人，地区生产总值 14230.2 亿元，分别约占全国的 1.8%、0.8% 和 1.9%。其功能定位是：全国重要的能源、煤化工基地、农畜产品加工基地和稀土新材料产业基地，北方地区重要的冶金和装备制造业基地。具体规划有以下几项：（1）构建以呼和浩特为中心，以包头、鄂尔多斯和榆林为支撑，以主要交通干线和内蒙古沿黄沿线产业带为轴线的空间开发格局。（2）增强呼和浩特的首府城市功能，建成民族特色鲜明的区域性中心城市。包头、鄂尔多斯、榆林应依托资源优势，促进特色优势产业升级，增强辐射带动能力。（3）统筹煤炭开采、煤电、煤化工等产业的布局，促进产业互补和产业延伸，实现区域内产业错位发展。加快城市人口的集聚，促进呼包鄂榆区域一体化发展。（4）加强农畜产品生产及其加工基地建设。（5）加强节能减排、灌区节水改造以及城市和工业节水，加强黄河水生态治理和草原生态系统保护，完善引黄灌区农田防护林网，构建沿黄河生态涵养带。

目前，呼包鄂榆城市群拥有呼和浩特、包头两座大城市和鄂尔多斯、榆林两座中等城市，并有一批小城市和小城镇正在发育，城市和城镇间互动密切，协同发展态势明显。以能源、化工、冶金、新材料、装备制造、农畜产品加工等为主的工业体系已基本形成，城市间能源、旅游等产业合作密切，产业分工协作体系正逐步建立。区域内蕴含丰富的煤炭、石油、天然气和稀土、石墨、岩盐、铁矿等能源矿产资源，风、光资源充足，草原、沙漠、湿地和黄河、长城、古城等自然人文资源丰富，人缘相亲、民俗相近、文化同源、交流密切、认同感较强，上述这些特点为城市间的资源互补、合作利用

图 3-1 呼包鄂榆城市群规划范围示意图

提供了坚实的基础，近年来毗邻区域合作正不断深化，城市协同发展条件较好。

　　城市群积极发挥区域协作的优势，在装备制造、新材料、电子信息、循环经济等领域打造区域分工协作产业链条，着力于提升包头、鄂尔多斯关键零部件研发制造和装备组装能力，支持包头、榆林共建稀土新材料、镁铝生产及综合开发利用基地，引导呼和浩特、榆林在光伏新材料研发制造领域开展合作。发挥呼和浩特大数据产业引领带动作用，在包头配套发展电子信息元器件及电子信息高端材料制造，在鄂尔多斯、榆林发展云计算相关应用产业。鼓励鄂尔多斯、榆林发展循环经济，为金属材料加工、新型建材等产业提供粉煤灰、煤矸石等原材料。下文就城市群内四座主要城市的基本特点做一简要介绍。

一、呼和浩特市简介

呼和浩特市是内蒙古自治区的首府，是全区政治、经济、科技、文化的中心，位于内蒙古自治区中部，全市土地总面积1.72万平方公里，其中建成区面积230平方公里。呼和浩特地处东经110°46′—112°10′，北纬40°51′—41°8′，属于中温带大陆性季风气候，年平均气温为3.5℃—8℃，年平均降水量为335.2毫米—534.6毫米，四季气候变化明显，冬季漫长严寒，夏季短暂炎热，春秋两季气候变化剧烈。其地势由东北向西南逐渐倾斜，境内主要分为两大地貌单元：北部大青山和东南部蛮汉山为山地地形，南部及西南部为土默川平原地形。

根据《呼和浩特市2017年国民经济和社会发展统计公报》，2017年呼和浩特全市实现生产总值2743.7亿元，其中第一产业增加值107.7亿元，第二产业增加值755.8亿元，第三产业增加值1880.2亿元，三次产业的比例为3.9：27.6：68.5。规模以上工业增加值比上年增长6.1%，其中轻工业企业增加值增长6.6%，重工业企业增加值增长5.8%。固定资产投资完成1490.8亿元，其中第一产业投资118.3亿元，第二产业投资266.8亿元，第三产业投资1105.7亿元。

近年来，呼和浩特依托其独特的优势，逐年推动产业转型升级，乳业、光伏等领域一批研发应用技术处于世界领先水平，伊利、蒙牛两大企业均进入全球乳企十强，而地区内充足的日照条件为发展新能源产业提供了重要支持，电力总装机超过1200万千瓦，硅材料产能位居世界前列，新能源汽车、新材料、生物医药等战略性新兴产业亦获得了快速发展，占全市规模以上工业产值的比重超过 28%。

《呼包鄂榆城市群发展规划》中指出，要发挥呼和浩特区域中心城市作用，强化科技创新、金融服务、文化教育、开放合作等城市功能，推进要素集聚，持续提升综合承载和辐射带动能力。发挥特色产业优势，建设国家级乳业生产加工基地和大数据产业基地。

二、包头市简介

包头市地处环渤海经济圈腹地与黄河上游资源富集交汇处，地处内蒙古高原的南端，北部与蒙古国接壤，南濒黄河，阴山山脉横贯其中部，形成了北部高原、中部山地、南部平原三个地形区域，呈中间高，南北低，西高东低的地势，是连接华北和西北的重要枢纽。其中，山地面积约占总土地面积的 14.49%，丘陵草原占 75.51%，平原占 10%。其地理坐标为东经 109°15′—110°26′，北纬 40°15′—42°43′，平均海拔 1067.2 米，属于半干旱中温带大陆性季风气候，全年平均气温为 7.2℃，全年平均风速 1.2 米/秒，年降水总量 421.8 毫米，春季多风，夏季凉爽。

包头是国务院首批确定的十三个较大城市之一，是中国华北地区重要的工业城市和内蒙古自治区最大的工业城市，以及国家重要的基础工业基地和全球轻稀土产业的中心。其矿产资源丰富，具有种类多、储量大、品位高、分布集中、易于开采的特点，稀土矿产更是其优势资源，其中白云鄂博铁矿是世界最大的稀土矿床。在此基础上，包头市发展形成了内蒙古最大的钢铁、铝业、装备制造和稀土加工企业，是国家和内蒙古重要的能源、原材料、稀土、新型煤化工和装备制造基地。随着产业升级的不断推进，2017年，其优质钢、特种钢比重由 55% 提高到 90%，电解铝就地加工转化率由 50% 提高到 80%，并通过了"中国制造 2025"试点城市评审，成为全国工业绿色转型发展试点城市和国家稀土转型升级试点城市，服务业占地区生产总值比重亦提高到了 52%。

根据《包头市 2017 年国民经济和社会发展统计公报》，其三次产业增加值占全市生产总值的比重分别为 3.2%、41.1% 和 55.7%。全年全部工业增加值比上年增长 5.3%，其中规模以上工业增加值增长 6.0%。在规模以上工业中，轻工业增加值下降 20.7%，重工业增加值增长 8.1%，钢铁、铝业、装备制造、稀土、电力五大产业增加值增长 8.0%，拉动规模以上工业增长 4.5 个百分点。固定资产投资方面，全年 500 万元以上项目完成固定资产投资 2958.8 亿元，其中，第一产业投资 121.2 亿元，第二产业投资 1204.8 亿元，第三产业投资 1632.8 亿元。

《呼包鄂榆城市群发展规划》中指出，包头市要坚持绿色低碳循环发展，积极推进产城融合、军民融合，大力开展国家新型城镇化综合试点和"中国制造 2025"试点示范，建设宜居宜业宜游的现代工业城市。着力发展稀土新材料、新型冶金、现代装备制造、绿色农畜产品精深加工等产业，打造城市群创新型企业孵化基地和具有全球影响的"稀土+"产业中心。

三、鄂尔多斯市简介

鄂尔多斯市位于内蒙古自治区西南部，地处鄂尔多斯高原腹地。东、南、西与晋、陕、宁接壤，北及东北与"草原钢城"包头以及自治区首府呼和浩特隔河相望。东西长约 400 公里，南北宽约 340 公里，总面积 86752 平方公里。地理坐标为北纬 37°35′24″—40°51′40″，东经 106°42′40″—111°27′20″。鄂尔多斯市属于北温带半干旱大陆性气候区，冬夏寒暑变化大，全年多盛行西风及北偏西风，多年平均气温 6.2℃，平均降水 348.3 毫米，且降水多集中于 7、8、9 三个月，占全年降水量的 70% 左右。

鄂尔多斯市西北高东南低，地形复杂，东北西三面被黄河环绕，南与黄土高原相连，地貌类型多样，全市境内具有五大地貌类型，其中平原约占总土地面积的 4.33%，丘陵山区约占总土地面积的 18.91%，波状高原约占总土地面积的 28.81%，毛乌素沙地约占总土地面积的 28.78%，库布齐沙漠约占总土地面积的 19.17%。具体来讲，北部的黄河冲积平原区占全市总土地面积的 6%，海拔高度为 1000—1100 米，地势平坦；东部的丘陵沟壑区占全市总土地面积的 30%，海拔高度为 1300—1500 米，日照充足，水源丰富；中部为库布齐、毛乌素沙漠区，占全市总面积的 40% 左右；西部的波状高原区占全市总面积的 24% 以上，地势平坦，海拔高度为 1300—1500 米，气候较干旱，降雨稀少，年平均降水量在 200 毫米左右，属典型的半荒漠草原。

鄂尔多斯市境内蕴含丰富的能源矿产资源，煤、天然气、煤层气、天然碱、芒硝等储量巨大。其煤炭资源极为丰富，含煤面积约占全市总面积的 70%，煤炭已探明储量 1244 亿吨，约占全国已探明储量的 1/6，其中动力煤约占全国优质动力煤保有储量的 80%，高发热量、低灰、低磷、特低硫，高度环保，极易开采，被中外专家公认为"精煤"。天然气和煤层气极为富集，我国最大的整装气田——苏里格气田就位于鄂尔多斯市境内，天然气已探明储量 5000 亿立方米，预计可探明储量将达 7000 亿立方米。

根据《鄂尔多斯市 2017 年国民经济和社会发展统计公报》，2017 年地区生产总值为 3579.81 亿元，三次产业结构为 3.1：52.8：44.1，其中第一产业增加值 111.27 亿元，对经济增长的贡献率为 2.05%；第二产业增加值 1889.83 亿元，对经济增长的贡献率达到了 40.18%；第三产业增加值 1578.71 亿元，对经济增长的贡献率达到了 57.77%。在目前以二产为主、资源性行业为主的情况下，为逐步推进供给侧结构性改革，鄂尔多斯市正集中精力提高资源综合利用率和精深加工度，积极发展高端产品，不断推进绿色发展，打造清洁能源输出基地和煤化工产业基地。

《呼包鄂榆城市群发展规划》中指出，鄂尔多斯市要坚持生态优先、绿色发展，加快东胜区、康巴什区和伊金霍洛旗阿勒腾席热镇一体化步伐，建成要素聚集、生态宜居的现代化城市和生态文明先行示范区。实施科技创新战略，推进鄂尔多斯国家高新技术产业园区、装备制造基地、空港园区、综合保税区建设，打造资源精深加工中心和一流的能源化工产业示范基地。

四、榆林市简介

榆林市位于陕西省最北部，东临黄河与山西相望，西连宁夏、甘肃，北邻内蒙古，南接本省延安市，位于陕甘宁蒙晋五省区交界之处，承接东西南北。其地势由西部向东倾斜，西南部平均海拔 1600—1800 米，其他各地平均海拔 1000—1200 米。地貌分为风沙草滩区、黄土丘陵沟壑区、梁状低山丘陵区三大类。大体以长城为界，北部是毛乌素沙漠南缘风沙草滩区，面积约 15813 平方公里，占全市面积的 36.7%。南部是黄土高原的腹地，沟壑纵横，丘陵峁梁交错，面积约 22300 平方公里，占全市面积的 51.75%。梁状低山丘陵区主要分布在西南部白于山区一带，面积约 5000 平方公里，占全市面积 11.55%。榆林市地处东经 107°28′—111°15′，北纬 36°57′—39°34′之间，属暖温带和温带半干旱大陆性季风气候，四季分明，日照时间长，无霜期短，年平均气温 10℃，年平均降水 400 毫米左右。自然灾害较多，每年都有不同程度的干旱、冰雹、霜冻、暴雨、大风等灾害发生。

榆林市已发现 8 大类 48 种矿产，以煤、气、油、盐最为丰富。其煤炭预测资源量 2720 亿吨，探明储量 1460 亿吨；天然气预测资源量 4.18 万亿立方米，探明储量 1.18 万亿立方米；石油预测资源量 6 亿吨，探明储量 3.6 亿吨；岩盐预测资源量 6 万亿吨，探明储量 8857 亿吨，约占全国岩盐总量的 26%，湖盐探明储量 1794 万吨。此外，还有比较丰富的煤层气、高岭土、铝土矿、石灰岩、石英砂等资源。

根据《2017 年榆林市国民经济和社会发展统计公报》，2017 年榆林市的生产总值为 3318.39 亿元，其中，第一产业增加值 167.68 亿元，第二产业增加值 2086.08 亿元，第三产业增加值 1064.63 亿元，一、二、三产业增加值占生产总值的比重分别为 5.1%、62.8% 和 32.1%。全市规模以上工业企业完成总产值 4234.64 亿元，其中重工业总产值 4123.53 亿元，占规模以上工业总产值的 97.4%；轻工业总产值 111.11 亿元，占 2.6%。在规模以上工业企业中，能源工业产值为 3349.40 亿元，非能源工业产值 885.24 亿元，两者产值占全市规模以上工业产值的比重分别为 79.1% 和 20.9%，而煤炭开采和洗选业完成产值 2059.30 亿元，占能源工业产值的 60% 以上，石油天然气开采业和石油加工炼焦业的产值则分别为 451.73 亿元、504.41 亿元。

《呼包鄂榆城市群发展规划》中指出，要推进榆林老城区、高新区、空港区等统筹发展，建设黄土高原生态文明示范区、国家历史文化名城和陕甘宁蒙晋交界特色城市，以及提升现代特色农业，发展高端能源化工产业，建设现代特色农业基地和高端能源化工基地。

五、城市群各产业发展规划

在城市群内部紧密联系的基础上，各城市充分利用其资源禀赋和区位优势，积极打造能源化工业、金属加工和装备制造业、战略性新兴产业、绿色农畜产品生产加工业等优势产业集群。

对于能源化工业，应合理配置资源，优化产业布局，加快推进以清洁能源、煤基精细化工为核心的能源化工产业集群高端化发展。以煤化电热一体化为重点，推进煤炭清洁高效利用，有序发展风能、太阳能、生物质能等新能源。在充分考虑生态环境容量和水资源承载能力的前提下，稳妥推进煤制油、煤制气产业化示范工程，加快发展煤基高端精细化学品，推进兰炭特色产业转型升级，支持鄂尔多斯、榆林建设一流现代煤化工产业示范区。

对于金属加工和装备制造业，以包头、榆林为主体，重点打造煤—兰炭—硅铁—镁—镁加工等有色金属生产加工产业链。并以包头和鄂尔多斯为重点，建设现代装备制造基地，大力发展工程机械、矿山机械、煤炭机械、化工装备、新能源设备等特色装备制造，积极发展载重汽车、乘用车、新能源汽车、智能机械、轨道交通装备，支持发展模具、零部件等配套产业。

对于战略性新兴产业，以呼和浩特为中心，深入实施"互联网+"发展战略，加快大数据综合试验区和光伏基地建设，建成重要的云计算数据中心、备份中心和开发应用中心。大力发展服务外包，并支持包头依托军工基础重点发展稀土新材料和核电燃料元件、石墨（烯）等，建设国家级稀土新材料基地和技术研发中心；支持鄂尔多斯、榆林、包头依托煤化工产业基础，发展化工新材料和高品质镁合金、铝合金、多晶硅等新材料；支持榆林打造成为新能源、新材料产业基地。

对于绿色农畜产品生产加工业，城市群立足于独特的农牧资源优势，重点打造乳、肉、绒、薯、林果、蔬菜、杂粮等特色农产品优势区，推进农业"产—加—销"一体化发展。支持内蒙古和林格尔经济开发区建设以乳、肉为重点的绿色农畜产品加工基地，并加快榆林、鄂尔多斯国家农业科技园区建设。支持有条件的乡村建设田园综合体，发展观光休闲农业、创意农业等新业态，适度发展现代沙漠农业，大力发展旱作农业，并发展有机农业、生态农业、沙产业、草牧业、林下经济、生态旅游等生态经济。

综上可以看出，呼包鄂榆城市群主要以第二产业，尤其是以较为依赖资源的化工业和装备制造业等为主要支撑，这可能会对空气质量产生巨大的影响。

第二节　基于描述性统计的空气污染规律分析

对于大气污染问题，呼包鄂榆城市群已经提出了相应的联防联控措施。要求推进电力、钢铁、水泥、焦化（兰炭）、化工、有色金属冶炼等重点行业脱硫、脱硝和除尘设施升级改造，有效控制二氧化硫、氮氧化物、颗粒物、挥发性有机物等污染物排放和重点工业园区有毒有害大气污染物排放，建立区域统一的信息共享、监测监管、联合执法、应急处置等机制，提升大气污染联防联控能力。本节将利用中华人民共和国生态环境部提供的空气质量相关数据，对呼包鄂榆城市群内的大气污染规律进行详细分析，以便为呼包鄂榆城市群提出更为细致的大气污染防治对策。

一、数据选择

自 2015 年 1 月 1 日起，生态环境部开始实时发布 338 个地级及以上城市空气质量分时监测数据，积累了海量的空气质量指数数据可供使用，其中包括空气质量指数 AQI，以及 $PM_{2.5}$、PM_{10}、O_3、NO_2、CO、SO_2 的小时浓度，为本部分的研究提供了坚实的数据支撑。基于已有的数据资源，本部分选取 2015 年 1 月 1 日到 2017 年 12 月 31 日期间，呼包鄂榆城市群四座城市的 AQI 及各首要污染物浓度的所有小时数据（个别缺失数据采用差值法补足）进行研究。

二、AQI 小时指数的构建

在分析部分污染物浓度的日内波动规律时，本节构造了可以反映污染物浓度一天内波动规律的小时指数。

在时间序列统计中，季节指数用来反映某季度的变量水平与总平均值之间的比较稳定的关系，绘制季节指数图有助于更清晰地总结月度变迁对待研究变量的影响，在此，类似地定义 AQI 小时指数，用来反映在某一时期（几个月或一个季节）内某一时点的污染物浓度水平与总平均水平之间的关系。其构建过程如下[①]：

第一步：计算某个时期内各时点的污染物浓度平均值 $\overline{x_k}$。

污染物浓度数据序列以 24 小时为一个周期，设被分析时期共有 n 个周期。则：

$$\overline{x_k} = \frac{\sum_{i=1}^{n} x_{ik}}{n}, \quad k = 1, 2, \cdots, 24 \tag{3.1}$$

第二步：计算被分析时期污染物浓度的总平均值 $\overline{x}$。

$$\overline{x} = \frac{\sum_{i=1}^{n} \sum_{k=1}^{24} x_{ik}}{24n} \tag{3.2}$$

第三步：用各时点平均值除以总平均值得到各时点的小时指数 H_k，即：

$$H_k = \frac{\overline{x_k}}{\overline{x}}, \quad k = 1, 2, \cdots, 24 \tag{3.3}$$

H_k 大于 1，说明该时点的污染物浓度常常会高于该时期总平均值，反之

---

① 胡秋灵、杨哲：《基于高频 AQI 数据的关中城市群空气污染规律探索》，《中国环境管理》2017 年第 9 期。

则说明该时点的浓度常常会低于该时期总平均值。通过对污染物浓度小时指数图的观察可以总结出某个时期一天之中空气污染物浓度的波动规律。

三、各城市空气质量概况

根据《环境空气质量指数（AQI）技术规定（试行）》，当 AQI 处于 0—50 范围内时，空气质量为优，此时基本无空气污染，各类人群可正常活动。当 AQI 处于 51—100 范围内时，空气质量为良，此时某些污染物可能对极少数异常敏感人群的健康产生较弱影响，相应人群应减少户外活动。当 AQI 上升至 100 以上时，空气质量将对大部分人群的身体健康产生越来越严重的影响，此时应该适当减少外出，并采取相应的防护措施，尤其是儿童、老年人、某些呼吸系统和心脏病患者应该避免户外活动。

鉴于空气质量处于轻度污染状态及以上（即 AQI>100）后对人体健康的影响逐渐加剧，根据《环境空气质量指数（AQI）技术规定（试行）》中的规定，本部分将 AQI>100 时分类为空气污染。下面，先对呼包鄂榆城市群内四座城市的空气质量情况做出天数统计，表 3-1 分别列举了各城市每年空气质量为优（AQI≤50）及空气质量为污染（AQI>100）的天数，以及各首要污染物出现的天数。

由两列 AQI 天数统计可以看出，鄂尔多斯市的空气质量最好，其空气质量为优的天数是城市群中最多的，而空气污染的天数又是城市群中最少的。相反，包头市的空气质量最差，因为其空气质量为优的天数是城市群中最少的，而空气污染天数又是城市群中最多的。继续考察首要污染物出现的天数，呼包鄂榆城市群内最常出现的首要污染物依次分别为 PM_{10}、O_3、$PM_{2.5}$、NO_2，除 2015 年榆林较多出现 CO 外，CO、SO_2 两种污染物在各城市均很少出现。下面对每一座城市的空气质量情况分别展开分析。

表 3-1　各城市空气质量概况　　　　　　　（单位：天）

城　　市	年份	AQI≤50	AQI>100	PM$_{2.5}$	PM$_{10}$	O$_3$	NO$_2$	CO	SO$_2$
呼和浩特	2015	48	91	66	160	77	7	1	10
	2016	60	85	68	115	96	35	0	0
	2017	38	110	81	101	121	25	0	1
包头	2015	30	115	76	166	93	3	0	0
	2016	38	100	67	163	96	3	3	0
	2017	26	89	78	142	113	12	0	0
鄂尔多斯	2015	61	63	34	116	148	0	0	0
	2016	93	46	10	99	161	0	0	0
	2017	56	55	15	107	184	9	0	0
榆林	2015	26	73	57	106	113	15	56	0
	2016	45	70	41	115	125	43	3	0
	2017	30	80	28	72	156	86	0	0

（一）呼和浩特市空气质量情况分析

在呼包鄂榆城市群内的四座城市当中，呼和浩特市的空气质量略好于最差的包头市，但是比鄂尔多斯市和榆林市的空气质量都要差。

图 3-2 给出了呼和浩特市空气质量优、良及污染的天数的统计结果。2015—2017 年，空气质量为优的天数每个月均维持在 4 天上下波动，而空气质量为良的天数则维持在 18 天左右，空气质量在轻度及以上污染的天数则在 8 天左右。然而，2017 年空气质量在轻度及以上污染的天数较前两年

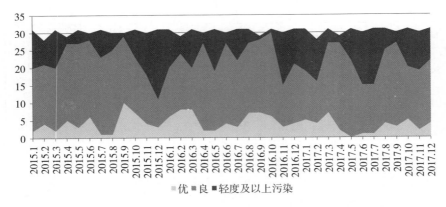

图 3-2　呼和浩特市空气质量天数统计

均有所增加，而空气质量为优的天数较前两年都更少，说明呼和浩特市的空气质量在 2017 年较前两年更加恶化了。按月份来看，每年的 1 月、2 月、11 月、12 月是呼和浩特市空气质量最差的时期，4—9 月的空气质量则相对较好，其中夏季空气质量最好。刘厚凤等（2015）的研究结果表明，冬季受大气环流以及逆温层等的影响，大气层结稳定度增加，污染物更易在大气低层聚积，而由于冷空气南下与偏南气流的对峙，整层风速随之减小，并导致污染物扩散能力减弱，污染物浓度也随之迅速攀升。随着时间推移冷风过境后，风速增大、降水增多、逆温层结构被破坏，污染物得以扩散，空气质量才逐渐好转。

　　下面考察首要污染物情况。由于空气质量处于轻度及以上污染状态（即 AQI>100）后对人体健康的影响逐渐加剧，观察 AQI>100 时的首要污染物，发现此时仅 $PM_{2.5}$、PM_{10}、O_3 三种污染物占据主导地位，因此下面就此三种污染物进行分析。

　　图 3-3 显示出了呼和浩特市首要污染物出现天数的明显的季节性变化。自 5 月起，O_3 出现天数开始逐渐增多，夏季 6、7、8 三个月的首要污染物几

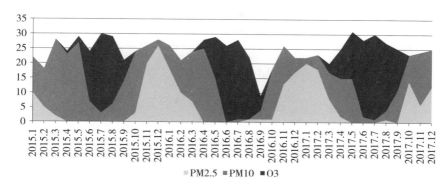

图 3-3　呼和浩特市首要污染物出现天数统计

乎全部是 O₃，直至 9 月以后才不再出现。与之对应的是，颗粒物自 9 月起开始增多，直至次年 5 月才开始减少，其中 PM_{10} 要先于 $PM_{2.5}$ 出现，而 $PM_{2.5}$ 则集中出现于冬季的 11 月至次年 2 月。这种现象，从侧面印证了 Bian 等（2007）的研究，即臭氧浓度与悬浮颗粒物浓度成反比。

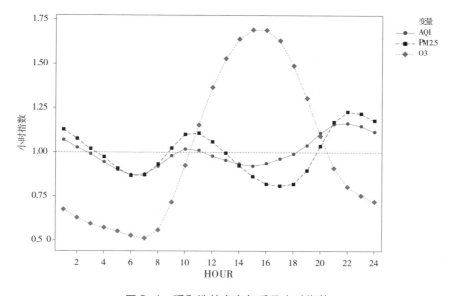

图 3-4　呼和浩特市空气质量小时指数

通过计算出该市三年内的空气质量小时指数，深入挖掘一天中的空气质量变化情况。由于 $PM_{2.5}$ 较 PM_{10} 对人体的危害性更强，本部分选择全部样本期内的 $PM_{2.5}$ 和 O_3 两种首要污染物的浓度数据，结合 AQI 小时数据进行对比分析，如图 3-4 所示。可以发现，$PM_{2.5}$ 和 AQI 的波动基本同步，呈近似 W 型分布且每天经历两个波峰波谷。AQI 小时指数小于 1 时说明空气质量低于年均水平，可见一天中空气质量最好的时间段分别为清晨及下午，而空气质量在中午及夜间是最差的。就首要污染物而言，6 时—7 时及 16 时—18 时为 $PM_{2.5}$ 浓度的两个波谷，浓度低于平均水平，且下午的浓度要低于清晨时的浓度。10 时—11 时及 22 时—23 时为 $PM_{2.5}$ 浓度的两个波峰，且夜间的浓度远高于中午。O_3 浓度小时指数则近似 N 型，其浓度在 7 时左右最小，在 15 时—16 时左右达到最大，而且在整个下午其浓度均高于平均水平，直至 19 时后才开始降至平均水平之下。

（二）包头市空气质量情况分析

包头市是呼包鄂榆城市群中空气质量最差的城市，其空气质量情况如图 3-5 所示。综合来看，空气质量为优的天数较少，平均每月 2.6 天；空气质量为良的天数最多，平均每月 19.3 天；空气质量为轻度及以上污染的月均天数则为 8.4 天。类似呼和浩特市，包头市空气质量最差的月份亦为冬季的 11、12、1、2 月，此外，在夏季的 5—7 月空气质量为轻度及以上污染的天数亦接近 1/3。在春季 4 月份以及秋季 9 月份前后空气质量较好，大部分时间空气质量为优或良。

继续考察首要污染物情况。由于 NO_2、SO_2、CO 三者在全年出现的天数均很少，这里依然主要考察 $PM_{2.5}$、PM_{10}、O_3 三种污染物。由图 3-6 可以看出，O_3 自 5 月份开始逐渐增多，在 6—8 月出现的天数占据了该月的 2/3 以上，直至 9 月才开始减少。颗粒物出现的时间刚好与此相反，其中 $PM_{2.5}$ 从

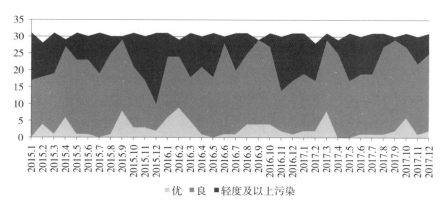

图3-5　包头市空气质量天数统计

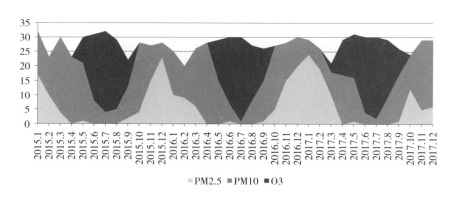

图3-6　包头市首要污染物出现天数统计

10月开始增多直至次年3月才开始减少，集中出现于11月至次年2月，尤其是在12月前后首要污染物几乎全部为$PM_{2.5}$。

　　进一步分析包头市的空气质量小时指数，如图3-7所示，其波动形状与呼和浩特市大体相似，不同点在于，$PM_{2.5}$浓度指数在18时—19时左右达到波谷，夜间波峰则出现在23时左右，均较呼和浩特市晚约1个小时。此外，其AQI小时指数的波动幅度亦比呼和浩特更加平缓，而O_3的日间变化

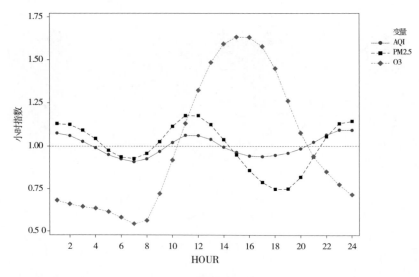

图3-7　包头市空气质量小时指数

规律则没有太大差异。

（三）鄂尔多斯市空气质量情况分析

鄂尔多斯市是呼包鄂榆城市群中空气质量最好的城市，其空气质量情况如图3-8所示。可以看出，相比呼和浩特与包头市，鄂尔多斯市空气质量为优、良的时间明显增多，尤其在前两者空气质量很差的冬季，此时鄂尔多斯市的空气质量反而最好，空气质量为优的时间也大多在这段时间。相反，在夏季的5—8月，空气质量开始恶化，但即便如此空气质量为轻度及以上污染的月均天数也仅为4.6天。

首要污染物方面，鄂尔多斯市O_3出现的时间明显拉长，自4月份起开始增多，直至10月才有所下降，持续时间将近半年，月均出现天数更是达到了13.7天。而颗粒物出现的时间则明显变少，自10月开始增多，直至次年3月以后开始逐渐下降，其中PM_{10}的月均出现天数为8.9天，而$PM_{2.5}$仅

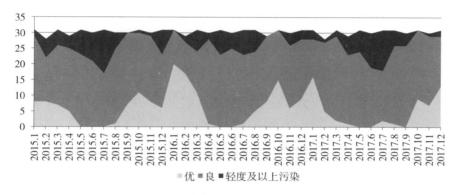

图 3-8　鄂尔多斯市空气质量天数统计

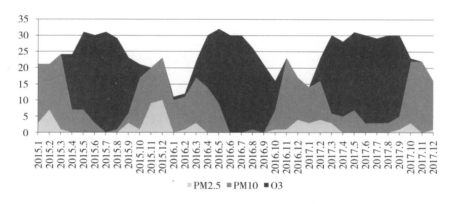

图 3-9　鄂尔多斯市首要污染物出现天数统计

为 1.6 天，且仅在 12 月前后出现时间达到最大，此时的出现时间也不过在 5 天左右。

　　鄂尔多斯市的空气质量小时指数与前两座城市相比，存在较大差异。AQI 小时指数显示，1 时以后，直至 15 时，空气质量均好于平均水平，而空气质量在 20 时左右最差。对于 $PM_{2.5}$，则仅在下午及傍晚即 13 时—20 时这段时间好于平均水平，夜间直至第二天中午的浓度水平都偏高。

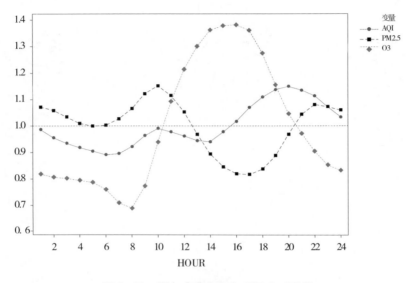

图 3-10 鄂尔多斯市空气质量小时指数

（四）榆林市空气质量情况分析

榆林市是呼包鄂榆城市群中唯一一个与其他城市处于不同省份的城市，位于呼包鄂榆城市群最南端且相距其他三个城市较远，其空气质量情况如图 3-11 所示。可以看出，榆林市空气质量为优的月平均天数为 2.8 天，多处于 4—7 月之外的其他时期，而空气质量为良的月均天数为 21.3 天，空气质量较为恶化的时期则是冬夏两季，月均天数为 6.2 天，其中冬季的 11、12、1、2 月空气质量较差，夏季的 5—7 月空气质量较差。

首要污染物方面，榆林市较其他城市而言，NO_2 出现得更为频繁，因此下面将其加入考察范围，天数统计情况如图 3-12 所示。可见，NO_2 的出现时期与 $PM_{2.5}$ 类似，均主要出现在冬季，自 10 月起开始增多，12 月前后出现时期最长，至次年 3 月后开始逐渐减少出现。PM_{10} 则除了夏季外全年均有出现，与 O_3 的出现时期恰好相反。O_3 自 5 月开始增多，其出现频率在 6—8

月时最高，至 9 月后开始逐渐降低。

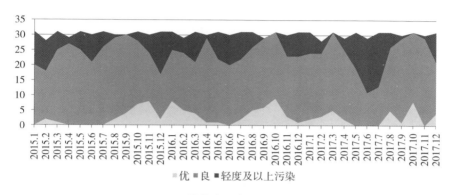

图 3-11　榆林市空气质量天数统计

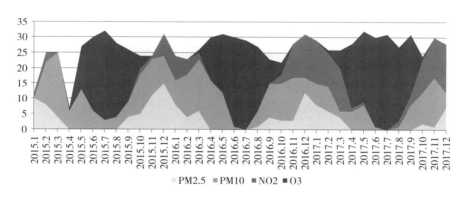

图 3-12　榆林市首要污染物出现天数统计

　　榆林市的 NO_2 较其他城市出现时间较多，因此下面将其加入考察目标。由图 3-13 可以看出，NO_2 浓度小时指数大致呈 V 型，在 15 时—16 时最低，上午及夜间浓度则高于均值。其 AQI 小时指数围绕基线小幅震荡，说明其空气质量水平较好，一天中没有太大波动。$PM_{2.5}$ 浓度在 20 时至次日 12 时之间均高于平均水平，类似鄂尔多斯。O_3 浓度的波动情况则一如其他城市，在清晨 7 时最低，从 11 时起至 20 时均高于平均水平，在 15

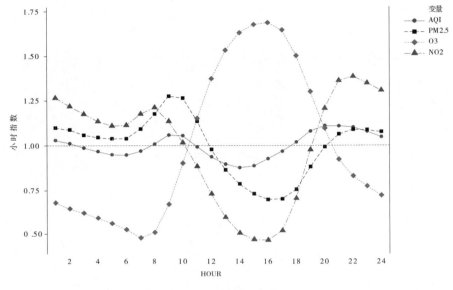

图 3-13　榆林市空气质量小时指数

时—16 时达到最大。

四、各城市空气质量的简单相关性分析

本部分通过计算呼包鄂榆城市群内四座城市空气质量数据的相关系数，探寻各城市间空气污染之间的相关性。表 3-2、表 3-3 分别列出了各城市 AQI 及首要污染物 $PM_{2.5}$ 和 O_3 浓度的相关系数。可以发现地理距离越近的两地相关系数也越大，尤其是呼和浩特与包头两市最为明显，无论是 AQI 还是 $PM_{2.5}$、O_3 浓度的相关性均为最大。而榆林由于地处城市群最南端，与鄂尔多斯的距离更近，因而与它的相关性也要强于其他两市。

表 3-2　各城市 AQI 相关系数

	呼和浩特	包　头	鄂尔多斯
包　头	0.762		
鄂尔多斯	0.492	0.581	
榆林	0.462	0.519	0.606

表 3-3　各城市首要污染物浓度相关系数

PM$_{2.5}$浓度	呼和浩特	包　头	鄂尔多斯	O$_3$浓度	呼和浩特	包　头	鄂尔多斯
包头	0.779			包头	0.906		
鄂尔多斯	0.464	0.577		鄂尔多斯	0.814	0.863	
榆　林	0.509	0.594	0.656	榆林	0.801	0.829	0.839

有两种理论可以解释这种现象：

1. 空气流域理论。大气被"空气分水岭"分割为多个彼此相对孤立的气团，这些气团笼罩下的地理区域称为"空气流域"。根据空气流域理论，虽然没有阻止空气流通的边界，但从污染源排出的污染物一般仅污染局部地区的空气。空气流域具有区别于行政区划的边界，大气污染物会在其中相互混合而造成区域性影响。若仅针对单个城市进行大气污染防治，势必会忽略其所在区域内污染物的相互扩散，因此实施区域大气污染联防联控就显得尤为重要。

2. 地理学第一定律。Tobler 的地理学第一定律指出："虽然任何事物之间都互相联系，但距离较近的事物之间的联系要强于距离较远的事物"。这一"距离"的概念，包含了地理及非地理的两种距离。在同一城市群内，各个城市间的地理距离和经济距离较其他城市而言更加密切，而这种联系又会随着各城市"距离"远近而有所差异，这就意味着各城市间大气污染状况的相互影响会因各城市位置的不同而有所区别。

五、小结

综合上述统计分析，对呼包鄂榆城市群空气质量情况概括如下：

（1）空气质量在年内呈季节性波动。冬季 11、12、1、2 月份的空气质量最差，首要污染物以 $PM_{2.5}$、PM_{10}、NO_2 为主，至春季 4 月份前后空气质量较好，在大部分时间空气质量为优或良，颗粒物 $PM_{2.5}$ 和 PM_{10} 的出现时间逐渐减少。而到了夏季 6、7 月份时，空气质量又逐渐转差，此时的首要污染物为 O_3。当时间继续向后推移至 9 月份，空气质量逐渐好转，空气质量为优或良的时间较多，但是从此时开始 $PM_{2.5}$ 和 PM_{10} 也开始逐渐增多，至 11 月以后，首要污染物逐渐以颗粒物 $PM_{2.5}$、PM_{10} 为主。

（2）空气质量的日内变化亦呈特定规律。AQI 近似呈 W 型变化，在 6 时—7 时以及 15 时左右空气质量最好，而在 10 时—11 时及夜间 20 时—21 时空气质量最差。$PM_{2.5}$ 浓度的波动与 AQI 类似，但是振幅更大，其浓度在 6 时—7 时及 17 时—18 时最低，在 10 时—11 时及 22 时—23 时浓度最高。对于 O_3 浓度，四座城市的变化规律极为相似，呈 N 型波动，在 7 时左右浓度最低，在 15 时—16 时浓度达到最高。

第三节　基于 VAR 模型的城市间空气污染关联规律分析

一、方法选择

在海量 AQI 小时数据的支持下，采用 VAR 模型方法能够较为简单地刻画城市群中各城市间大气污染的动态影响，并且我们之前的研究已经发现，VAR 模型的动态脉冲响应机制能够反映城市群中各城市间的空间距离特征。

VAR 模型的一般形式见式（3.4）。

$$AQI_t = \Phi_1 AQI_{t-1} + \cdots + \Phi_p AQI_{t-p} + \varepsilon_t, \ t = 1, \ 2, \ \cdots, \ T \qquad (3.4)$$

其中，AQI 为 k 维内生变量向量，k 为城市群中包含的城市的个数，p 为滞后阶数，Φ 为待估计的系数矩阵，T 为样本容量，ε 为 k 维随机扰动向量。

基于 VAR 模型系统的脉冲响应函数可以衡量当某一内生变量受到一个标准差的冲击时，对该内生变量及 VAR 模型系统中其他内生变量的动态影响。方差分解则是通过分析每个冲击对内生变量变化的贡献度来测度不同冲击对每个内生变量的相对重要性。当城市群中某个城市发生大气污染时，对其他城市空气质量的影响程度及持续时期可以通过脉冲响应函数进行清晰的刻画，从而衡量出城市群内各城市之间大气污染的动态影响。而运用方差分解方法可以量化城市群中各城市对其他城市空气污染的贡献程度。

二、模型构建

对每个城市各年的 AQI 数据序列采用 ADF 检验方法做平稳性检验，发现 ADF 检验统计量的 P 值均远小于 0.01，说明在 1% 的显著性水平下，均拒绝数据序列存在单位根的原假设，说明所有 AQI 数据序列均是平稳的。为了节省篇幅，这里仅以各个城市 2017 年的 AQI 数据为例，给出 ADF 平稳性检验结果，见表 3-4。

表 3-4　各城市 AQI 数据序列平稳性检验结果

城　　市	ADF 统计量值	P　　值	结　　论
呼和浩特	−15.9804	0.0000	平稳
包头	−14.3911	0.0000	平稳
鄂尔多斯	−21.2764	0.0000	平稳
榆林	−16.4680	0.0000	平稳

进一步，按照年份分别建立 VAR 模型，依据 SC 信息准则确定模型最优滞后阶数，并进行模型系统的平稳性检验。检验结果如图 3-14 所示，可以看出特征方程根的倒数均在单位圆之内，表明所有模型系统都是平稳的，可以进一步进行脉冲响应和方差分解分析。

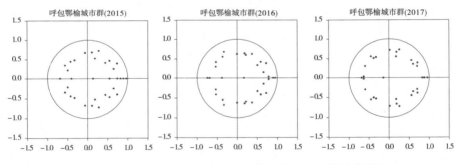

图 3-14　呼包鄂榆城市群 VAR 模型系统的平稳性检验结果

三、城市群内各城市大气污染扩散强度和时滞分析

呼包鄂榆城市群各年 VAR 模型系统脉冲响应函数分析结果见表 3-5，其中［］中数值为某个城市（称其为受冲击城市）受到城市群中其他城市（称其为冲击发出城市）一个标准差的大气污染冲击后，该城市大气污染达到的峰值，［］外的数字为该城市大气污染达到峰值所需要的小时数，这两个数字分别反映了大气污染从冲击发出城市向受冲击城市扩散的强度和时

滞。可以看出,各城市大气污染扩散的强度和时滞显现出非对称现象,且每年均有所不同,大气污染扩散的时空异质性非常明显。

大体上,当冲击发出后,受冲击城市在 7 小时之内就能到峰值,最多也仅需要 14 个小时。从不同城市角度来看,当呼和浩特市发出冲击时,榆林受冲击后达到的峰值最小,而包头所达到的峰值是最大的。当包头市发出冲击时,在受冲击城市中,呼和浩特市所达到的峰值最高,榆林市的峰值依然是最低的,鄂尔多斯市则介于二者之间。当冲击从鄂尔多斯市发出时,除 2015 年对呼和浩特的影响较小外,其余年份里呼和浩特与包头市受冲击后达到的峰值相差无几,但是榆林受冲击后的影响则越来越大,峰值逐年升高。当榆林市发出冲击时,鄂尔多斯是受冲击后影响最大的城市,对于呼和浩特的影响则最小,包头市则介于二者之间。根据 2011 年 1 月 1 日至 2017 年 12 月 31 日的历史风向统计数据①,包头多为北风、西风、西北风,呼和浩特多为西北风,而榆林微风较多,大部分时间无持续风向,因此当榆林因 AQI 变化而发出一个冲击时,其影响传导至包头及呼和浩特速度较慢,而包头及呼和浩特发出的冲击则会借着风势较快影响到榆林。

表 3-5　各城市大气污染扩散情况

年　份	冲击发出城市	受冲击后的峰值及峰值出现所需小时数			
	VAR（8）	呼和浩特	包　头	鄂尔多斯	榆　林
2015	呼和浩特	—	4［8.75］	5［3.66］	3［1.52］
	包　头	3［5.04］	—	7［2.54］	4［1.81］
	鄂尔多斯	3［1.79］	3［5.07］	—	3［0.77］
	榆　林	2［0.69］	13［5.02］	5［8.54］	—

---

① 历史风向统计数据均来源于天气网,见 http://www.tianqi.com/。

续表

年　份	冲击发出城市	受冲击后的峰值及峰值出现所需小时数			
2016	VAR（8）	呼和浩特	包　头	鄂尔多斯	榆　林
	呼和浩特	—	11［5.54］	7［1.9］	4［3.18］
	包　头	5［10.71］	—	7［4.58］	5［2.75］
	鄂尔多斯	6［4.38］	6［4.32］	—	6［3］
	榆　林	5［2.7］	13［3.88］	6［5.4］	—
2017	VAR（8）	呼和浩特	包　头	鄂尔多斯	榆　林
	呼和浩特	—	5［9.77］	6［3.95］	12［3.37］
	包　头	14［4.99］	—	4［5.05］	11［3.06］
	鄂尔多斯	6［3.23］	6［3.5］	—	6［6.24］
	榆　林	4［1.1］	5［2.52］	3［2.52］	—

四、城市群内各城市大气污染的贡献度测算

大气污染并不仅仅是某一城市的责任，邻近城市对于其污染的"贡献"不可忽略。结合城市群内各城市大气污染扩散强度和时滞的非对称现象，下面运用基于 VAR 模型的方差分解方法，尝试量化当一城市群内某个城市大气污染情况（以 AQI 衡量）发生变化时，各城市对该城市大气污染的贡献程度，为量化各城市间大气污染的外部性提供解决思路。

令 $r_{a,b}$ 表示城市 a 受城市 b 冲击后大气污染达到的峰值，令 $e_{a,b}$ 表示城市 a 受城市 b 冲击后达到峰值所需的小时数，那么，a 受 b 发出的大气污染冲击后达到峰值的污染传导速度 $v_{a,b}$ 为：

$$v_{a,b} = \frac{r_{a,b}}{e_{a,b}} \tag{3.5}$$

　　城市 a 受 b 大气污染冲击后所达峰值越高，到达峰值所需时间越短，城市 b 对 a 空气质量的影响越大，因此，这一污染传导速度衡量了城市 b 对城市 a 空气质量的影响程度。分别求出各城市的平均速度，按照平均速度由大到小的顺序确定 Cholesky 因子分解的顺序，进行方差分解，可以得到城市群内各城市对于其中每一城市大气污染变化的贡献度，具体结果见表 3-6。

表 3-6　各城市大气污染的贡献度

年　份	AQI 变动城市	各城市对 AQI 变动城市的贡献程度（%）			
		呼和浩特	包　头	鄂尔多斯	榆　林
2015	呼和浩特	48.8	48.6	1.6	1
	包　头	2.1	95.4	1.3	1.2
	鄂尔多斯	0.3	15.3	83.8	0.6
	榆　林	0.4	18.6	19.2	61.8
2016	呼和浩特	74.4	23.3	0.8	1.5
	包　头	15.9	79	3.5	1.6
	鄂尔多斯	6.9	14.8	75.5	2.8
	榆　林	6.7	11.5	12.5	69.3
2017	呼和浩特	78.1	18	3.5	0.4
	包　头	20.4	71	7.7	0.9
	鄂尔多斯	6	10.5	79.8	3.7
	榆　林	8.4	10.7	21.3	59.6

表 3-7   各城市大气污染贡献净份额

城　市	2015	2016	2017
呼和浩特	−48.4	3.9	12.9
包　头	77.9	28.6	10.2
鄂尔多斯	5.9	−7.7	12.3
榆　林	−35.4	−24.8	−35.4

从表 3-6 可以发现，每个矩阵主对角线处的数值均为其所在行的最大数值，表明大部分城市需要对自身的大气污染承担主要责任。此外，主对角线两侧的数值并不对称，说明各城市大气污染之间的影响不会相互抵消。以包头市为例，表 3-6 中某年"包头行"表示该年所有城市对包头市大气污染变化的贡献度，"包头列"则表示该年包头市对城市群内所有城市大气污染变动所应承担的责任，列值之和减去行值之和的差值便为该年度包头市大气污染的贡献净份额，反映了其外部性的大小。

表 3-7 计算出了各城市对大气污染的贡献净份额，当其值大于零时，表明该市为"污染净输出方"，对邻近城市空气质量的贡献度要高于邻近城市对该市的贡献度；当该值小于零时，该市为"污染净输入方"，其邻近城市对该市空气质量的贡献度要大于该市对邻近城市的贡献度；若其值为零，则表明该市与相邻城市间大气污染的影响相互抵消。

可以看出，不同年份各城市大气污染的贡献度大小各不相同，其中，呼和浩特在 2015 年时为大气污染净输入方，大气污染受邻近城市影响较大，但是随着时间推移，在其后的两年均转变为大气污染净输出方，对邻近城市大气污染的影响逐年增大。而包头虽然在三年中均为污染净输出方，但是其对大气污染的贡献度大小在逐年减弱。榆林在三年中均为大气污染净输入方，说明其大气污染的贡献度较小，主要受到来自邻近城市的影响。鄂尔多斯则在大气污染净输入方与净输出方两者间不断转换。无论城市是作为"污染净输出方"还是"污染净输入方"，均是一个相对的定性概念，仅表明该城市在当年对大气污染贡献度的相对大小，随着各城市大气污染治理强度的不同，其角色将不会一成不变。

第四节　基于数据挖掘方法的空气污染规律分析

由于使用统计方法进行分析时，对数据进行了一定程度的分类、简化，无法发现隐藏在数据中的更深层次的规律，空气污染是一个复杂的过程，不同污染物之间的关联规则可能会引起不同程度的空气污染。因此，挖掘出不同空气污染物之间的关联规则对解决呼包鄂榆城市群的空气污染问题是有一定现实意义的。根据前文统计结果，本节将 $PM_{2.5}$、PM_{10}、O_3 三种污染物的浓度作为主要考察对象进行研究分析。

一、关联规则发现的基本理论

随着大数据时代的兴起，如何挖掘出隐藏在海量数据集中有意义的信息变得越来越重要，而关联规则发现就是数据挖掘的最重要的研究方向之一，用于发现隐藏在海量数据集中的有意义的联系，其最早是用来分析超市购物篮数据事务中不同商品购买规则之间的有趣联系，在此处用于同一时间、同一空间、不同大气污染物指标的关联性分析。关联规则发现的基本原理如下：

在购物篮数据中，定义变量的集合为项集 I，事务的集合为 T，T 中每个事务包含的项集都是 I 的子集。包含特定项集 I 的事务的个数用支持度计数表示，记为 σ（I）。对于任意两个项集 X 和 Y，关联规则（Association rule）是形如 X→Y 的蕴含表达式，且 X∩Y＝∅。关联规则的强度以支持度（Support）和置信度（Confidence）度量，见公式（3.6）和（3.7）。

$$\text{Support}（X\rightarrow Y）= \frac{\sigma(X \cup Y)}{N} \qquad\qquad (3.6)$$

$$\text{Confidence}（X\rightarrow Y）= \frac{\sigma(X \cup Y)}{X} \qquad\qquad (3.7)$$

关联规则发现的目的是找出支持度大于等于支持度阈值（Minsup）并且置信度大于等于置信度阈值（Minconf）的所有规则。其计算步骤主要分为两步：①找到所有满足支持度阈值的项集，即产生频繁项集（Frequent itemset）。②从频繁项集中找出所有高置信度的规则，即产生强规则（Strong rule）。发现频繁项集的原始方法是运用格结构枚举所有可能的项集，将每个候选项集与每个事务进行比较，如果候选项集包含在事务中，则候选项集的支持度技术增加，最终确定格结构中每个候选项集的支持度计数。关联规则的产生与上类同，但是基于置信度的计数。

关联分析算法产生大量可能的模式之后，需要进行模式评估，关联模式评估即筛选模式，识别最有趣模式的过程，具体方法是建立一组被广泛接受的关联模式质量评价标准，模式的评估指标有支持度、置信度和提升度。支持度和置信度也存在一定缺陷。支持度的缺陷在于有可能一些有价值的规则因为支持度太低而被删去，例如在研究空气污染规律时，特别严重的空气污染虽然发生的概率很低，但当天的空气污染物关联规律还是应该重点研究，不过由于其在所有样本中的比率太低而很有可能被排除在支持度阈值之外，那么就无法获得当天污染物之间的重要关联规则。置信度的缺陷在于忽略了规则后件中项集的支持度，当规则后件项集的支持度本身就特别大时，则关联规则必然会对其输出很高的置信度，但却并不能说明前件项集和后件项集的关联度高。基于这两种情况，人们提出了提升度（Lift）的度量，用于计算总体规则支持度和规则后件支持度之间的比率，见公式（3.8）。

$$lift(X \rightarrow Y) = \frac{supprot(X \rightarrow Y)}{support(Y)} \tag{3.8}$$

当关联规则满足支持度和置信度阈值时，提升度高的规则就是强关联规则，但由于提升度并没有实际意义，因此，常用置信度（Confidence）来描述发生某个规则的概率。

本节利用 R 语言中的 Arules 程序包中的 Apriori 算法进行关联规则的发现，该算法基于支持度剪枝技术，可以系统地控制候选项集的指数增长，对关联规则的格结构使用基于置信度的剪枝技术，大大减少了候选项集的数量，可以说是一种关联规则发现的简化算法。算法的具体程序参照贾瑾（2014）的研究。

二、关联规则方案设计

本节利用收集到的呼包鄂榆城市群四个主要城市的 AQI 分时数据，按照《环境空气质量指数（AQI）技术规定（试行）》中对 $PM_{2.5}$、PM_{10}、O_3、NO_2、CO、SO_2 六种污染物的分级方法对这六种污染物进行分级，用以挖掘出四个城市空气污染物之间的关联规则。

此外，在进行关联规则发现过程中，需要预先设置支持度和置信度，若将支持度和置信度的阈值设低，可能会产生过多无意义的规则；若阈值太高，则可能漏掉有意义的规则。但鉴于数据类型和数据个数的不同，并没有一种公认的初始支持度和置信度，其确定需要在研究过程中不断尝试和组合进而找到恰当的阈值。在阈值确定之后，挖掘出所有污染物之间的关联规则总库，评估出污染物之间的强关联规则。

由前文可知，呼包鄂榆城市群的首要污染物主要为 $PM_{2.5}$、PM_{10} 和 O_3，但考虑到 PM_{10} 的浓度中包含了 $PM_{2.5}$，若将 PM_{10} 污染级别设定为后项集，则规则中 $PM_{2.5}$ 的等级将全部低于或等于 PM_{10} 的等级，挖掘方法存在缺陷，且考虑到城市群中 $PM_{2.5}$ 的浓度同样值得重点关注。因此，选择 $PM_{2.5}$ 和 O_3 这两种污染物进行挖掘，二者的浓度同样也是反映空气污染程度的重要指标。其中，$PM_{2.5}$ 能长期悬浮于空气中，是造成雾霾天气的主要原因之一，有研究表明 $PM_{2.5}$ 与空气质量呈显著的相关关系，且 $PM_{2.5}$ 与 PM_{10} 相比颗径更小，输送距离较远，更易富集空气中的有毒有害物质，并随着人类呼吸进入肺泡，进而引发各种疾病；而臭氧则具有强氧化性，能够刺激人体呼吸道，引发支气管炎和肺气肿。当它们浓度过高时对人体有较大的危害。此外，NO_2 作为首要污染物出现的情况也不能忽略。因此，希望在呼包鄂榆城市群空气污染物关联规则总库中识别出 $PM_{2.5}$、O_3 和 NO_2 的规则总库，并评估出这两种污染物的强关联规则。

三、结果输出及分析

根据上述污染物规则发现方案，首先筛选不同污染等级的 $PM_{2.5}$ 规则，将试验参数代入程序进行运算后，得到的结果如表 3-8 所示。假设置信度大于 0.6 时的规则为强关联规则，当支持度（Support）为 0.0001，置信度（Confidence）为 0.6 时，共生成了 169 条 $PM_{2.5}$ 规则。

表 3-8　不同支持度和置信度下得到的 $PM_{2.5}$ 规则

污染物种类	支持度	置信度	规则数量
$PM_{2.5}$、PM_{10}、SO_2、NO_2、CO、O_3	0.1	0.6	31
	0.05	0.6	31
	0.01	0.6	39
	0.005	0.6	47
	0.001	0.6	73
	0.0005	0.6	91
	0.0001	0.6	169

将支持度为 0.0001 和置信度为 0.6 的 $PM_{2.5}$ 规则按照置信度排序，可以得到 $PM_{2.5}$ 在各污染等级下的结果，分别见表 3-9、表 3-10、表 3-11 和表 3-12。

表 3-9　$PM_{2.5}$ 为六级的关联规则

	Rules（sorted by confidence）					Support	Confidence	Lift
1	$PM_{10}=6$			CO=2	$SO_2=2$	0.000124	1.00000	469.7143
2	$PM_{10}=6$		$NO_2=2$		$SO_2=2$	0.000133	1.00000	469.7143
3	$PM_{10}=6$		$NO_2=2$	CO=2		0.000124	1.00000	469.7143
4	$PM_{10}=6$	$O_3=1$		CO=2	$SO_2=2$	0.000124	1.00000	469.7143
5	$PM_{10}=6$	$O_3=1$	$NO_2=2$		$SO_2=2$	0.000133	1.00000	469.7143
6	$PM_{10}=6$	$O_3=1$	$NO_2=2$	CO=2		0.000124	1.00000	469.7143
7	$PM_{10}=6$			CO=2		0.000238	0.96154	451.6484
8	$PM_{10}=6$	$O_3=1$		CO=2		0.002376	0.96154	451.6484
9	$PM_{10}=6$		$NO_2=2$			0.000209	0.95652	449.2919
10	$PM_{10}=6$	$O_3=1$	$NO_2=2$			0.000209	0.95652	449.2919

续表

	Rules (sorted by confidence)				Support	Confidence	Lift
11	$PM_{10}=6$		$NO_2=1$	$CO=2$		0.000114	0.92308	433.5824
12	$PM_{10}=6$	$O_3=1$	$NO_2=1$	$CO=2$		0.000114	0.92308	433.5824
13	$PM_{10}=6$			$CO=2$	$SO_2=1$	0.000105	0.91667	430.5714
14	$PM_{10}=6$	$O_3=1$		$CO=2$	$SO_2=1$	0.000105	0.91667	430.5714
15	$PM_{10}=6$				$SO_2=2$	0.000228	0.88889	417.5238
16	$PM_{10}=6$	$O_3=1$			$SO_2=2$	0.000228	0.88889	417.5238
17	$PM_{10}=6$			$CO=1$	$SO_2=2$	0.000105	0.78571	369.0612
18	$PM_{10}=6$	$O_3=1$		$CO=1$	$SO_2=2$	0.000105	0.78571	369.0612
19	$PM_{10}=5$		$NO_2=1$	$CO=2$		0.000105	0.73333	344.4571
20	$PM_{10}=5$	$O_3=1$	$NO_2=1$	$CO=2$		0.000105	0.73333	344.4571
21	$PM_{10}=5$		$NO_2=1$	$CO=2$	$SO_2=1$	0.000105	0.73333	344.4571
22	$PM_{10}=5$	$O_3=1$	$NO_2=1$	$CO=2$	$SO_2=1$	0.000105	0.73333	344.4571
23	$PM_{10}=5$			$CO=2$		0.000152	0.64000	300.6171
24	$PM_{10}=5$	$O_3=1$		$CO=2$		0.000152	0.64000	300.6171
25	$PM_{10}=5$			$CO=2$	$SO_2=1$	0.000143	0.62500	293.5714
26	$PM_{10}=5$	$O_3=1$		$CO=2$	$SO_2=1$	0.000143	0.62500	293.5714

　　表3-9列举了呼包鄂榆城市群中$PM_{2.5}$的污染等级为六级的规则。其中规则1—6的置信度为1，此种情况说明当PM_{10}为六级，且NO_2、SO_2、CO三者中同时有两项的污染等级为二级时，必有$PM_{2.5}$的污染等级为六级。当PM_{10}为六级，且NO_2、SO_2、CO三者中任一项为二级时，$PM_{2.5}$污染等级为六级的概率达78%以上；其中若NO_2或CO的污染等级为二级，$PM_{2.5}$污染等级为六级的概率达90%以上。当PM_{10}为五级且CO为二级时，$PM_{2.5}$的污染等级随着NO_2污染等级的不同呈现出两种状态：NO_2污染等级为一级时，$PM_{2.5}$污染等级为六级的概率达73.3%；无NO_2污染时，$PM_{2.5}$污染等级为六

级的概率降至60%左右，此时若SO$_2$的污染等级为一级，PM$_{2.5}$污染等级为六级的概率会略低于无SO$_2$污染时。此外，O$_3$污染存在与否对于PM$_{2.5}$的污染等级没有影响。

表3-10列举了呼包鄂榆城市群中PM$_{2.5}$的污染等级为五级的规则，此种情况下PM$_{10}$的污染等级均为四级，O$_3$污染的存在与否对于PM$_{2.5}$的污染等级依旧没有影响。当仅存在NO$_2$、SO$_2$、CO三者中任一种污染物时，PM$_{2.5}$为五级的概率各不相同，其中SO$_2$的污染等级为二级时概率最低，为61.9%，NO$_2$的污染等级为二级时概率升至65%，CO的污染等级为二级时，PM$_{2.5}$为五级的概率则升至73.8%。当CO的污染等级为二级时，PM$_{2.5}$为五级的概率保持在70%以上。当NO$_2$和SO$_2$的污染等级同时为二级时，PM$_{2.5}$为五级的概率则在80%以上。

表3-11列举了呼包鄂榆城市群中PM$_{2.5}$的污染等级为四级的规则，此种情况下仅存在两种规则，而O$_3$的存在与否对于支持度及置信度没有影响。

表3-12列举了呼包鄂榆城市群中PM$_{2.5}$的污染等级为三级时的规则。CO的污染等级为二级时，PM$_{2.5}$的污染等级为三级的概率达到62.3%，且其概率将随着污染物的增多而增大，NO$_2$比SO$_2$污染将引起其概率更大的提高。当NO$_2$和CO的污染等级同时为二级时，PM$_{2.5}$的污染等级为三级的概率达到80%以上，此时若出现SO$_2$污染，则概率将升至94.1%。当CO的污染等级为一级、SO$_2$为二级时，PM$_{2.5}$的污染等级为三级的概率为60.8%，NO$_2$的出现会将其略微提高至61.8%。

运用同样的方法筛选NO$_2$和O$_3$，O$_3$未显示出有意义的关联规则，NO$_2$的污染等级为二级时产生了三条规则，如表3-13所示，O$_3$的影响依旧没有显现，而CO为二级时NO$_2$为二级的概率要高于CO为一级时的情况，即便此时PM$_{2.5}$的污染等级比规则3低一个等级。

表 3-10　PM$_{2.5}$为五级的关联规则

	Rules（sorted by confidence）					Support	Confidence	Lift
1	PM$_{10}$=4		NO$_2$=2		SO$_2$=2	0.000171	0.85714	69.3732
2	PM$_{10}$=4	O$_3$=1	NO$_2$=2		SO$_2$=2	0.000171	0.85714	69.3732
3	PM$_{10}$=4		NO$_2$=1	CO=2	SO$_2$=1	0.000447	0.85455	69.1630
4	PM$_{10}$=4	O$_3$=1	NO$_2$=1	CO=2	SO$_2$=1	0.000447	0.85455	69.1630
5	PM$_{10}$=4		NO$_2$=2	CO=1	SO$_2$=2	0.000105	0.84615	68.4838
6	PM$_{10}$=4	O$_3$=1	NO$_2$=2	CO=1	SO$_2$=2	0.000105	0.84615	68.4838
7	PM$_{10}$=4			CO=2	SO$_2$=1	0.000656	0.83133	67.2836
8	PM$_{10}$=4	O$_3$=1		CO=2	SO$_2$=1	0.000656	0.83133	67.2836
9	PM$_{10}$=4		NO$_2$=2	CO=2		0.000276	0.80556	65.1979
10	PM$_{10}$=4	O$_3$=1	NO$_2$=2	CO=2		0.000276	0.80556	65.1979
11	PM$_{10}$=4		NO$_2$=2	CO=2	SO$_2$=1	0.000209	0.78571	63.5921
12	PM$_{10}$=4	O$_3$=1	NO$_2$=2	CO=2	SO$_2$=1	0.000209	0.78571	63.5921
13	PM$_{10}$=4			CO=1	SO$_2$=2	0.000276	0.74359	60.1827
14	PM$_{10}$=4	O$_3$=1		CO=1	SO$_2$=2	0.000276	0.74359	60.1827
15	PM$_{10}$=4			CO=2		0.000751	0.73832	59.7560
16	PM$_{10}$=4	O$_3$=1		CO=2		0.000751	0.73832	59.7560
17	PM$_{10}$=4		NO$_2$=1	CO=2		0.000475	0.70423	56.9967
18	PM$_{10}$=4	O$_3$=1	NO$_2$=1	CO=2		0.000475	0.70423	56.9967
19	PM$_{10}$=4		NO$_2$=1	CO=1	SO$_2$=2	0.000171	0.69231	56.0322
20	PM$_{10}$=4	O$_3$=1	NO$_2$=1	CO=1	SO$_2$=2	0.000171	0.69231	56.0322
21	PM$_{10}$=4		NO$_2$=2			0.001293	0.65072	52.6661
22	PM$_{10}$=4	O$_3$=1	NO$_2$=2			0.000129	0.65072	52.6661
23	PM$_{10}$=4		NO$_2$=2		SO$_2$=1	0.001122	0.62766	50.7999
24	PM$_{10}$=4	O$_3$=1	NO$_2'$=2		SO$_2$=1	0.001122	0.62766	50.7999
25	PM$_{10}$=4				SO$_2$=2	0.000371	0.61905	50.1029
26	PM$_{10}$=4	O$_3$=1			SO$_2$=2	0.000371	0.61905	50.1029

续表

	Rules（sorted by confidence）				Support	Confidence	Lift
27	$PM_{10}=4$		$NO_2=2$	$CO=1$		0.001017	0.61850	50.0583
28	$PM_{10}=4$	$O_3=1$	$NO_2=2$	$CO=1$		0.001017	0.61850	50.0583
29	$PM_{10}=4$		$NO_2=2$	$CO=1$	$SO_2=1$	0.000912	0.60000	48.5612
30	$PM_{10}=4$	$O_3=1$	$NO_2=2$	$CO=1$	$SO_2=1$	0.000912	0.60000	48.5612

表 3-11　$PM_{2.5}$ 为四级的关联规则

	Rules（sorted by confidence）				Support	Confidence	Lift
1	$PM_{10}=4$		$NO_2=1$	$CO=2$	$SO_2=2$	0.000114	0.75000	33.0314
2	$PM_{10}=4$	$O_3=1$	$NO_2=1$	$CO=2$	$SO_2=2$	0.000114	0.75000	33.0314

表 3-12　$PM_{2.5}$ 为三级的关联规则

	Rules（sorted by confidence）				Support	Confidence	Lift
1	$PM_{10}=2$		$NO_2=2$	$CO=2$	$SO_2=1$	0.000152	0.94118	12.7088
2	$PM_{10}=2$	$O_3=1$	$NO_2=2$	$CO=2$	$SO_2=1$	0.000152	0.94118	12.7088
3	$PM_{10}=2$		$NO_2=2$	$CO=2$		0.000152	0.80000	10.8025
4	$PM_{10}=2$	$O_3=1$	$NO_2=2$	$CO=2$		0.000152	0.80000	10.8025
5	$PM_{10}=2$			$CO=2$	$SO_2=1$	0.000295	0.72093	9.7348
6	$PM_{10}=2$	$O_3=1$		$CO=2$	$SO_2=1$	0.000295	0.72093	9.7348
7	$PM_{10}=2$	$O_3=1$		$CO=2$		0.000295	0.63265	8.5428
8	$PM_{10}=2$			$CO=2$		0.000295	0.62365	8.5428
9	$PM_{10}=3$		$NO_2=1$	$CO=1$	$SO_2=2$	0.000770	0.61832	8.3492
10	$PM_{10}=3$	$O_3=1$	$NO_2=1$	$CO=1$	$SO_2=2$	0.000770	0.61832	8.3492
11	$PM_{10}=3$			$CO=1$	$SO_2=2$	0.000827	0.60839	8.2152
12	$PM_{10}=3$	$O_3=1$		$CO=1$	$SO_2=2$	0.000827	0.60839	8.2152

表 3-13 NO$_2$为二级的关联规则

	Rules（sorted by confidence）				Support	Confidence	Lift
1	PM$_{2.5}$=5		CO=2	SO$_2$=2	0.000124	0.68421	69.3544	
2	PM$_{2.5}$=5	O$_3$=1	CO=2	SO$_2$=2	0.000124	0.68421	69.3544	
3	PM$_{2.5}$=6		CO=1	SO$_2$=2	0.000105	0.64706	65.5886	

通过对 PM$_{2.5}$、PM$_{10}$、O$_3$、NO$_2$、CO、SO$_2$ 六种污染物浓度数据的观察发现，O$_3$ 对 PM$_{2.5}$ 的污染等级影响不大，NO$_2$、CO、SO$_2$ 三者对 PM$_{2.5}$ 的影响各不相同，其影响由大到小排序依次为 CO>NO$_2$>SO$_2$。因此，在治理大气污染物时，除颗粒物外也应重点关注 CO 的排放。

第五节　结论及建议

一、研究结论

通过统计分析方法、基于 VAR 模型的脉冲响应和方差分解方法、数据挖掘方法对呼包鄂榆城市群空气污染规律的分析得出以下主要的研究结论：

1. 空气质量呈季节性波动。冬季空气质量最差，首要污染物以 PM$_{2.5}$、PM$_{10}$、NO$_2$为主。夏季空气质量较好，首要污染物主要为 O$_3$。

2. 各城市间空气污染的相互影响程度与地理距离成反比。从各城市 AQI 及首要污染物浓度数据的相关系数可以看出，两城市地理位置越近，空气污染的相关性越大。在空气流域理论及地理学第一定律的解释下，同一大气流域内距离越近的两地相互间的影响也越大。

3. 各污染物对 PM$_{2.5}$ 污染的影响由大到小排序依次为 CO>NO$_2$>SO$_2$>O$_3$。

通过数据挖掘方法研究呼包鄂榆城市群内 $PM_{2.5}$ 的关联规则，发现各污染物对 $PM_{2.5}$ 污染的影响由大到小排序依次为 $CO > NO_2 > SO_2 > O_3$，因而在治理颗粒物污染的同时，控制其他几类污染物的排放尤其是 CO 和 NO_2 也是很有必要的。

4. 各城市大气污染扩散的强度与时滞异质，大气污染扩散具有非对称性。基于 VAR 模型的脉冲响应分析表明，呼包鄂榆城市群内，某一城市大气污染扩散到其他城市所达到的峰值不同，达到峰值所需要的小时数不同，每一年的情况也不同；城市 a 的大气污染向城市 b 扩散的强度及时滞与城市 b 的大气污染向城市 a 扩散的强度及时滞不同。

5. 存在大气污染净输入方与净输出方。基于 VAR 模型的方差分析表明在同一城市群内，某些城市为大气污染净输入方，另一些城市则为大气污染净输出方。

二、治污减霾建议

从以上结论可以看出，呼包鄂榆城市群内各城市的大气污染外溢性明显，各大气污染物之间相互关联紧密，因此提出如下几方面的大气污染治理建议：

1. 明确责任，共同承担。

通过 VAR 模型明确各地的大气污染贡献净份额，建立完善的监督管理机制，各地应承担起大气污染排放与治理的责任，并严格落实到基层单位，分级承担治污任务。唯有明确各地的责任，才能杜绝推诿扯皮现象的发生，各地政府也不应再以单纯的 GDP 指标作为考核标准，而应加入大气污染治理指标，同时设立符合当地现实情况的机制、策略，完善排污标准，以促进社会健康可持续发展。对"大气污染净输入方"与"大气污染净输出方"

进行动态考核，并辅以严格的奖惩制度，建立长效激励机制，以市场经济的思维解决大气污染问题。

2. 多种手段并举，协同治理污染。

明确各地的主要污染源，在冬季大气污染季，应将汽车限行与工厂限排并重，完善市场机制，倡导绿色出行、绿色生产，逐步淘汰落后的高污染排放源。不应局限于治理某个污染物，而是针对所有排放物都设立严格的标准，防止污染物相互作用而产生更严重的大气污染，严控各类污染源，将短期管控与长期转型结合起来，从根源解决问题。积极发挥共享经济的优势，推动出行绿色化。

3. 加强信息沟通，发挥舆论监督作用。

发挥信息化时代的优势，通过微博、微信公共号等多种新形式，开通群众举报渠道，正确引导群众的监督意识，经常、及时地与群众开展互动，对发现的问题及时解决、通报，树立政府的积极形象，让高污染企业有危机感、紧迫感，促进其对自身进行升级改造。加强大气污染治理的宣传工作，为群众普及环保知识、树立环保意识，激发群众的环保热情。

第四章　天山北坡城市群空气污染规律分析

　　学界对于雾霾污染的研究集中在气候地形、能源结构、产业结构、交通模式、城市化建设等方面，主要着眼于雾霾污染的区域性社会经济影响，为地方政府实施区域联防联控措施提供了理论基础和决策依据。如刘晨跃等（2017）通过对我国不同区域划分间的分析认为，煤炭为主的能源消费结构是东部地区雾霾污染的主要因素，而产业结构对西部地区影响显著[①]。东童童等（2015）考察了工业集聚对雾霾污染的影响，认为工业劳动集聚与雾霾污染之间存在倒 U 型变化关系，而提高工业效率可以降低污染程度[②]。马丽梅等（2014）研究了大气污染的空间效应，认为能源消费结构中煤炭尤其是劣质煤炭的使用加剧了雾霾污染，产业转移在长期无效[③]。蔡海亚等（2017）研究指出，中国雾霾污染的区域性差异显著，其主要原因是区域内

---

① 刘晨跃、尚远红：《雾霾污染程度的经济社会影响因素及其时空差异分析——基于 30 个大中城市面板数据的实证检验》，《经济与管理评论》2017 年第 1 期。
② 东童童、李欣、刘乃全：《空间视角下工业集聚对雾霾污染的影响——理论与经验研究》，《经济管理》2015 年第 9 期。
③ 马丽梅、张晓：《区域大气污染空间效应及产业结构影响》，《中国人口·资源与环境》2014 年第 7 期。

发展的不均衡①。陈建（2017）则主张在区域内建立统一的大气环境标准②，魏巍贤和王月红（2017）分析了欧洲跨区域大气污染治理体系，从科学化定量体系和制度化保障体系两个维度结合中国国情提出了政策建议③。

　　大部分关于城市群空气污染的研究大多集中在京津冀城市群、长三角城市群和珠三角城市群，也有少部分关于关中城市群空气污染的研究，但基于高频分时数据的天山北坡城市群空气污染相关研究尚未发现。本章旨在依据AQI 分时高频海量数据资源，使用 MATLAB、EVIEWS 等数据处理工具，在运用传统统计学方法的基础上，同时借鉴金融计量经济学、数据挖掘等学科在处理高频海量数据方面的优势和科学分析方法，充分挖掘天山北坡城市群大气污染的独特规律及城市群内部各城市大气污染的关联规律，在此基础上，提出相应的治理对策。

第一节　天山北坡城市群简介

　　新疆受地理和生态制约，城市间距离普遍较远，不利于形成大的城市群，但在天山北坡，城市间距离较近、工业基础好、产业优势明显，建设天山北坡城市群将具有很大优势。依据《全国主体功能区规划》，天山北坡城市群位于全国"两横三纵"城市化战略格局中陆桥通道横轴的西端，东起

　　① 蔡海亚、徐盈之、孙文远：《中国雾霾污染强度的地区差异与收敛性研究——基于省际面板数据的实证检验》，《山西财经大学学报》2017 年第 3 期。
　　② 陈建：《统一标准是跨省重点区域大气污染治理的出路——基于邻避扩张的视角》，《江苏大学学报（社会科学版）》2017 年第 2 期。
　　③ 魏巍贤、王月红：《跨界大气污染治理体系和政策措施——欧洲经验及对中国的启示》，《中国人口·资源与环境》2017 年第 9 期。

哈密，西至伊宁，东西相距一千多公里，其中分布着新疆的三个大型煤田和两个大型油气田，包括新疆天山以北、准噶尔盆地南缘的带状区域以及伊犁河谷的部分地区（含新疆生产建设兵团部分师市和团场），涵盖乌鲁木齐城市群、克奎乌—博州、伊犁河谷、哈密等四个片区，是新疆优化提升新型工业化、新型城镇化、农牧业现代化、信息化和基础设施现代化的先行示范地区。

天山北坡地区地形开阔地势平坦，地貌类型主要为山前冲积、洪积扇平原。土地资源丰富，开发强度较低，可作为建设用地的土地资源丰富。水资源较为紧缺，开发利用程度较高，存在河流尾闾湖泊萎缩等问题。地下水超采严重，绿洲内部和边缘地带自然生态系统退化。大气环境质量总体较好，部分城市二氧化硫排放超载。水环境质量总体较差，部分河段化学需氧量排放超载。属典型的大陆性气候，气温变化剧烈，日照充足，降雨少。自然资源相对丰富，冰川和永久性积雪、耕地、草场、天然森林、水域等均有分布。

天山北坡城市群的功能定位是：我国面向中亚、西亚地区对外开放的陆路交通枢纽和重要门户，全国重要的能源基地，我国进口资源的国际大通道，西北地区重要的国际商贸中心、物流中心和对外合作加工基地，石油天然气化工、煤电、煤化工、机电工业及纺织工业基地。具体规划有以下几项：（1）构建以乌鲁木齐—昌吉为中心，以石河子、奎屯—乌苏—独山子三角地带和伊犁河谷为重点的空间开发格局。（2）推进乌昌一体化建设，提升贸易枢纽功能和制造业功能，建设西北地区重要的国际商贸中心、制造业中心、出口商品加工基地。发展壮大石河子、克拉玛依、奎屯、博乐、伊宁、五家渠、阜康等节点城市。（3）强化向西对外开放大通道功能，扩大交通通道综合能力。（4）发展旱作节水农业和设施农业，培育特色农牧产业，发展集约化、标准化高效养殖，推进农业发展方式转变。（5）保护天山北坡山地水源涵养区，加强伊犁草原森林生态建设，建设艾比湖流域防治沙尘与湿地保护功能区、克拉玛依—玛纳斯湖—艾里克湖沙漠西部防护区、玛纳斯—木垒沙漠东南部防护区以及供水沿线等"三区一线"生态防护体系。

天山北坡有乌鲁木齐、克拉玛依、昌吉、石河子、吐鲁番、奎屯、阜康、五家渠、乌苏这九大城市，在空间上形成了天然的城市群，2015 年九大城市地区生产总值占新疆地区比重的 50.7%。乌鲁木齐市、昌吉回族自治州同处天山北麓，两地地域相连，人文相通，但乌鲁木齐高山、丘陵、水源地、坡地占 90% 以上，能供建设的土地不足 1000 平方公里，与乌市一路之隔的昌吉地域辽阔，资源丰富。乌昌一体化使得乌鲁木齐的城市功能优势与昌吉的资源优势实现了互补，对天山北坡城市群将形成一个中心支撑。吐鲁番、哈密是油气资源丰富的地区，石油就地加工能力很强，独山子区的风能和石化是具有优势和特色的产业，而博乐、伊宁在进口中亚国家的能源原材料中将发挥口岸和桥头堡的作用。

无论从人口、经济总量还是人均 GDP 方面，天山北坡城市群都占据重要地位。2015 年，天山北坡城市群总面积约 12.37 万平方公里，常住人口539.81 万人，分别占新疆地区的 7.43% 和 22.88%。地区生产总值 4728.07亿元，占新疆地区比重 50.7%，其中第一产业产值、第二产业产值和第三产业产值分别占新疆地区的 15.28%、53.68% 和 61.38%。人均国内生产总值为 74367 元，是新疆人均 GDP 的近两倍。

天山北坡城市群制造业以资本和劳动密集型产业为主，技术密集型产业比重低。2015 年，乌鲁木齐主导产业有石油加工业、电气机械制造业、黑色金属加工业、化学制造业、食品加工业和有色金属加工业等，六大主导产

图 4-1　天山北坡城市群主要城市行政区划图

业所占比重 50% 左右；克拉玛依第一主导产业为石油加工，其所占比重
54.7%；石河子主导产业包括有色金属加工业、化学制造业、纺织业、非金
属制品业、农副食品加工业和食品制造业等，其中前两项主导产业所占比重
已超过 50%；昌吉主导产业包括有色金属加工业、化学制造业、非金属制
品业等，其中有色金属加工业约占 1/4。城市群依托资源和区位优势，形成
了以石油加工、装备制造、纺织和农副食品加工等为主的产业体系，其中石
油加工、化学制造、有色金属加工、黑色金属加工等属于资本密集型产业，
农副食品加工和纺织业则属于劳动密集型产业。其服务业以传统服务业为
主，现代服务业发展欠缺，特别是现代商贸物流和信息服务等生产性服务业
发展相对缓慢。另外，代表产业发展实力的金融业、信息传输和计算机软件
业等高附加值服务业发展不足，产业层次有待提高。2015 年乌鲁木齐的租

赁和商贸服务业、住宿和餐饮业、批发和零售业、仓储和交通运输业四大传统服务业增加值占第三产业增加值比重为 40.7%，金融业、房地产业则分别占 12.8% 和 6.5%，信息传输、计算机服务和软件业占 4.3%，文化、体育和娱乐业占 1.2%。石河子四大传统服务业占 36.8%，金融业、房地产业分别占 9.4% 和 7.8%。吐鲁番四大传统服务业占 28.9%，金融业和房地产业分别占 7.3% 和 7.2%。

然而目前，天山北坡城市群的区域结构发展并不均衡。乌鲁木齐—昌吉核心区是新疆最大的消费市场，也是最具活力和发展潜力的经济区域。乌鲁木齐市是首府城市，经济发展水平最高，无论从土地面积、人口分布，还是经济发展水平，首府乌鲁木齐"一枝独大"。从 2015 年天山北坡城市群九大城市 GDP 总量来看，乌鲁木齐的 GDP 总量位居首位，具有其他城市无法相比的优势；位居第二的克拉玛依与乌鲁木齐仍存在着较大差距，但和其他城市相比，则处于遥遥领先的地位；石河子、吐鲁番和昌吉 GDP 总量接近，处于城市群经济发展水平的第三阶梯；剩下的四城市经济总量接近，处于城市群经济发展水平的最后。

《推动共建丝绸之路经济带和 21 世纪海上丝绸之路的愿景与行动》提出：发挥新疆独特的区位优势和向西开放重要窗口作用，深化对外交流合作。要把新疆建设成为丝绸之路经济带上重要的交通枢纽、商贸物流、金融服务中心、文化科技中心和医疗服务中心等五大中心，国家大型油气生产加工和储备基地、大型煤炭煤电煤化工基地、大型风电基地等三大基地，打造丝绸之路经济带核心区。天山北坡城市群发展应该根据新疆的产业定位，并结合自身的产业和经济基础，确立适合的产业发展战略，从而推动经济的快速发展。

天山北坡城市群东西相距一千多公里，范围广袤，考虑到生态环境部发布的空气质量数据仅涵盖乌鲁木齐、昌吉州、石河子、五家渠、伊犁哈萨克州、哈密地区、博州、克拉玛依、吐鲁番地区、塔城地区这十个地区，因此本章以这十个地区为主要对象进行研究。

第二节　基于描述性统计的空气污染规律分析

一、数据选择

自 2015 年 1 月 1 日起，生态环境部开始实时发布 338 个地级及以上城市空气质量分时监测数据，积累了海量的空气质量指数数据可供参考，其中包括空气质量指数 AQI，以及 $PM_{2.5}$、PM_{10}、O_3、NO_2、CO、SO_2 的小时浓度，为本章的研究提供了坚实的数据支撑。因此，本章选取 2015 年 1 月 1 日到 2017 年 12 月 31 日期间，十座城市的 AQI 及各首要污染物浓度的所有小时数据（个别缺失数据采用差值法补足）进行研究。

根据《环境空气质量指数（AQI）技术规定（试行）》，当 AQI 处于 0—50 范围内时，空气质量为优，此时基本无空气污染，各类人群可正常活动。当 AQI 处于 51—100 范围内时，空气质量为良，此时某些污染物可能对极少数异常敏感人群的健康产生较弱影响，相应人群应减少户外活动。当 AQI 上升至 100 以上时，空气质量将对大部分人群的身体健康产生越来越严重的影响，此时应该适当减少外出，并采取相应的防护措施，尤其是儿童、老年人、某些呼吸系统和心脏病患者应该避免户外活动。

二、空气质量数据统计分析

(一) 各地区 AQI 相关性分析

表 4-1　各城市 AQI 相关系数

	乌鲁木齐	昌吉州	五家渠	石河子	伊犁哈萨克州	哈密地区	博州	克拉玛依	吐鲁番地区
昌吉州	0.826								
五家渠	0.778	0.764							
石河子	0.791	0.721	0.751						
伊犁哈萨克州	0.442	0.404	0.408	0.402					
哈密地区	0.115	0.125	0.064	0.126	0.059				
博州	0.557	0.533	0.463	0.564	0.350	0.177			
克拉玛依	0.695	0.651	0.627	0.712	0.362	0.110	0.600		
吐鲁番地区	0.201	0.197	0.154	0.207	0.138	0.340	0.148	0.188	
塔城地区	0.179	0.186	0.140	0.194	0.236	0.059	0.248	0.234	0.061

　　由于本城市群中涵盖城市较多，范围较广，首先计算出各城市 AQI 的相关系数，考察各城市间的相互联系，如表 4-1 所示，通过观察可以看出，各地市 AQI 数据的相关系数有很大区别，尤其是哈密地区、吐鲁番地区和塔城地区三个地市，与其他地市的相关性最弱，伊犁哈萨克州与博州次之，这可能是由于地理原因造成的。位于乌昌核心区的乌鲁木齐、昌吉州、石河子、五家渠、克拉玛依相互间无论是地理距离还是经济联系都更为紧密，因

而它们之间的相关性也更强。

（二）各地市首要污染物统计分析

表 4-2 统计了各地市三年内的首要污染物出现天数。可以看出，一年中出现时间最多的污染物以 PM_{10}、$PM_{2.5}$、O_3 三种为主，每年合计出现 200 天以上，而各地市的首要污染物则略有不同。总体上说，颗粒物污染天数要多于 O_3 污染，其中乌鲁木齐、昌吉州、五家渠、伊犁哈萨克州、哈密地区、博州、克拉玛依、吐鲁番地区的颗粒物污染天数明显多于 O_3，石河子颗粒物污染天数逐年减少，而 O_3 的出现天数逐年增多，塔城地区则主要以 O_3 污染为主，每年的颗粒物污染不超过 60 天。NO_2 污染出现较多的地区为乌鲁木齐、昌吉州、石河子和哈密地区，CO 污染则主要出现在伊犁哈萨克州和塔城地区，SO_2 污染则仅有几天的出现时间。因此，本章主要以 PM_{10}、$PM_{2.5}$、O_3 三种污染物为主进行考察。

表 4-2 各地市首要污染物天数统计

地 区	年 度	PM_{10}	$PM_{2.5}$	O_3	NO_2	CO	SO_2
乌鲁木齐	2015	183	121	16	17	0	0
	2016	142	141	23	14	0	0
	2017	132	137	52	13	0	0
昌吉州	2015	168	60	75	1	1	0
	2016	90	96	56	22	0	0
	2017	30	142	145	1	0	0
五家渠	2015	156	103	34	2	2	2
	2016	89	138	77	0	0	0
	2017	127	126	67	1	0	0

续表

地 区	年 度	PM$_{10}$	PM$_{2.5}$	O$_3$	NO$_2$	CO	SO$_2$
石河子	2015	134	82	82	5	2	0
	2016	38	107	81	8	6	0
	2017	33	138	168	1	0	0
伊犁 哈萨克州	2015	122	61	72	0	38	0
	2016	67	84	117	5	28	0
	2017	80	114	115	4	3	1
哈密地区	2015	298	30	0	0	0	0
	2016	284	22	3	7	0	0
	2017	175	27	132	13	7	0
博 州	2015	166	48	1	0	0	1
	2016	122	39	142	0	2	0
	2017	135	45	140	0	1	0
克拉玛依	2015	95	50	94	0	2	0
	2016	50	74	159	0	1	0
	2017	96	78	136	0	0	0
吐鲁番 地区	2015	198	95	63	0	0	0
	2016	190	80	90	0	5	0
	2017	205	85	75	0	0	0
塔城地区	2015	51	9	90	2	20	0
	2016	40	6	123	0	13	0
	2017	49	10	140	1	12	0

三、基于 AQI 小时指数的空气污染规律分析

（一）AQI 小时指数构造

在时间序列统计中，季节指数用来反映某季度的变量水平与总平均值之间的比较稳定的关系，绘制季节指数图可以帮助我们更清晰地总结月度变迁对待研究变量的影响，在此，我们类似地定义小时指数，用来反映在某一时期（几个月或一个季节）内某一时点的污染物浓度水平与总平均水平之间的关系。其构建过程参见本书第三章第二节。

（二）各地市 AQI 小时指数分析

（1）乌鲁木齐

首先，对乌鲁木齐市 2015—2017 年三年间的 AQI 各小时年均值进行分析。图 4-2 显示了乌鲁木齐市近三年间 AQI 各小时年均值的变化情况。2015—2017 年，AQI 随时间变化大体呈 U 形分布，最高值均发生在 23 时—2 时这段时间，随后开始下降直至 7 时后开始反弹，日间的 AQI 较夜间更低。不同点在于，各年日间 AQI 波动差异明显，平均来看，2015 年 AQI 自 7 时后开始上升至 9 时，为其日间最高值，随后开始下降，并于 12 时—19 时这段时间保持在最低水平，这也是三年中同时段的最低水平。2016 年 AQI 于 7 时左右达到最低水平，其后开始逐渐上升，至 16 时达到日间最高点，随后下降至 19 时，20 时又开始上升，从 11 时—18 时这段时间的空气质量看，2016 年最差。2017 年 AQI 亦是在 7 时左右达到最低水平，其后升高至 9 时又开始下降，至 12 时为次低点，随后 AQI 便一直上升直至夜间，从 20 时—5 时的空气质量看，2017 年最差。

已有文献研究表明，AQI 数据在一年中会依季节波动，呈"春冬高夏秋低"的态势，然而天山北坡城市群位于中国西部，时区处于东六区，其 AQI

随时间的波动也将会与中国大部分地区有所差异。下面将运用 AQI 小时指数
对各月份分别进行考察，分析各月份的空气质量在不同时点波动情况的异同。

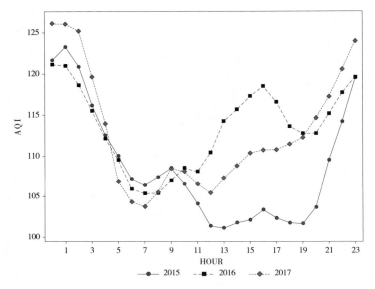

图 4-2　乌鲁木齐 AQI 各小时年均值（2015—2017 年）

　　图 4-3 为乌鲁木齐 2015—2017 年三年间各月的 AQI 小时指数。一月份，
三年的波谷均在 9 时，波峰则分别在日间的 16、17、18 时，但 2015 年会在
19 时下降至 1 以下，其后开始上升至 1 时的另一个高点，而其后两年则没
有这么大幅的波动，2016 及 2017 年分别在 17、18 时的高峰后开始逐渐缓慢
下降，直至 9 时的最低点。二月份，三年的 AQI 小时指数走势各不相同，
2015 年的波谷和波峰分别在 8 时和 17 时，并于夜间 2 时出现一个小高峰；
2016 年的波谷和波峰分别在 9 时和 16 时，夜间的指数则较长时间保持在稍
高于 1 的位置；2017 年的波谷为 5 时，而于夜间 22 时—2 时保持在很高的
水平，5 时—19 时这段时间除 15 时外指数均位于 1 以下。三月份，2015 年
5 时—12 时这段时间的小时指数高于其他两年，并在 11 时达到最高值，其

后下降至 20 时的最低点；2016 年有 1 时和 16 时两个波峰，并于 16 时达到最大值，波谷则发生在 8 时及 20 时，其中 20 时最低；2017 年的波谷和波峰则分别在 5 时和 15 时。四月份，三年的小时指数走势大体相同呈 "W" 形分布，波峰波谷的时间点稍有差异，2015 年的波谷为 6 时和 20 时，波峰则为 0 时和 9 时；2016 年的波谷为 7 时和 14、16 时，波峰为 1 时和 9 时；2017 年的波谷为 6 时，波峰为 0 时和 10 时，并于 12 时—21 时这段时间保持在低于 1 的水平。五月份的小时指数呈夜间高日间低的走势，下降至 5、6 时的低点后开始反弹上升至 9，随后继续下降，具体来看，2015 年于 17 时达到最低且前后三小时内无明显变化，最高点出现在 1、2 时；2016 年的最低点为 18、19 时，最高点为 1 时；2017 年于 16 时达到最低，0 时最高，且于 5 时至 21 时保持在低于 1 的水平。六月的小时指数同样呈夜间高日间低的走势，波谷均位于 15 时，波峰则在 8、9 时及夜间的 22 时—2 时的时间段内，下降至 5 时左右开始反弹上升。七月的小时指数同样呈夜间高日间低的走势，2015 年于 3 时—8 时均保持在很高的水平，并于 17 时达到最低；2016 年与 2017 年的走势相似，波峰分别为 0 时和 2 时，其后开始下降至 6 时的波谷并开始反弹上升至 9 时，随后继续下降并到达 15 时的波谷，之后开始缓慢上升。八、九月份的走势类似，同样呈夜间高日间低的 "W" 形分布，于 23 时—2 时之间达到波峰，随后下降至 7 时开始反弹直至 9、10 时到达日间高值，其后再次下降至 17 时左右达到波谷。十月份与前两个月的波动规律类似，但波峰波谷的出现时间要晚一个小时。十一、十二月的波动规律类似，波谷出现在 8 时左右，随后上升至 16 时的波峰并开始下降至 19 时的低点，并再次开始上升直至夜间。

下面就乌鲁木齐首要污染物的浓度进行分析。首先聚焦于 $PM_{2.5}$ 浓度，如图 4-4 所示，近三年的波动规律基本类似，大体呈 "W" 形分布，且均于 1 时及 16 时达到波峰，于 7 时—9 时和 20 时达到波谷，但是 2015 年的 PM$_{2.5}$ 浓度反而是最低的，2016 年则最高，2017 年居于二者中间。

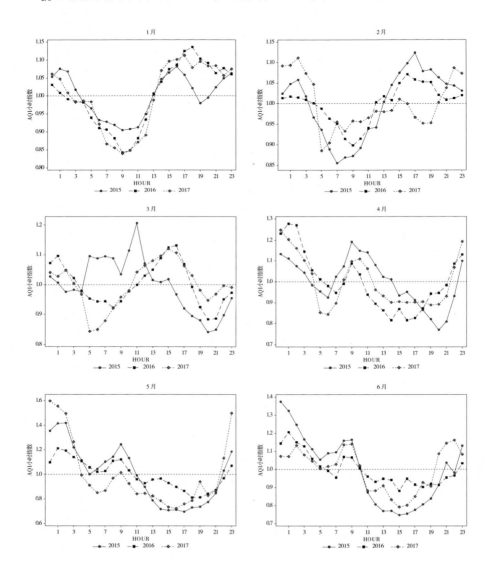

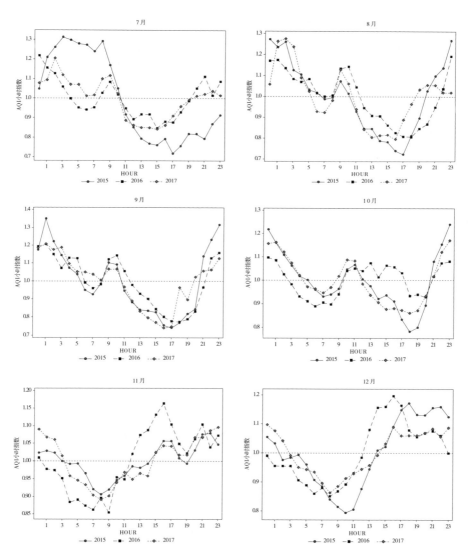

图 4-3　乌鲁木齐各月份 AQI 小时指数（2015—2017 年）

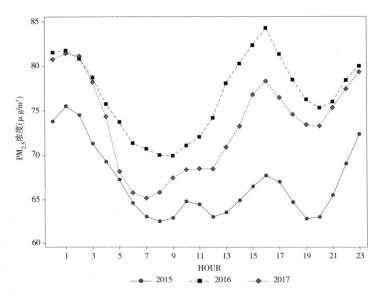

图 4-4　乌鲁木齐 PM$_{2.5}$浓度各小时年均值（2015—2017 年）

　　对乌鲁木齐 PM$_{2.5}$ 浓度小时指数按月份分别进行分析，如图 4-5。一月份，波谷、波峰分别出现在 10 时和 17 时，直至夜间 2 时后方有显著下降。二月份的小时指数走势三年各不相同，2015 年的波峰为 17 时，并于 7 时—10 时保持在低位；2016 年的波峰、波谷分别在 16 时和 9 时，2017 年则有两个波峰波谷，波峰在 1 时和 15 时，波谷则在 6 时和 19 时。三月份，2015 年的波峰、波谷分别出现在 11 时和 20 时，2016 年的波峰在 1 时和 16 时，波谷则在 8 时和 21 时；2017 年走势与 2016 年类似，波峰出现于 0 时及 16 时，波谷则为 5 时和 20 时。四月份，波峰均出现在 10 时—11 时及 1 时—2 时的时间段，波谷则出现在 7 时及 21 时左右。五至九月的小时指数走势大体类似，波峰出现在 1 时—2 时及 9 时—10 时左右，波谷则出现在 7 时及 19 时—20 时左右，且夜间的小时指数要显著高于日间。十月份，波谷均出现于 8 时及 19 时左右，波峰则出现于23时—0时及11时左右，但2016年于13时—15时期间保持了较高水平的数值。十一、十二月，波峰、波谷分别出现于16时和8时左右，且自13时后直至夜间小时指数一直处于高于均值的水平。

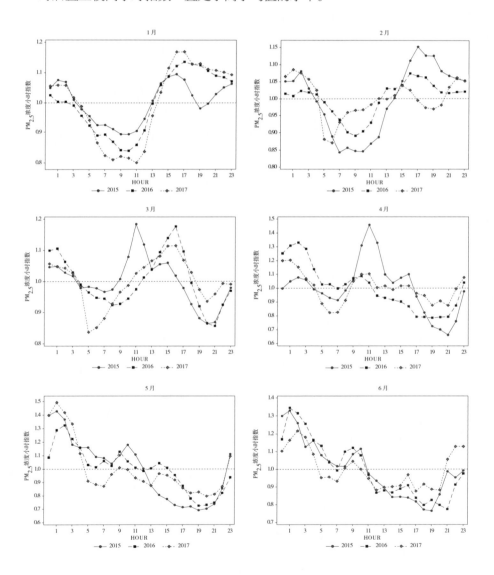

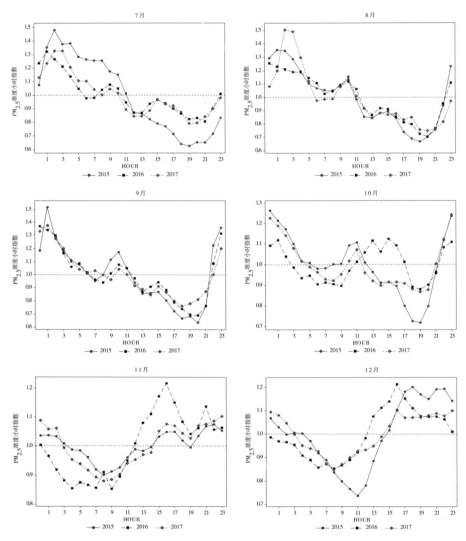

图 4-5　乌鲁木齐各月份 PM$_{2.5}$ 浓度小时指数（2015—2017 年）

图4-6显示了乌鲁木齐的 O_3 浓度，2015和2016年的浓度大小差别不大，2017年的均值则上升了10（$\mu g/m^3$），三年的走势基本相同，于23时—10时期间一直保持在较低的水平，10时后开始升高呈抛物线型分布，并于17时左右达到最高值。图4-7所示的各月 O_3 小时浓度亦无甚差异，除六至八月的峰值提前出现于15时左右外，其余月份的峰值分布规律与图4-6大体相似，因而不再一一赘述。

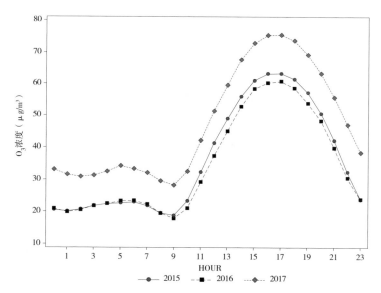

图4-6　乌鲁木齐 O_3 浓度各小时年均值（2015—2017年）

（2）昌吉州

下面考察昌吉州的空气质量情况。图4-8显示了2015—2017年三年间昌吉州的 AQI 各小时均值，经对比发现，各年 AQI 在日内呈清晨低夜间高的态势，大体来讲，8—9时的 AQI 最低，而1时前后最高，2016年的 AQI 最大值则出现在13时。此外，2017年的 AQI 较其他两年都更高，且自15时后与其他两年有了不同的走势，自15时后其 AQI 开始上升，于19时达到

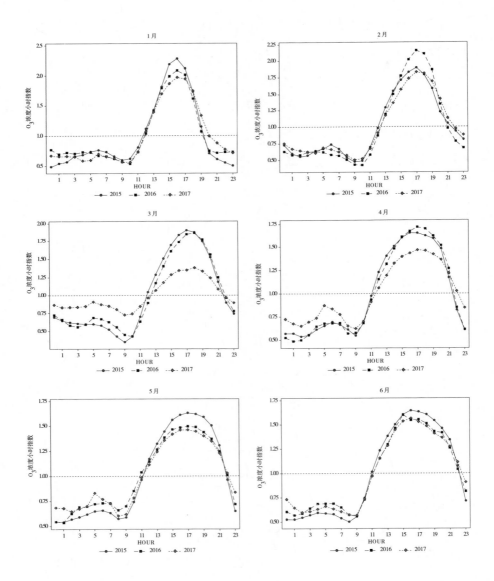

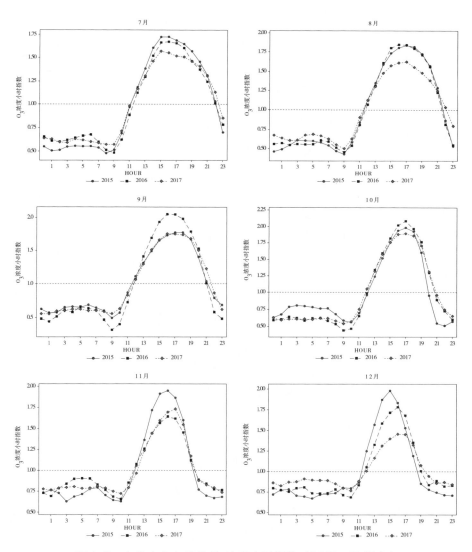

图 4-7　乌鲁木齐各月份 O_3 浓度小时指数（2015—2017 年）

最高水平并一直持续到 2 时以后方才下降。其余两年则自 15 时起开始下降，至 17 时方有小幅反弹。

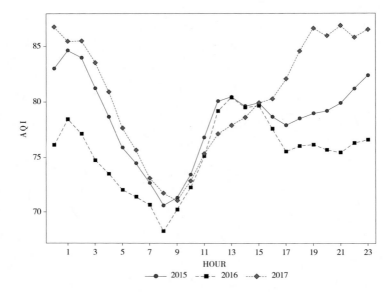

图 4-8　昌吉州 AQI 各小时年均值（2015—2017 年）

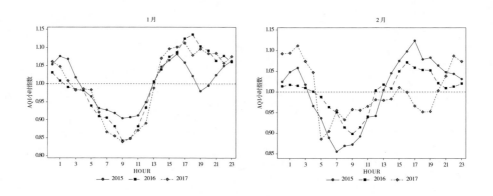

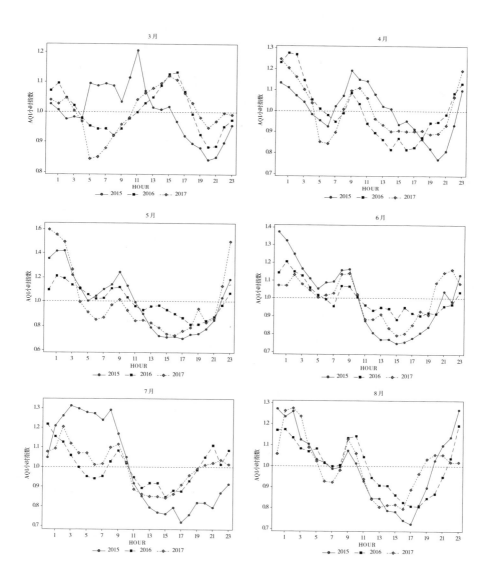

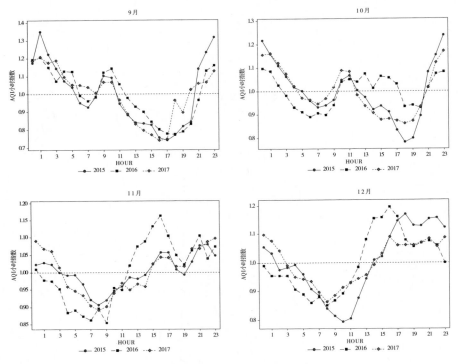

图 4-9　昌吉州各月份 AQI 小时指数（2015—2017 年）

从图 4-9 观察昌吉州各月份的 AQI 小时指数走势。一月，2016 年和 2017 年的走势相似，最低点发生在 9 时，最高值发生在 17 时前后，随后小幅震荡至夜间后开始下降，2015 年则由高点 16 时下降至 19 时后开始反弹直至 1 时的高点后才下降。二月的走势各不相同，2015 年的最低值位于 7 时，最大值则位于 17 时，2016 年的波峰、波谷分别出现于 16 时及 9 时，2017 年的波谷出现于 5 时，而于 22 时—2 时均保持在高位。三月份，2015 年的波峰、波谷分别发生于 11 时及 20 时，2016 年与 2017 年走势类似，具有两个波峰波谷，波峰在 1 时及 16 时前后，波谷则在 5 时—8 时及 20 时左右。四月至十月的走势大体类似，均具有两个波峰、波谷，波峰发生于 23 时—2

时的区间及 9 时—10 时左右，而波谷则发生于 5 时—7 时及 14 时—17 时的
范围内，九月及十月的时间点则会延后 1—2 小时。十一月和十二月的走势
也比较相似，波谷发生于 8 时前后，波峰则在 16 时左右，并于其后震荡保
持在较高水平，直至 0 时后才开始下降。

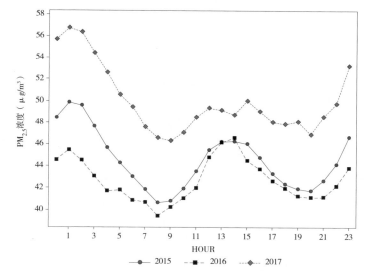

图 4-10　昌吉州 PM$_{2.5}$浓度各小时年均值（2015—2017 年）

　　图 4-10 为昌吉州 2015—2017 年间 PM$_{2.5}$浓度的各小时年均值，可以看
出每年的走势均呈现出"W"型分布，其中 2017 年浓度最高而 2016 年最
低，两个波峰出现于 1 时及 14 时前后，而波谷则出现于 8 时及 20 时左右。

　　下面就各月份的 PM$_{2.5}$浓度小时指数走势展开分析，如图 4-11 所示。
一、二月走势类似，PM$_{2.5}$浓度小时指数的高峰出现在夜间 23 时—1 时以及
日间 14 时—16 时范围内，而波谷则出现在 8 时—9 时和 20 时前后。三月
份，波峰出现于 4 时—5 时及 13 时左右，波谷则出现于 9 时及 22 时—23 时
附近。四月份，波峰出现在 12 时及 1、2 时前后，波谷则各不相同，2015 年

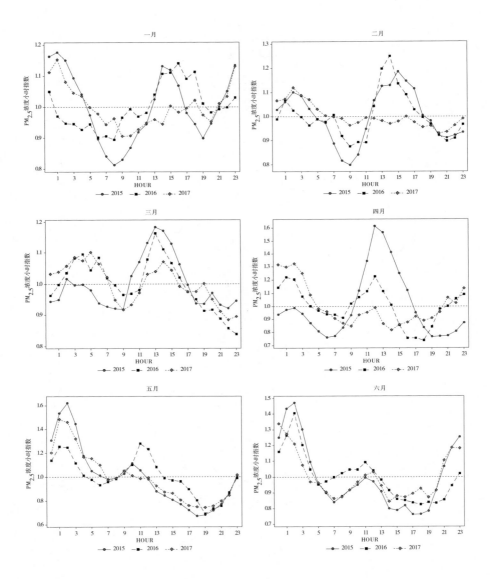

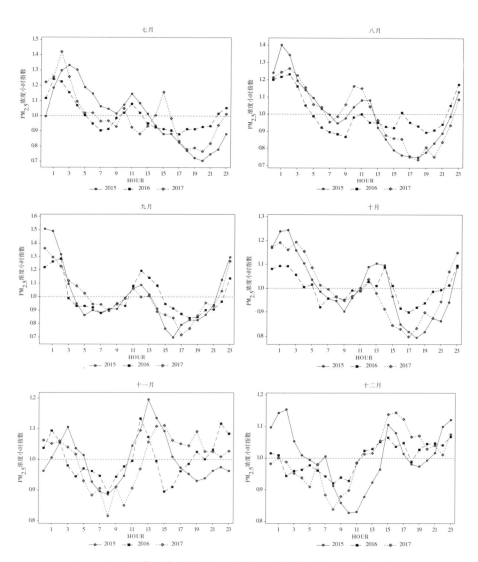

图 4-11 昌吉州各月份 $PM_{2.5}$ 浓度小时指数（2015—2017 年）

出现在 6 时及 19 时—21 时，2016 年出现于 8 时及 16 时—18 时，2017 年则出现于 9 时和 14 时，且 2017 年低于 1 以下的时间是最多的。五至十月的走势大体相同，夜间均于 1 时—2 时左右达到最高，日间高峰则出现在 11 时—12 时左右，波谷则出现在 7 时前后和 17 时—20 时的范围内。十一月的波峰、波谷分别出现于 12 时—14 时和 8 时附近，此外 1 时左右的小时指数亦较高。十二月的波峰分别出现在 15 时—16 时和 23 时，2015 年则直至 2 时后才下降，波谷则出现时间略有不同，大体出现于 8 时左右。

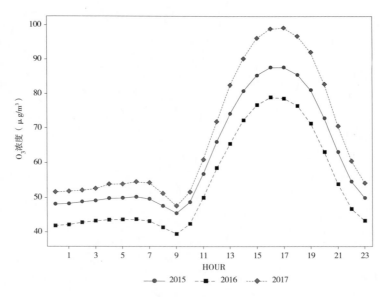

图 4-12　昌吉州 O_3 浓度各小时年均值（2015—2017 年）

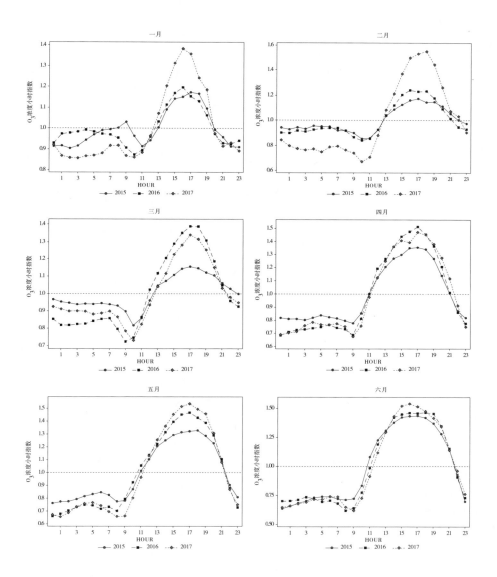

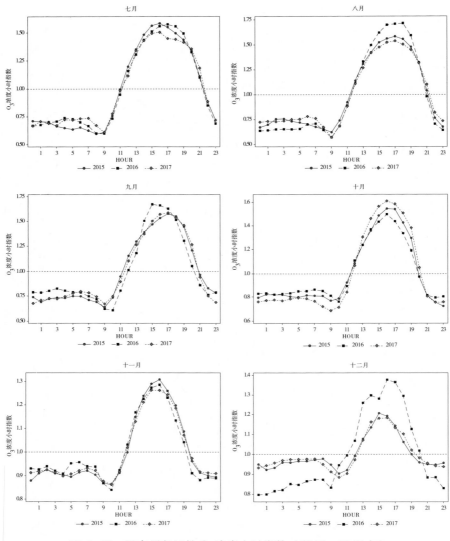

图 4-13　昌吉州各月份 O_3 浓度小时指数（2015—2017 年）

昌吉州2015—2017年的O_3浓度及其小时指数走势几乎相同，由23时其直至10时均保持在低位，10时后开始呈抛物线分布，并于16时、17时达到峰值。其中，六、七月在小时指数峰值处停留的时间最长，达4小时左右，而一月及十二月最短，仅1小时左右。

（3）五家渠

五家渠近三年间的AQI各小时均值如图4-14所示，呈逐年上升的趋势，且AQI自夜间23时起直至次日12时均保持在较高水平，其中11时最高，随后逐渐开始下降并呈现出"U"形走势，低点出现在17时前后，随后便开始上升。

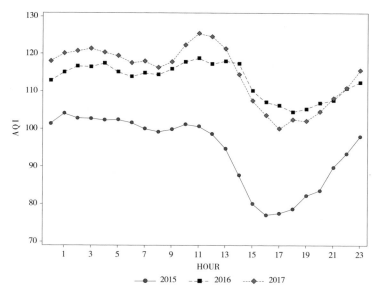

图4-14　五家渠AQI各小时年均值（2015—2017年）

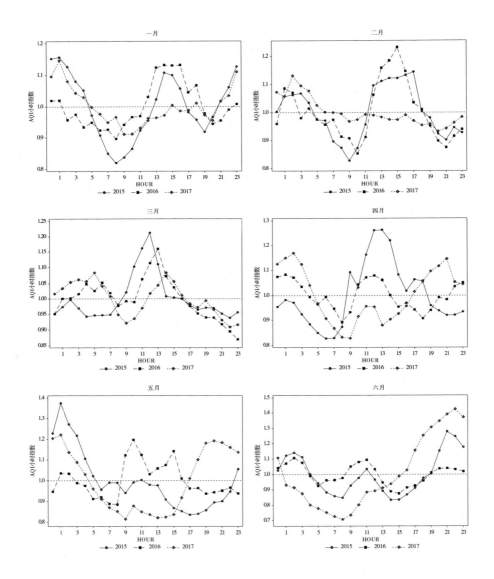

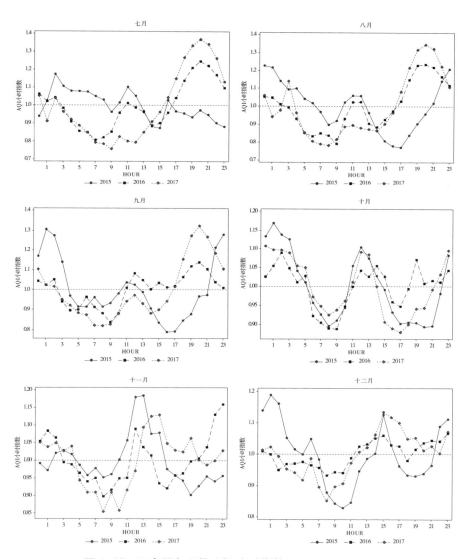

图 4-15　五家渠各月份 AQI 小时指数（2015—2017 年）

就各月份的 AQI 小时指数来看，2016 年和 2017 年走势类似，与 2015 年有较大差别。一月份的波峰出现于 1 时及 14 时左右，波谷则出现于 8 时和 20 时前后。二月的波峰出现于 1 时—2 时及 15 时左右，波谷出现于 9 时—10 时及 21 时。三月的最高峰出现于 12 时—14 时左右，夜间 23 时—0 时则相对较低。四月份，三年的走势各不相同，2015 年的波峰出现于 12 时—13 时，波谷则为 6 时—7 时，2016 年的波峰出现于 1 时和 12 时，波谷出现于 8 时和 16 时，2017 年的波峰则为 2 时和 21 时，波谷则在 9 时和 13 时。五月份，2015 年的波峰、波谷分别出现在 1 时和 17 时，2016 年的波峰则出现在 10 时和 15 时，波谷则为 8 时，2017 年的波峰出现于 1 时和 20 时，并于 9 时—14 时保持在低位。六月至九月走势大体类似，波峰、波谷分别出现于 21 时及 8 时左右，日间 11、12 时亦会小幅升高。十月、十一月走势近似 "W" 形，波峰出现于 12 时和 23 时—1 时，波谷则为 8 时和 17 时左右。十二月，波峰出现于 15 时及 23 时，波谷则为 8 时—9 时左右。

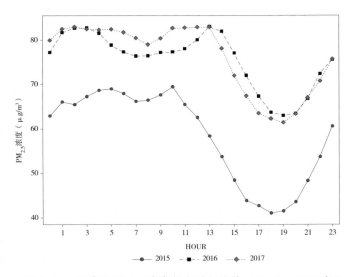

图 4-16　五家渠 PM$_{2.5}$ 浓度各小时年均值（2015—2017 年）

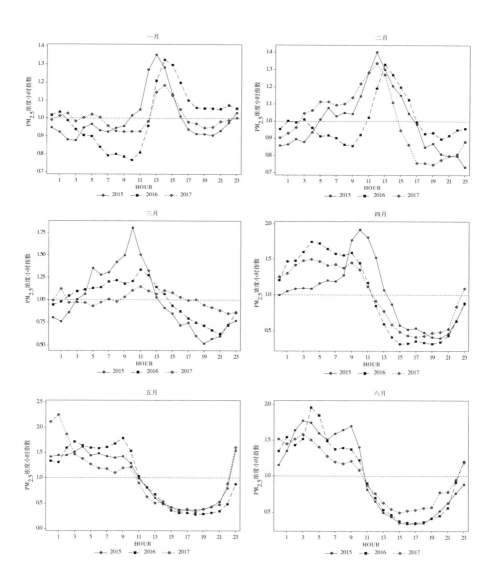

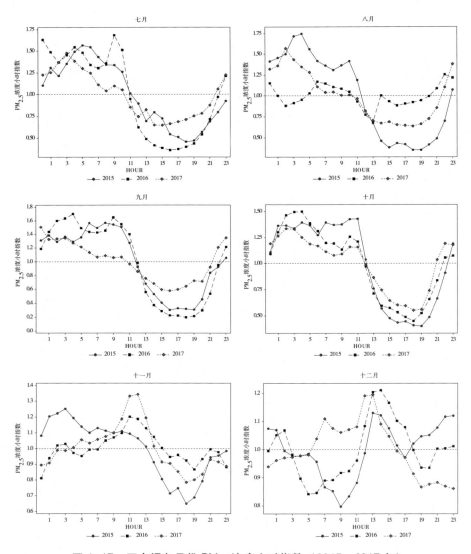

图 4-17　五家渠各月份 $PM_{2.5}$ 浓度小时指数（2015—2017 年）

与 AQI 类似，五家渠的 $PM_{2.5}$ 浓度各小时年均值亦逐年上升，浓度最低的时间点均出现在 19 时左右，自 23 时起浓度开始上升，2016、2017 年的 $PM_{2.5}$ 浓度直至次日 14 时一直保持在高位，而 2015 年自 10 时后就开始下降。此外，2015 年 $PM_{2.5}$ 浓度最低，年均浓度比 2015 年和 2016 年要低 20 左右。

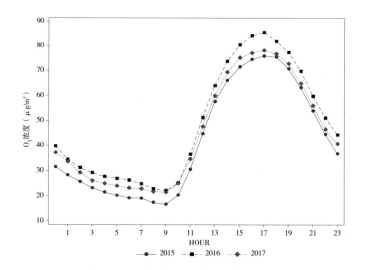

图 4-18　五家渠 O_3 浓度各小时年均值（2015—2017 年）

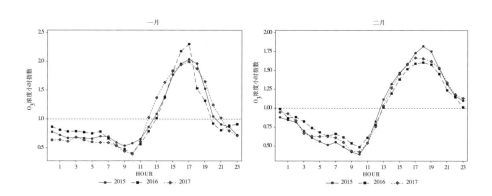

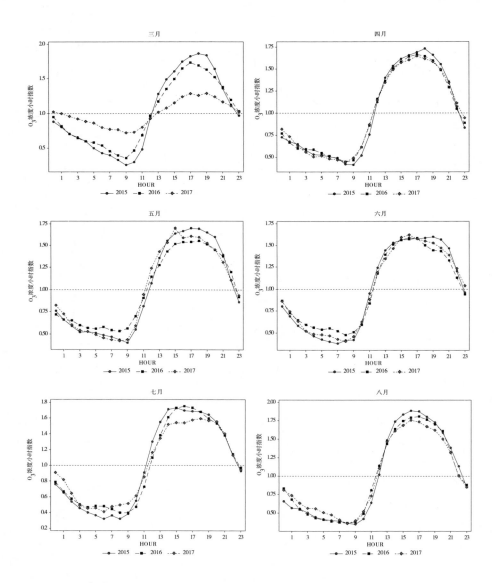

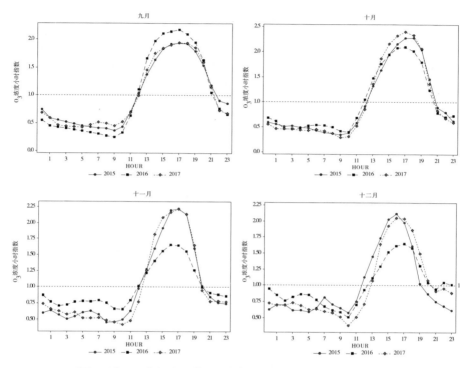

图 4-19　五家渠各月份 O_3 浓度小时指数（2015—2017 年）

按月份来考察五家渠的 $PM_{2.5}$ 浓度小时指数。一月份，小时指数最高峰发生在 14 时左右，除 2016 年在 10 时有一个低点外，其余年份均在 1 附近波动。二月的最高值发生在 12 时左右，2015 年最低值发生在 23 时，2016 年则在 9 时，2017 年则在 19 时达到最低。三月发的最高峰发生在 10 时—11 时，低点则在 19 时—21 时左右。四至十月，小时指数在 15 时—19 时的范围内保持在很低的水平，而于 23 时至次日 9 时的范围内保持在较高水平。十一月，2016 年和 2017 年走势类似，于 10 时—11 时达到最高峰，其后下降至 18、19 时达到最低值，2015 年的最高峰则在 3 时，其后一直下降至 18 时的最低点才开始上升。十二月，三年的走势各不相同，2015 年的最低值发生在 9 时，而高峰则发生在 13 时和 23 时，2016 年于 13 时—14 时达到最高，次高点则在 2 时，并于 5 时达到最低，2017 年的最高值和最低值则分别发生于 13 时和 23 时。

从图 4-18、图 4-19 可以看出，五家渠的 O_3 浓度在夜间及清晨低，午后及傍晚高，全年均值的最高峰发生在 17 时左右，最低值则在 9 时左右。各月份的波动规律大体类似，不同在于处于高峰的时长不同。五至七月处于高位的时间达到 6 个小时左右，而一月、十一月、十二月则最少，仅 3 个小时，其余月份则处于两者中间。

（4）石河子

首先考察石河子各小时的 AQI 年均值，如图 4-20 可知，最低点在 7 时左右，14 时及 23 时—0 时亦较高。其中 2017 年的 AQI 最高，高出其他两年

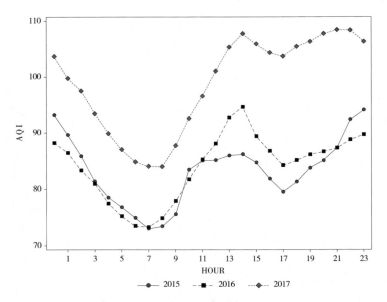

图 4-20　石河子 AQI 各小时年均值（2015—2017 年）

20 左右，且于 14 时达到峰值后并未有显著的下降，仅于 17 时小幅下降便一直保持在较高水平，直至 0 时后才开始下降，而其余两年在 17 时的下降幅度则较大。

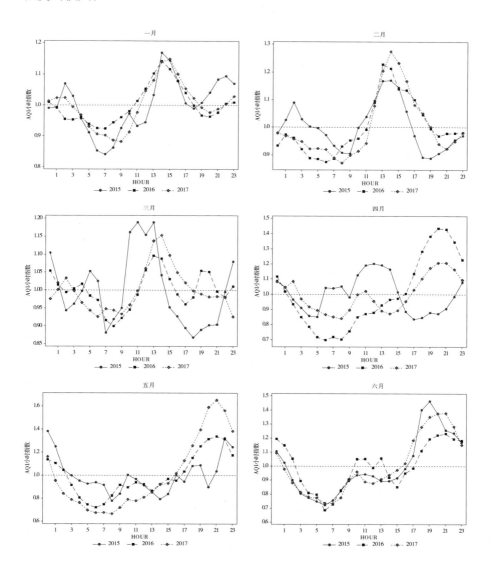

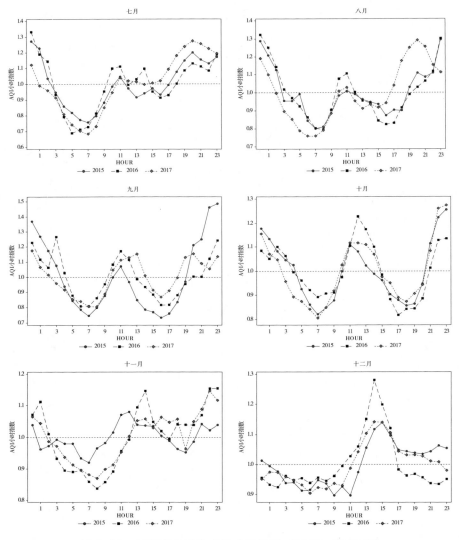

图 4-21　石河子各月份 AQI 小时指数（2015—2017 年）

由图 4-21 可见石河子各月份的 AQI 小时指数。一月份的最高值均发生在
14 时，夜间亦会有所上升，而最低值稍有不同，2015 年和 2016 年发生在 7
时，2017 年则在 9 时。二月份的最高值发生于 13 时—14 时，最低值三年各不

相同，2015 年发生于 9 时和 19 时，2016 年在 6 时，2017 年则在 8 时，且 2016 年和 2017 年在 20 时—11 时的范围内保持在 1 以下。三月份，2015 年的 AQI 小时指数波动剧烈，10 时—13 时和 23 时—0 时均较高，在 7 时和 18 时则较 低，2016 年的最高值和最低值分别发生在 13 时和 8 时，2017 年的最高值则在 14 时，最低值则在 6 时—9 时及 23 时。四月份，2015 年的最高值发生于 11 时—13 时，最低值则在 5 时和 17 时，而 2016 年和 2017 年走势相似，最高值 和最低值分别发生在 20 时和 8 时。五至八月的走势呈斜 "W" 形，在 5 时—7 时为最低，其后震荡上升，第一个高点出现于 11 时前后，随后下降至 15 时并 再次上升，于 20 时和 0 时达到第二个高峰。九、十月则逐渐转别为 "W" 形 分布，低点出现于 7 时和 17 时前后，高点则出现于 11 时—12 时和 23 时—0 时。十一月，最低值均出现于 7 时、8 时，2015 年的最高点出现于 12 时， 2016 年在 14 时和 22 时、23 时，2017 年则出现在 22 时。十二月，三年的最高 点均出现于 14 时—15 时，而 0 时—9 时的范围内保持在低于 1 的水平。

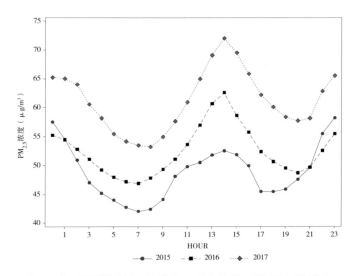

图 4-22　石河子 $PM_{2.5}$ 浓度各小时年均值（2015—2017 年）

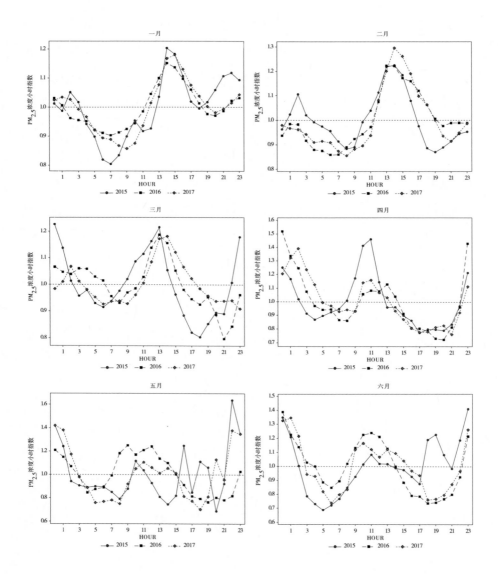

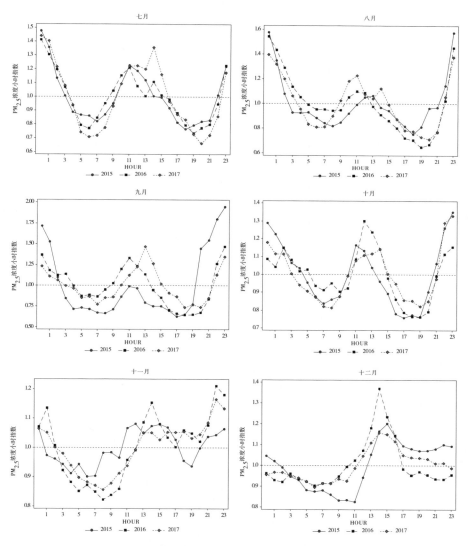

图4-23 石河子各月份 PM$_{2.5}$ 浓度小时指数（2015—2017 年）

如图 4-22 所示，石河子 PM$_{2.5}$ 浓度各小时年均值呈"W"形分布，午间和夜间高而清晨和傍晚低。具体来看，于 14 时和 23 时—0 时达到高点，于 7 时和 20 时前后达到低点。PM$_{2.5}$浓度有逐年上升的趋势，2015 年最低而 2017 年最高，需要加以控制。

就各月份 PM$_{2.5}$浓度小时指数来看，一月、二月和十二月类似，均呈单峰形态，最高值出现在 14 时前后，而在 3 时—10 时的范围内保持在 1 以下，最低点出现于 7 时—9 时。三月，高峰均出现在 13 时—14 时，而在 6 时—8 时和 18 时—20 时较低，此外，2015 年的 23 时—1 时亦保持在较高水平。四月至十月呈明显的"W"形分布，峰值发生在日间 11 时前后及 23 时—0 时，两个低点则分别发生在 5 时—7 时及 17 时—19 时范围内。十一月，傍晚后的小时指数逐渐上涨，全天呈斜"W"形分布，高峰发生在 14 时和 22 时前后，最低值则发生在 8 时。

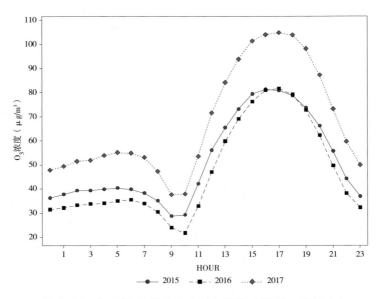

图 4-24　石河子 O$_3$浓度各小时年均值（2015—2017 年）

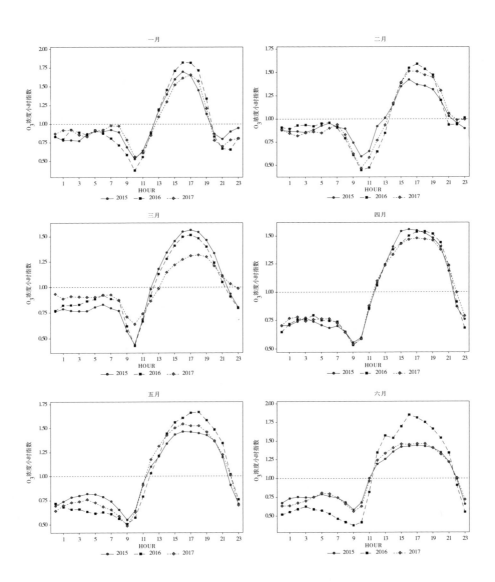

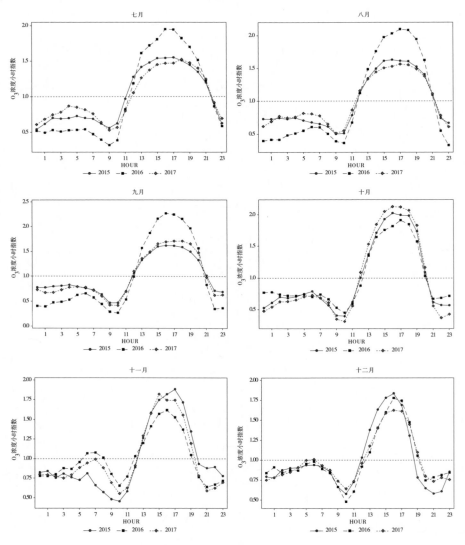

图 4-25　石河子各月份 O$_3$浓度小时指数（2015—2017 年）

石河子的 O_3 浓度波动规律与其他城市类似，在 23 时—11 时的范围内保持在较低水平，其后开始呈抛物线型上升，并于 16 时—17 时达到高峰，每年在高峰处平均停留 4 个小时。此外，2017 年的 O_3 浓度较其余两年更高，O_3 污染更为严重。各月份的 O_3 浓度小时指数波动规律大致相同，处于高峰的时间各月略有不同，一月、十一月、十二月最短，仅 2 个小时左右，五至七月最长，多达 7 个小时，即呈现出"冬短夏长"的现象。

（5）伊犁哈萨克自治州

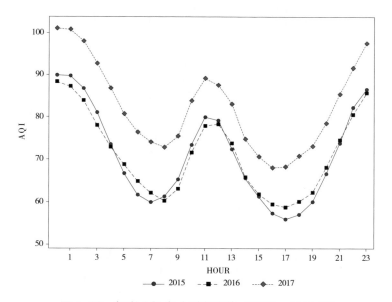

图 4-26　伊犁 AQI 各小时年均值（2015—2017 年）

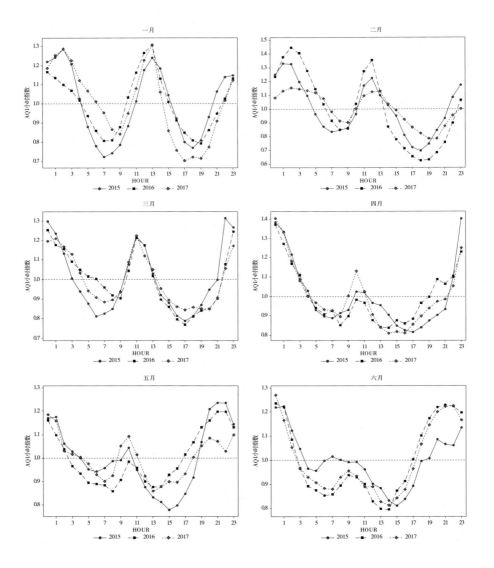

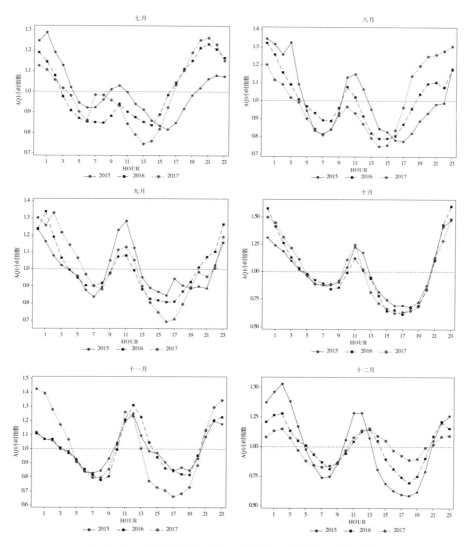

图 4-27　伊犁各月份 AQI 小时指数（2015—2017 年）

伊犁地区的 AQI 各月份小时年均值如图 4-27 所示，2017 年的 AQI 比其余两年高 10 左右。三年的 AQI 走势呈"W"形分布，两个波峰分别出现于 11 时和 23 时—0 时，两个波谷则位于 8 时和 17 时前后。进一步考察其各月份 AQI 小时指数，如图 4-27，"W"形走势十分明显，仅峰值的出现时间略有差异。一、二、三、十一、十二月，两个高点分别出现于 0 时—2 时和 12 时前后，两个低点则分别位于 7 时—8 时和 17 时—18 时的范围内。四月，两个波峰分别出现于 10 时和 23 时—0 时，且夜间比日间的指数明显更高，低点则出现于 7 时—8 时和 14 时—16 时的范围内。五至七月，高峰发生于 20 时前后，10 时的反弹不甚明显，两个低点则分别出现于 6 时和 15 时前后。八至十月，两个波峰分别为 10 时—11 时和 23 时—0 时，低谷则为 7 时和 15 时—16 时左右，日间的峰值开始逐渐升高。

继续考察伊犁地区 $PM_{2.5}$ 浓度各小时年均值的波动情况。如图 4-28 所示，亦呈"W"形分布，且 2017 年的浓度最高，2015 年和 2016 年的走势几乎相同。三年的 $PM_{2.5}$ 浓度均于 23 时—1 时和 11 时左右达到波峰，而夜间峰值较日间更高。波谷则分布出现于 7 时—8 时和 17 时—19 时，而傍晚更低。

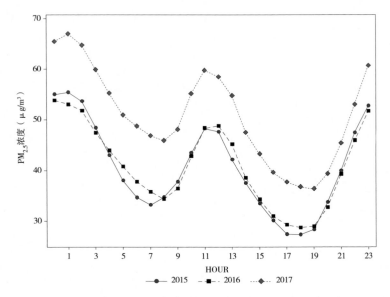

图 4-28 伊犁 $PM_{2.5}$ 浓度各小时年均值（2015—2017 年）

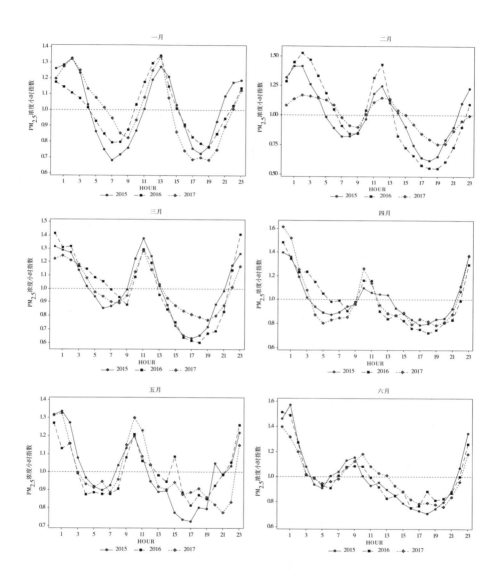

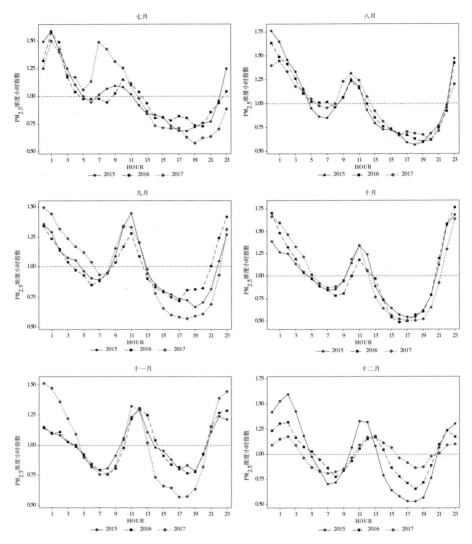

图 4-29　伊犁各月份 PM$_{2.5}$ 浓度小时指数（2015—2017 年）

考察伊犁地区各月份的 PM$_{2.5}$ 浓度小时指数，如图 4-29 所示，各月走
势大体呈"W"形，峰值出现的时间点稍有区别。一月，两个波峰分别出
现于 2 时和 13 时，波谷则出现于 7 时—9 时和 17 时—19 时。二月，两个波

峰出现于 2 时和 12 时，波谷出现于 8 时—9 时和 18 时—20 时左右。三月，两个波峰分别出现于 11 时和 23 时—0 时，波谷则出现于 8 时和 18 时前后。四至八月，两个波峰出现于 10 时和 23 时—1 时左右，波谷则出现于 5 时—7 时和 17 时—19 时范围内。九至十一月，两个波峰分别出现于 11 时和 23 时—0 时，两个波谷则出现于 7 时和 17 时前后。十二月，两个波峰分别出现于 2 时和 12 时左右，波谷则出现于 8 时和 18 时前后。

图 4-30 显示了伊犁地区近三年间 O_3 浓度的各小时年均值。可以看出其三年间浓度差距不大，并呈现出逐年上升的趋势，2017 年浓度最高。与其他地区相似，其 O_3 浓度在 0 时—10 时的范围内一直稳定维持在低位，并于 9 时达到最低，随后开始上升呈抛物线型分布，至 17 时左右达到最大值，而其在高峰处则维持了 4 个小时左右。

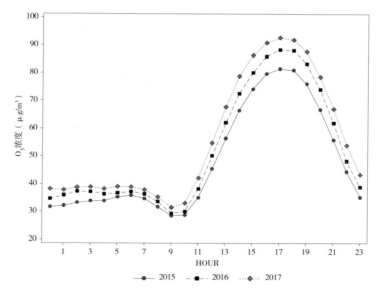

图 4-30 伊犁 O_3 浓度各小时年均值（2015—2017 年）

根据图 4-31 可知，各月份的 O_3 浓度小时指数与其浓度波动规律相似，停留在峰值的时间各月有所不同，时间最短的为十一、十二月，仅 2 小时左右，最长的为六至八月，约有 5 个小时，其余月份则居于二者之间。

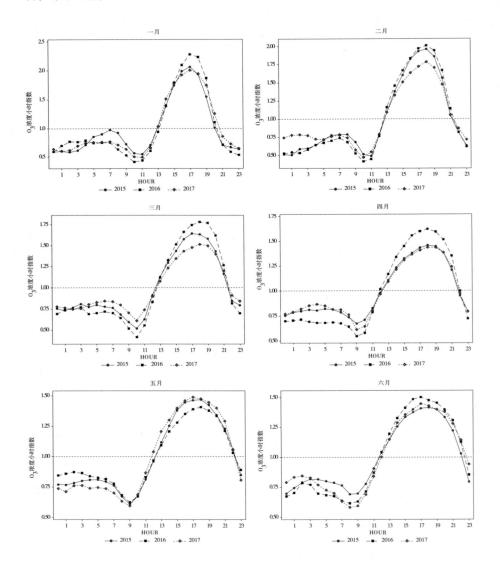

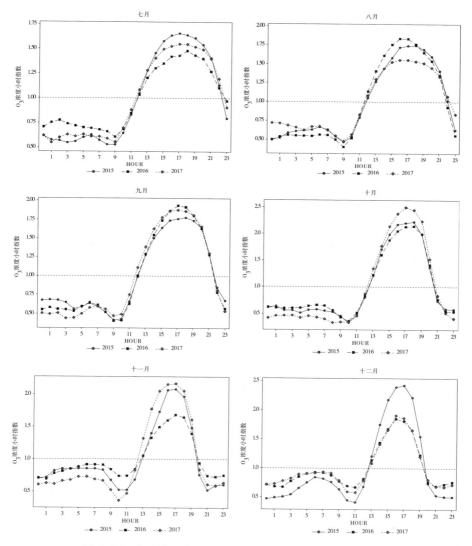

图 4-31 伊犁各月份 O_3 浓度小时指数（2015—2017 年）

（6）哈密地区

哈密地区近三年间的 AQI 各小时年均值如图 4-32 所示，呈逐年下降的趋势，波动趋势成"W"形，两个波峰分别出现于 11 时和 23 时—0 时，两个波谷则出现于 7 时和 16 时左右。2017 年的 AQI 最低，且其波峰和波谷都比其他两年更低。

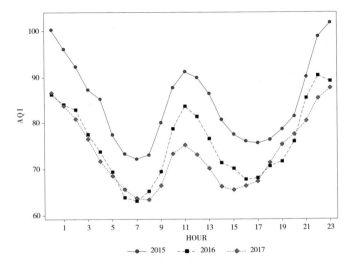

图 4-32　哈密地区 AQI 各小时年均值（2015—2017 年）

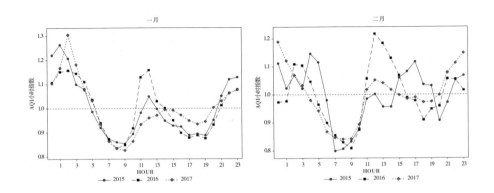

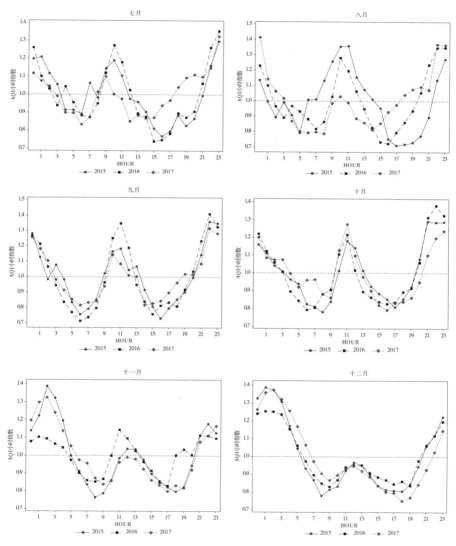

图4-33 哈密地区各月份 AQI 小时指数（2015—2017 年）

图4-33 列举了哈密地区各月份的 AQI 小时指数。一月、十一月、十二月的小时指数波动规律较为类似，均呈"W"形，两个波峰出现于 1 时—2

时和 12 时左右，波谷则出现在 8 时—9 时和 18 时前后。二月的波动 2015 年较为不同，其峰值出现于 17 时和 23 时—5 时范围内，波谷则出现于 7 时，2016 年的波峰和波谷分别出现于 12 时和 9 时，2017 年的波峰和波谷则分别为 23 时—0 时和 8 时—9 时。三月的波峰出现于 13 时和 22 时前后，波谷则在 6 时—7 时。四月份，2015 年的波峰出现于 12 时和 23 时—0 时，波谷出现于 6 时和 17 时，2016 年的小时指数则一直围绕 1 反复震荡，最高值和最低值分别在 2 时和 14 时，2017 年的最大值出现在 19 时和 23 时—1 时，最小值则在 8 时。五月，2015 年的波峰分别出现于 10 时和 23 时—0 时，波谷则在 5 时、15 时和 18 时，2016 年的两个波峰分别为 10 时和 22 时，波谷为 6 时和 14 时，2017 年的最大值为 18 时，最小值则为 7 时和 14 时。六至八月，波峰出现于 10 时和 22 时—0 时，波谷则出现于 6 时—7 时和 14 时—17 时左右，"W" 形走势愈发清晰。九至十月，波峰分别出现于 11 时和 22 时，波谷则出现于 6 时—7 时和 16 时前后。

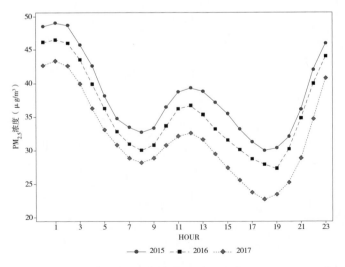

图 4-34　哈密地区 PM$_{2.5}$浓度各小时年均值（2015—2017 年）

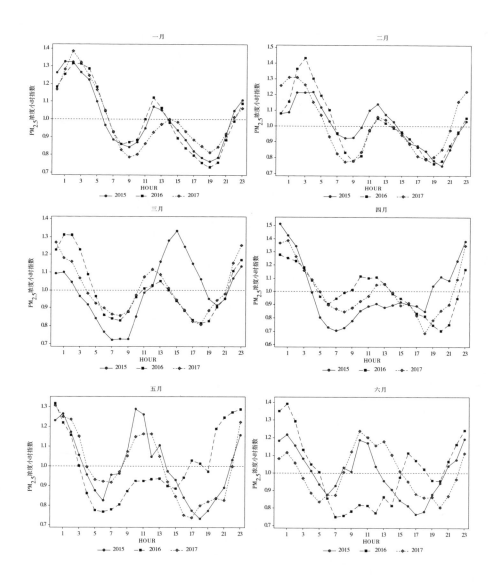

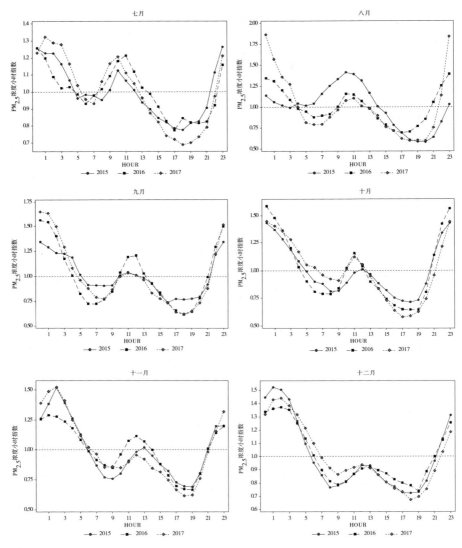

图 4-35　哈密地区各月份 PM$_{2.5}$ 浓度小时指数（2015—2017 年）

　　哈密地区 PM$_{2.5}$ 浓度年均值亦呈现出逐年降低的趋势，夜间最高而傍晚最低。具体而言，最高值出现在 23 时—2 时范围内，最低值则在 18 时—19

时，另一个波峰和波谷则分别出现于 12 时和 8 时。此外，PM$_{2.5}$浓度的最大值未超过 50（μg/m³），说明哈密地区的 PM$_{2.5}$污染相对较轻。

分月份进行考察 PM$_{2.5}$浓度小时指数，可知一、二月在夜间达到最高，其最高值出现于 2 时前后，另一个小波峰则出现于 12 时，两个波谷分别出现于 8 时—9 时和 19 时左右。三月，2015 年的波峰出现于 15 时和 23 时—1 时，波谷则出现于 7 时—9 时和 20 时，2016 年的波峰出现于 1 时—2 时和 13 时，波谷则在 8 时和 18 时，2017 年略有差异，波峰出现于 23 时—0 时和 12 时，波谷则同样在 8 时和 18 时。四月大致呈"W"形，小时指数在 23 时—1 时范围内较高，而在 7 时和 18 时前后较低，并于 12 时有一个较弱的反弹。五月，2015 年和 2017 年的波动类似"W"形，波峰均为 10 时—11 时和 23 时—1 时，波谷为 6 时—7 时和 17 时—18 时，2016 年午间没有较大

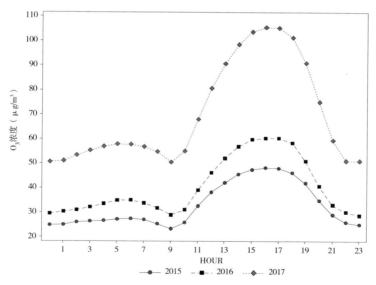

图 4-36 哈密地区 O$_3$浓度各小时年均值（2015—2017 年）

反弹，在夜间 21 时—1 时范围内处于较高水平，并于 5 时—7 时保持在低点。六月，夜间波峰均出现于 23—1 时，随后降至 5 时—7 时的低点，但其后的反弹各不相同，2015 年反弹至 10 时的高点后降至 17 时的低点，2016 年直至 16 时才反弹到高点，且随后的下降并不明显，2017 年则于 10 时反弹至高点后，于 20 时降至另一个波谷。七至十月的走势相似，于 11 时和 23 时—1 时达到高点，并于 7 时和 18 时左右达到低点。十一、十二月的波动趋势类似，于夜间 1 时—2 时达到最高，且 12 时的反弹较弱，两个波谷则分别出现于 8 时—9 时和 18 时—19 时。

图 4-36 列举了哈密地区 O_3 浓度各小时的波动情况。其 O_3 浓度呈逐年升高的趋势，2017 年较 2016 年每小时升高了约 20 （$\mu g/m^3$）左右。波动规律则与其他城市类似，在 22 时—10 时范围内保持在较低浓度，随后开始逐渐升高呈抛物线形，并于 16 时左右达到最大值，且在高点处停留了约 4 个小时，随后才开始逐渐降低。图 4-37 所示的各月份 O_3 浓度小时指数波动情况与此类似，四至七月保持在高点附近的时间长达 5 小时甚至以上，时长最短的十一、十二月则为 3 小时左右。

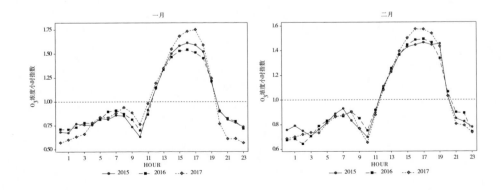

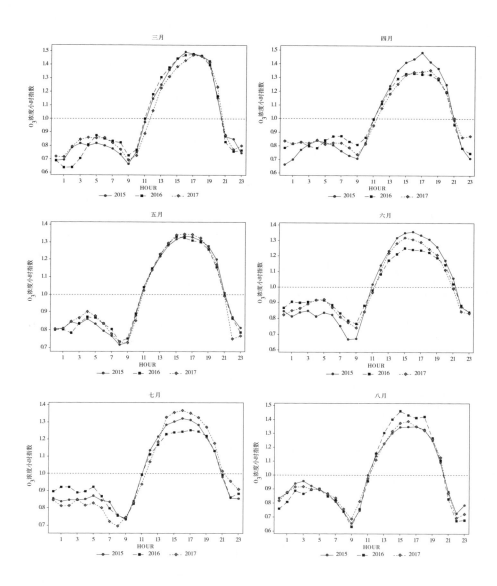

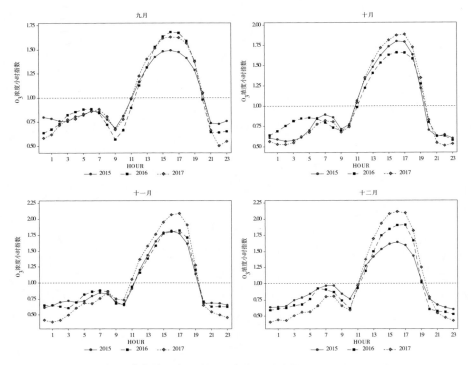

图 4-37　哈密地区各月份 O₃ 浓度小时指数（2015—2017 年）

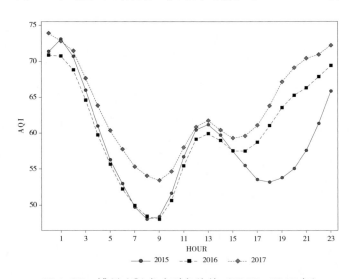

图 4-38　博州 AQI 各小时年均值（2015—2017 年）

（7）博州

博州近三年间的 AQI 各小时年均值波动情况如图 4-38 所示，23 时—2
时范围内均保持在较高水平，最低值则出现在 8 时、9 时，随后开始反弹至
13 时左右。其后，2015 年下降至 18 时后开始上升，而 2016、2017 年则下
降至 15 时后便开始继续上升。三年中，2017 年的 AQI 是最高的。

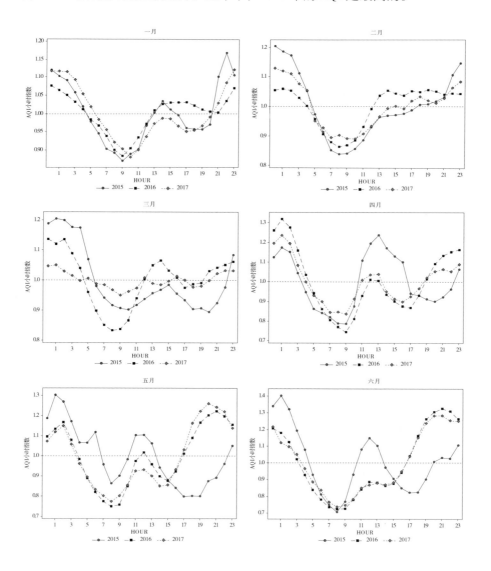

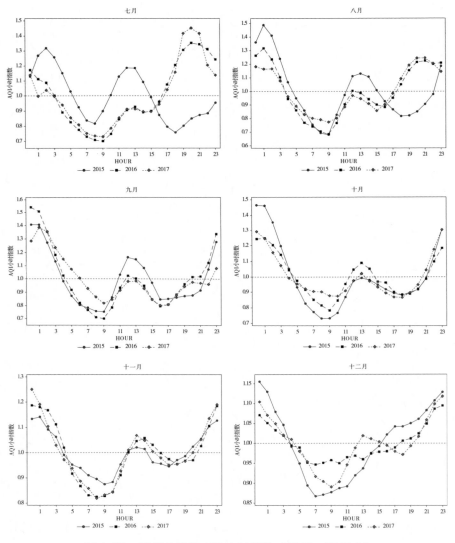

图 4-39　博州各月份 AQI 小时指数（2015—2017 年）

　　对博州的 AQI 小时指数分月份进行考察，如图 4-39 所示。一至三月，最高值均出现在 23 时—2 时的范围内，最低值在 9 时前后，并随后反弹至

14时，一、三月会在其后小幅下降至17时左右再开始上升，二月则几乎没有下降便一直震荡上升至夜间高点。四月的波峰分别出现于1时和12时—13时，波谷则出现于9时和17时左右，2015年的第二个波谷则直至20时才出现。五至八月，2015年不同于其他两年，其波峰出现于1时和13时前后，波谷在8时和17时—18时左右，而2016、2017年的波峰出现于20时和12时，五月的2时和八月的1时亦为高点，而最低值则均出现于8时—9时，而在午间达到小高峰后仅小幅下降至15时后便又开始继续上升。九至十一月，波峰保持在23时—1时的区间内，随后下降至8时—9时达到最低，并于13时小幅反弹至另一个高点，其后降至18时左右开始继续上升。十二月，波峰发生在22时—0时左右，并于7时—9时达到最低，其后开始持续上升，仅2017年升至13时后小幅降至18时，随后继续上升。

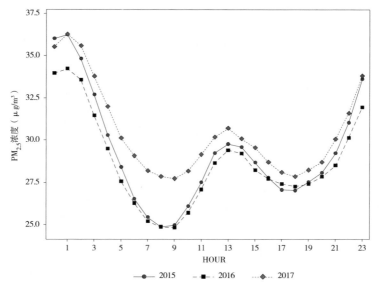

图4-40　博州PM$_{2.5}$浓度各小时年均值（2015—2017年）

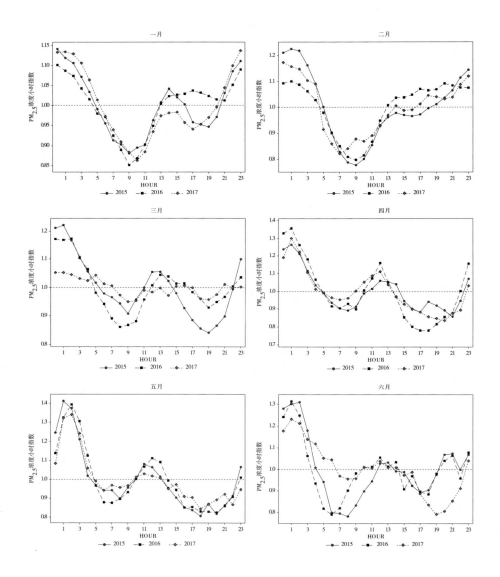

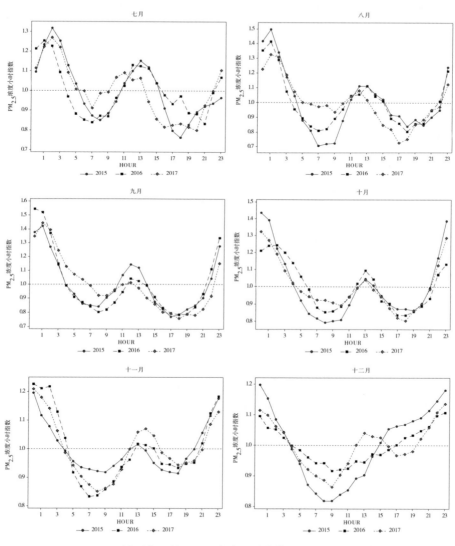

图 4-41 博州各月份 PM$_{2.5}$浓度小时指数（2015—2017 年）

博州近三年间的 PM$_{2.5}$浓度各小时年均值波动情况见图 4-40，其中 2017 年的浓度最高，三年均在 1 时达到浓度最大值，随后降至 9 时的最低值，随后开始反弹，至 13 时达到日间高峰，并下降至 18 时的低点，其后再次开始上升直至夜间高点。可以注意到，$PM_{2.5}$ 浓度最高为 36（$\mu g/m^3$），说明其 $PM_{2.5}$ 污染较轻。

继续考察图 4-41 所示的博州各月份 $PM_{2.5}$ 浓度小时指数。一月、二月和十二月的走势相似，其最高值和最低值分别出现在 0 时和 9 时左右，随后围绕 1 小幅震荡直至夜间高点。三至十一月呈现出较明显的"W"形走势，且均于夜间 1 时前后达到最大值，两个波谷分别出现于 7 时—9 时和 17 时—19 时，位于两个波谷之间的小波峰则发生在 12 时—13 时，此值远低于夜间高点。

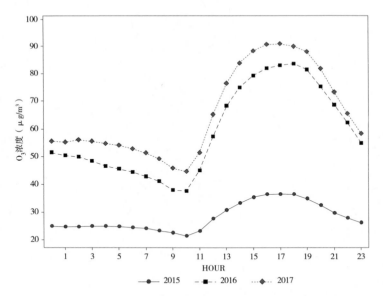

图 4-42 博州 O_3 浓度各小时年均值（2015—2017 年）

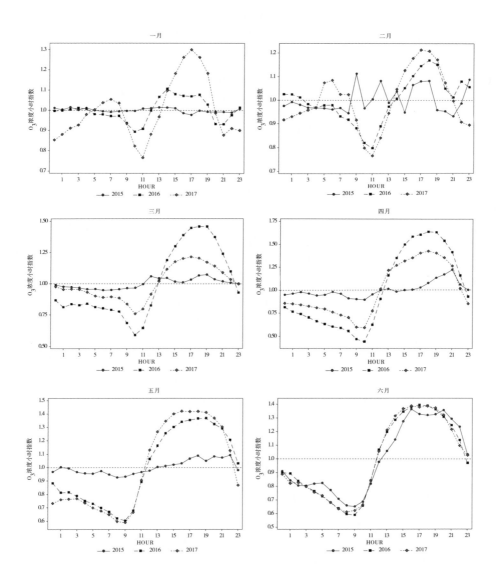

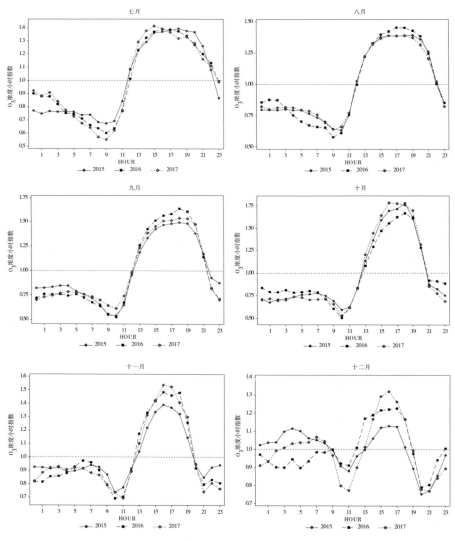

图4-43　博州各月份 O_3 浓度小时指数（2015—2017 年）

　　博州的 O_3 浓度各小时年均值如图 4-42 所示，可以看出，2015 年浓度极低且振幅最小，而 2016 年和 2017 年则逐年上升且远高于 2015 年的浓度。

共同点是，均在 17 时达到浓度最大值，并在 10 时达到最低。不同之处在于，2016、2017 年的浓度自 23 时起缓慢降至 10 时，而 2015 年在此期间则几乎没有波动。

博州各月份 O_3 浓度小时指数的波动趋势则不再趋于一致。一至五月，2015 年的 O_3 浓度小时指数仅围绕 1 做极小的波动，其他两年的小时指数均在 17 时左右达到最大值，但达到最低值的时点各不相同，其中一、二月在 11 时，三、四月在 10 时，五月则在 11 时。六至八月，最低值均出现于 9 时，九至十一月则推至 10 时，而十二月在 23 时—11 时期间的震荡较为剧烈，11 时虽为一个低点，但最低值却出现在 20 时。此外，五至七月小时指数位于高位的时间长达 6 个小时，而十一、十二、一、二月则仅有 2 个小时。

（8）克拉玛依

克拉玛依 AQI 各小时年均值见图 4-44，其中 2017 年的 AQI 为三年中最高的。各年的 AQI 最高值均出现于 21 时前后，最低值则出现在 8 时—9 时，随后上升至 11 时并开始震荡，于 14 时后开始继续上升。

对 AQI 小时指数分月份进行考察，见图 4-45。一月、二月、三月、十二月的走势较为相似，于 14 时左右出现最大值，最低值则出现在 7 时—9 时，而在夜间 23 时—0 时范围内仅略高于 1，其后便一直震荡下降至 1 以下。四月，2015 年的走势呈 "W" 形，最大值出现于 12 时左右，23 时—0 时亦有所升高，两个波谷则在 5 时和 17 时，而 2016、2017 年仅有一个最大值和最小值，分别出现于 20 时和 8 时左右。五、六月的最大值出现于 21 时左右，最小值则在 6 时左右，随后升至 10 时达到一个小的高峰，继而下降至 14 时左右开始再次攀升。七、八月的最大值和最小值分别出现于 20 时和 7 时—8 时左右，其后反弹至 11 时达到小高峰，继而下降至 15 时并开始再

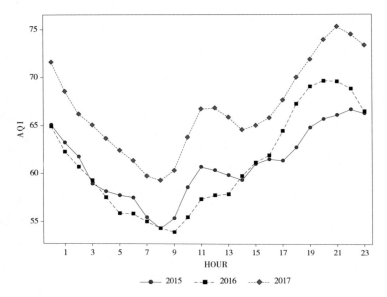

图 4-44　克拉玛依 AQI 各小时年均值（2015—2017 年）

次上升。九月、十月呈"**W**"形走势，两个波峰分别发生于 11 时—12 时和 23 时—0 时，两个波谷则分别在 7 时和 19 时前后。十一月，波峰出现于 14 时和 22 时前后，波谷位于 8 时左右，傍晚的小时指数较前几月更高，并未出现明显的波谷，仅在 19 时左右达到一个较低水平后便继续上升。

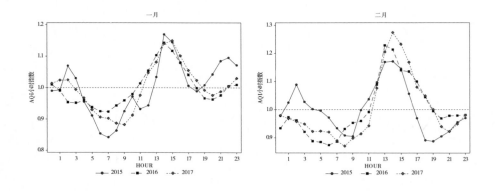

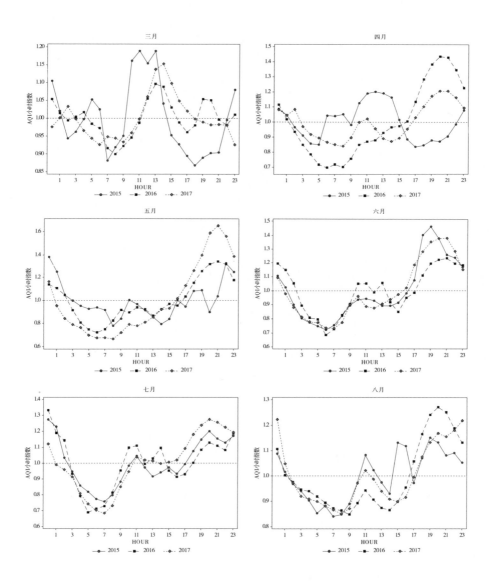

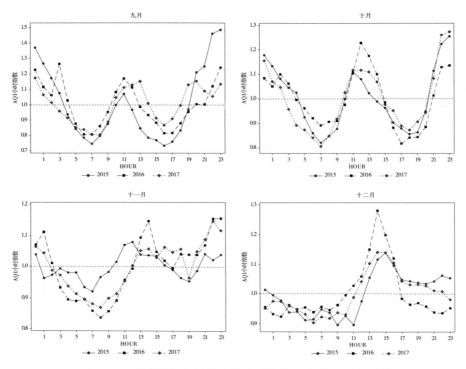

图 4-45　克拉玛依各月份 AQI 小时指数（2015—2017 年）

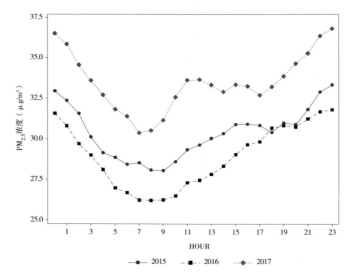

图 4-46　克拉玛依 PM$_{2.5}$浓度各小时年均值（2015—2017 年）

　　克拉玛依的 $PM_{2.5}$ 浓度各小时年均值大致呈 "V" 形分布，于 8 时左右达到最低值，而在夜间 23—0 时达到最高，即表现为夜间高清晨低。此外，2017 年的 $PM_{2.5}$ 浓度是三年中最高的，但其最高值也不超过 37（$\mu g/m^3$），说明 $PM_{2.5}$ 污染较轻。

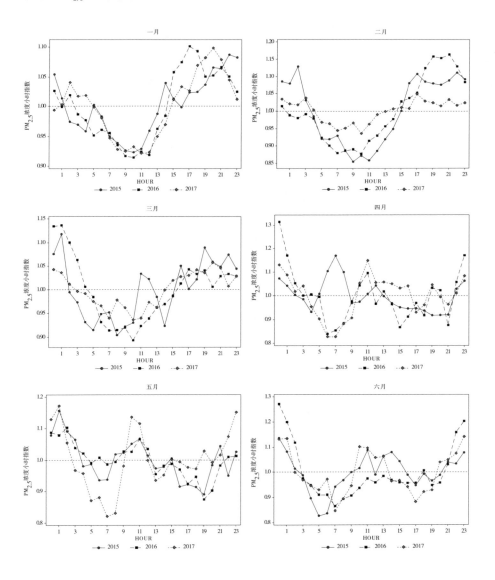

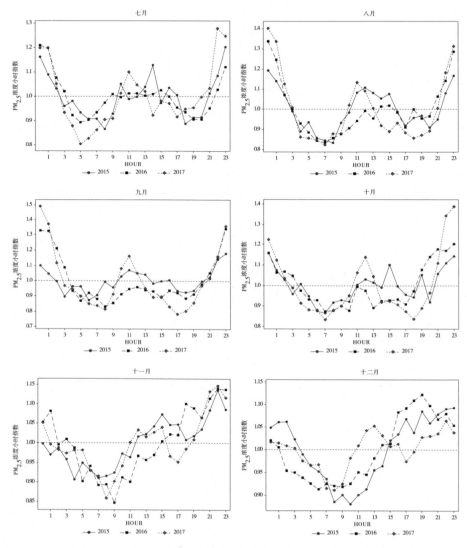

图 4-47　克拉玛依各月份 $PM_{2.5}$ 浓度小时指数（2015—2017 年）

　　继续考察克拉玛依各月份的 $PM_{2.5}$ 浓度小时指数。一月份，最低值出现在 9—11 时之间，但是波峰出现时间各不相同，2015 年在 22 时，2016 年在

17 时，2017 年则在 20 时。二月的最低值依然出现在 9 时—11 时之间，17
时以后逐渐升至高点，2015 年的小时指数在 17 时—2 时的范围内保持在较
高水平，2016 年的高峰维持在 19 时—21 时，2017 年最高值并不明显，在
17—3 时的范围内略高于 1。三月，小时指数自 16 时起开始上升到高于 1 的
水平，并于 1 时达到最高，而在 7 时—10 时维持在较低水平。四月，2015
年的波峰出现于 7 时和 23 时—0 时，并在 4 时和 19 时—21 时保持在低位，
2016、2017 年较为相似，波峰出现于 0 时和 11 时，并在傍晚围绕 1 上下震
荡，最低点出现于 6 时。五至十月，最高值均出现在 23 时—1 时范围内，
日间的另一个波峰则出现于 11 时附近，数值远低于夜间，而在 7 时和 18 时
前后达到波谷。十一、十二月，自傍晚 17 时后直至夜间 1 时始终维持在高
位，而在 8 时—9 时的范围内达到低位，其后便一直震荡上升。

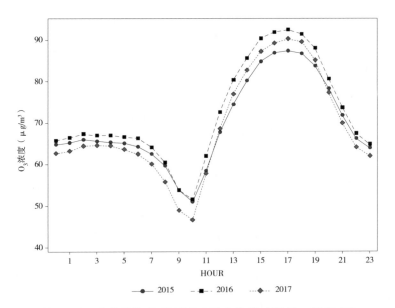

图 4-48　克拉玛依 O$_3$ 浓度各小时年均值（2015—2017 年）

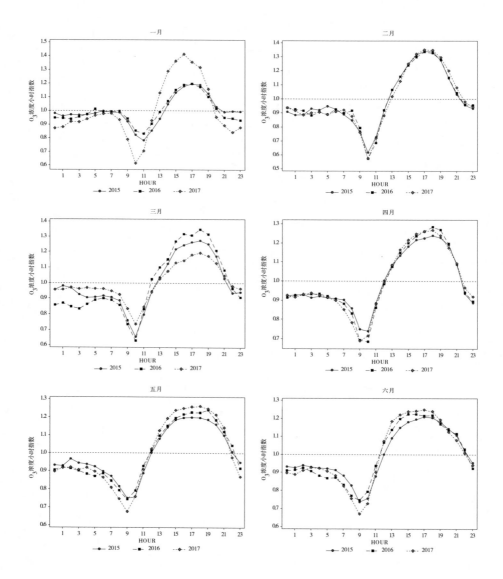

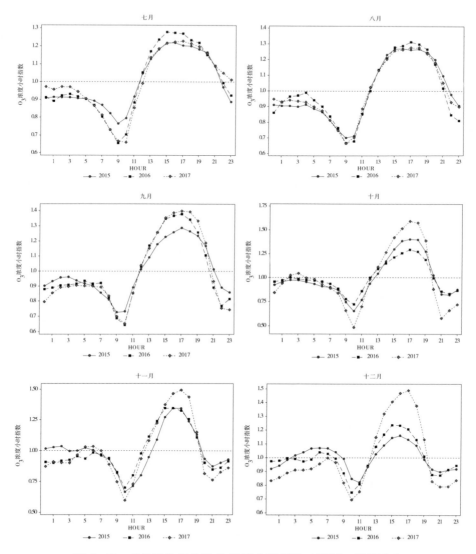

图 4-49　克拉玛依各月份 O_3 浓度小时指数（2015—2017 年）

克拉玛依的 O_3 浓度各年差异不大，如图 4-48 所示，其波动在 23 时—7
时的范围内较为平稳，随后降低至 10 时的最低值，其后开始上升呈抛物线形，并于 17 时左右达到最大值，在浓度较高水平停留了 3—4 小时后才开始下降。

克拉玛依各月份 O_3 浓度小时指数的波动规律类似，达到峰值的时间略有差异。一月、十一月、十二月于 16 时达到最大值，且仅在波峰停留 2 小时左右，最低点则出现在 10 时。五至七月在高峰出停留的时间最长，达 5 小时左右，并于 9 时达到最低值，其余月份波动大致相同，则不再赘述。

（9）吐鲁番地区

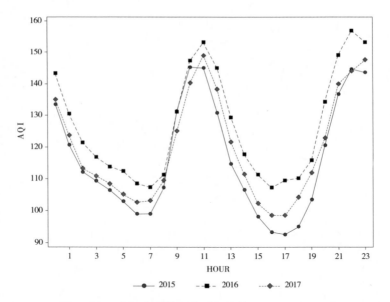

图 4-50　吐鲁番 AQI 各小时年均值（2015—2017 年）

吐鲁番地区的 AQI 各小时年均值走势呈"W"形，如图 4-50，各年差别不大，均于 11 时和 22 时达到最高值，最低值则出现在 7 时和 17 时左右。

吐鲁番各月的 AQI 小时指数如图 4-51 所示。一月、十一月、十二月较类似，均呈明显的"W"形，波峰出现于 11 时和 21 时，波谷则出现于 7 时和 17 时左右。二月，波峰出现于 11 时和 22 时，波谷则在 6 时和 18 时左

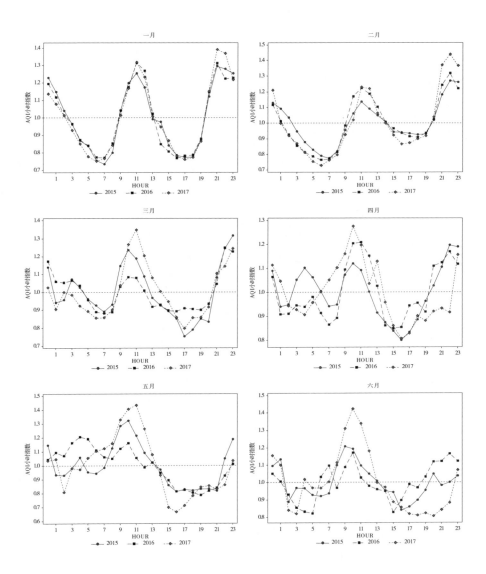

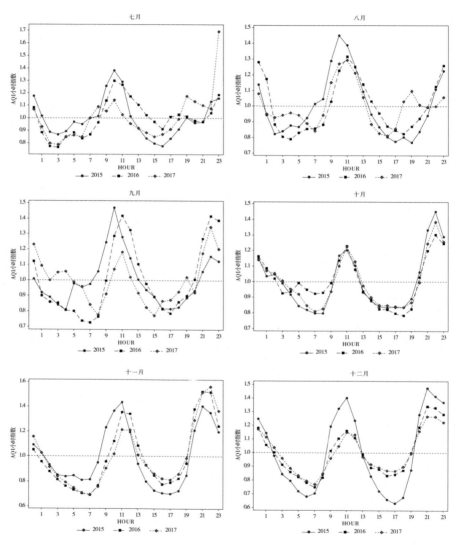

图 4-51 吐鲁番各月份 AQI 小时指数（2015—2017 年）

右。三至五月，波峰均出现于 10 时和 23 时，波谷出现于 16 时、17 时，而夜间至清晨的波动较为剧烈，没有产生明显的波谷。六月的波峰均出现于 10 时和 23 时，波谷因年而异，2015 年的波谷出现于 2 时和 16 时，2016 年在 5 时和 15 时，2017 年则在 3 时和 17 时—20 时的范围内。七月的波峰同样出现在 10 时和 23 时，波谷则出现于 3 时和 16 时左右。八月，两个波峰分别出现于 11 时和 23 时—0 时，波谷不尽相同，2015 年为 2 时和 19 时，2016 年为 4 时和 17 时—19 时，2017 年则为 7 时和 16 时。九月的波峰分别出现于 11 时和 22 时左右，波谷各年不同，2015 年在 4 时和 16 时—18 时，2016 年在 7 时和 17 时，2017 年则在 8 时和 15 时。十月开始"W"形走势开始清晰，波峰分别出现于 11 时和 22 时，波谷则出现于 7 时和 17 时前后。

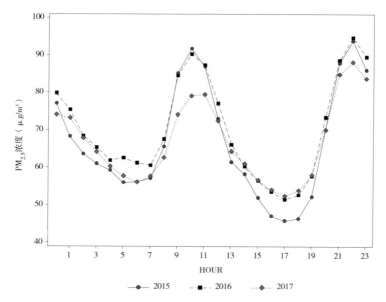

图 4-52　吐鲁番 PM$_{2.5}$ 浓度各小时年均值（2015—2017 年）

考察吐鲁番近三年的 PM$_{2.5}$ 浓度，由图 4-52 可知，其走势亦呈"W"形分布，波峰分布出现于 10 时和 22 时，波谷则出现在 6 时和 17 时左右。

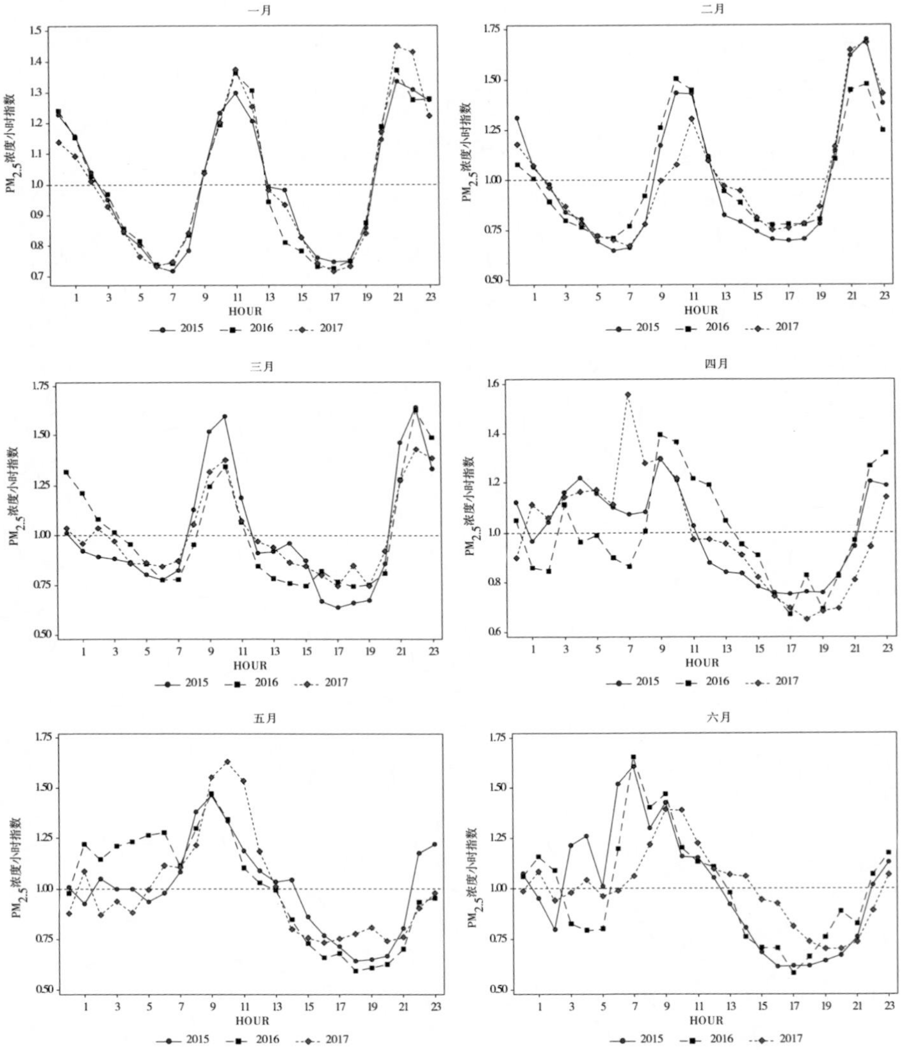
一月
二月
三月
四月
五月
六月
$PM_{2.5}$浓度小时指数
HOUR
2015
2016
2017

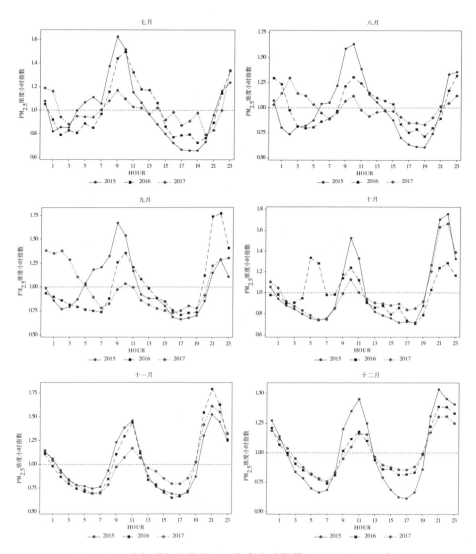

图 4-53　吐鲁番各月份 $PM_{2.5}$ 浓度小时指数（2015—2017 年）

　　吐鲁番各月份 $PM_{2.5}$ 浓度小时指数见图 4-53，一月、十一月、十二月峰值出现的时间点相同，两个波峰分别出现于 11 时和 21 时，波谷在 7 时和 17 时左右。二、三月，波峰分别出现于 10 时和 22 时，波谷则在 6 时—7 时和

17 时左右。四月，上午的波峰稍有不同，2017 年出现于 7 时，其他两年出现于 9 时，而夜间波峰均出现于 23 时左右，波谷则出现于 18 时左右。五月，波峰、波谷分别出现于 9 时和 18 时左右，夜间至清晨的小时指数围绕 1 震荡，并无显著下降。六月，2015 年和 2016 年的走势近似，波峰和波谷分别出现于 7 时和 17 时，2017 年的波峰和波谷则晚出现 2 个小时，分别为 9 时和 19 时。七月，波峰分别出现于 9 时和 23 时左右，波谷则在 3 时和 19 时左右出现。八月，2015 年和 2016 年走势类似，波峰出现于 10 时和 23 时，波谷出现于 3 时和 19 时左右，2017 年呈不规则波动，最大值和最小值分别出现于 2 时和 19 时，日间的高点则出现于 10 时。九月的波动因年而异，2015 年的波峰出现在 9 时和 22 时，波谷在 2 时和 17 时，2016 年的波峰在 10 时和 22 时，波谷在 7 时和 17 时，2017 年则在 22 时—3 时范围内保持较高水平，波谷

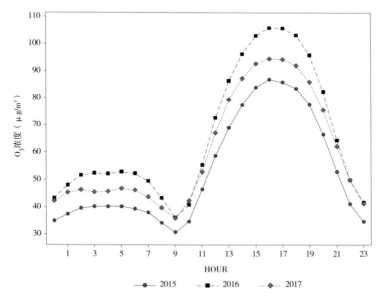

图 4-54　吐鲁番 O_3 浓度各小时年均值（2015—2017 年）

在 7 时和 16 时，日间的高点则不明显，仅于 10 时稍高于 1 后便一直维持在低于 1 的水平。十月的波峰出现于 10 时和 22 时，波谷则在 6 时和 18 时（2016 年清晨无波谷，而在 5 时有一个明显的上升，形成第三个波峰）。

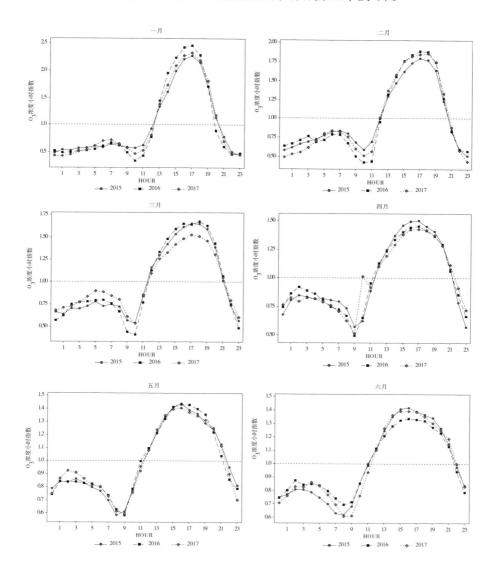

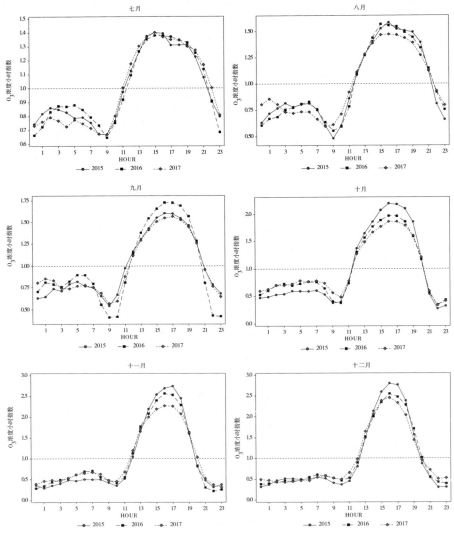

图 4-55　吐鲁番各月份 O_3 浓度小时指数（2015—2017 年）

观察图 4-54，可见吐鲁番 2015 年的 O_3 浓度最低而 2016 年最高，三年的波动情况类似，于 23 时—9 时形成一个幅度较小的抛物线，并在 9 时—

23 时形成另一个幅度极大的抛物线，最大值和最小值分别出现在 16 时和 9 时。

吐鲁番各月份的 O_3 浓度小时指数波动情况与浓度波动情况类似，二至九月具备清晰的"双抛物线"形走势，二、三月，两个抛物线的峰值分别出现在 6 时和 17 时，最低值则出现于 10 时。四至九月的最高值和最低值分别出现于 16 时和 9 时，其中六、七月停留在峰值的时间最长，多达 5 小时。十、十一、十二、一月自 22 时起至 10 时一直稳定保持在较低水平，没有大的波动，最大值出现在 16 时左右，十二月和一月在峰值处停留时间最短，仅 2 小时。

（10）塔城地区

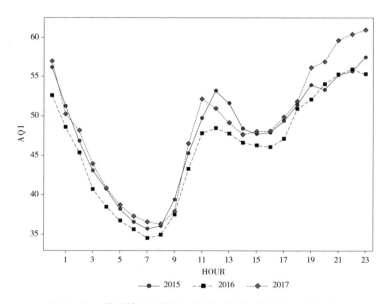

图 4-56　塔城地区 AQI 各小时年均值（2015—2017 年）

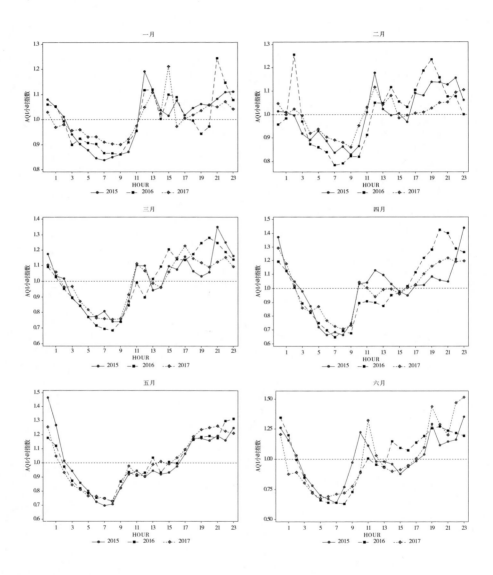

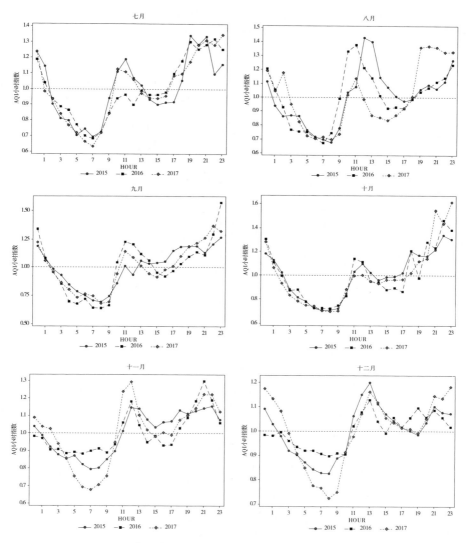

图 4-57 塔城地区各月份 AQI 小时指数（2015—2017 年）

塔城地区各年的 AQI 走势近似，夜间高而清晨低，自 21 时起直至 0 时一直维持在较高水平，其后迅速降至 7 时的最低点，接着开始上升至 12 时的日间波峰，随后小幅下降至 15 时左右便继续上升直至夜间峰值。值得注意的是，AQI 最大值也仅为 60 左右，其对应的空气质量为良，且一天中有一半以上的时间 AQI<50，其对应的空气质量为优，说明塔城地区的空气质量较好。

　　塔城地区各月的 AQI 小时指数如图 4-57 所示。一、二月，于 7—9 时左右达到最低，其后上升至 12 时的波峰，小幅下降至 15 时后开始在 1 之上震荡上升，直到 2 时以后才开始下降。三至五月，波谷均出现在 7 时左右，其后震荡上升至夜间 23 时—0 时的高点，并在 16 时—1 时的范围内均保持在高于 1 的水平。六至十月，波峰分别出现于 11 时和 23 时左右，日间的波峰逐渐明显，最低点则出现在 7 时左右，傍晚的波谷位于 15 时，但远高于最低点。十一月，波峰出现于 12 时和 21 时左右，波谷则在 7 时和 15 时前后。十二月，波峰、波谷分别出现于 13 时和 8 时，且自 12 时后直至 1 时始终保持在高于 1 的水平。

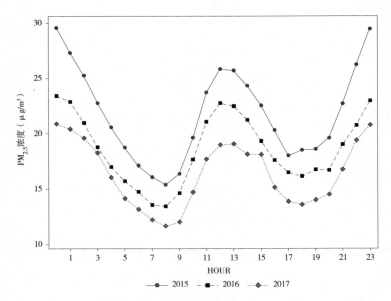

图 4-58　塔城地区 $PM_{2.5}$ 浓度各小时年均值（2015—2017 年）

　　塔城地区的 $PM_{2.5}$ 浓度由 2015 年至 2017 年逐年降低，如图 4-58 所示。各年走势相似，均呈"W"形，两个波峰出现于 12 时和 23 时—0 时左右，波谷则在 8 时和 18 时左右。可以注意到，$PM_{2.5}$ 浓度的最高值也仅为 30（$\mu g/m^3$），对应的空气质量分指数为 50，表明塔城地区的 $PM_{2.5}$ 污染较轻。

　　塔城地区各月份 $PM_{2.5}$ 浓度小时指数如图 4-59 所示。一至三月均呈斜"W"形，其中一、二月的波峰出现于 12 时—13 时和 23 时—0 时，波谷出现于 9 时和 19 时左右，三月的波峰出现于 11 时和 23 时—0 时，波谷出现于 8 时和 17 时。四、五月的最大值出现在 0 时左右，随后下降至 9 时的波谷后开始上升到达 10 时左右的日间高点，并于其后在略低于 1 附近震荡下降，直至 21 时后才开始显著上升。六月的波动因年而异，2015 年分别于 23 时—2 时、10 时、19 时达到波峰，而最低值出现于 7 时，2016 年的波峰出现在 14 时和 0 时，最低值出现在 7 时，2017 年的波峰为 11 时和 23 时—2 时，最低值则出现于 16 时。七月，2015 年的波峰出现于 12 时和 23 时—0 时，波谷出现于 5 时、8 时、17 时，2016 年的波峰出现于 23 时—0 时，但并无明显的波谷，而是在 7 时达到低位后开始围绕 1 波动，2017 年的波峰出现于 10 时和 1 时，波谷则出现于 9 时和 17 时。八月的波峰较明显，均出现于 11 时和 23 时左右，波谷则仅在 7 时前后较为明显，傍晚 18 时左右则仅处于稍低于 1 的位置（2015 年则在 19 时有明显的波谷）。九月后开始逐渐呈现出较明显的"W"形，波峰出现于 11 时和 23—0 时，波谷则出现于 8 时和 18 时—20 时。十月，波峰出现于 12 时和 23 时左右，波谷则在 7 时和 17 时左右。十一月，波峰出现于 12 时和 22 时，波谷则出现于 8 时和 16 时左右。十二月，波峰出现于 13 时和 23 时—0 时，波谷则出现于 8 时和 18 时前后。

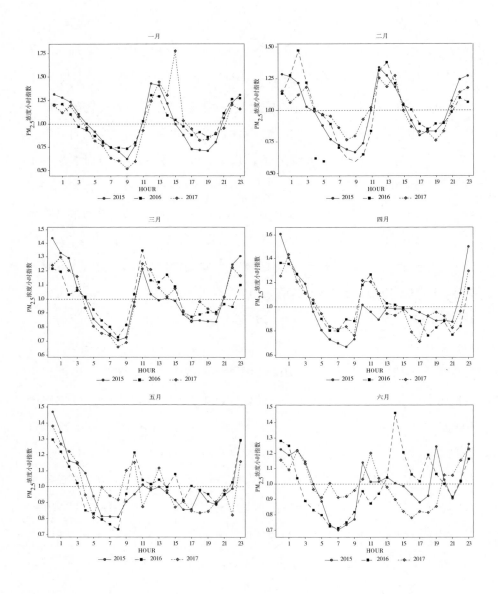

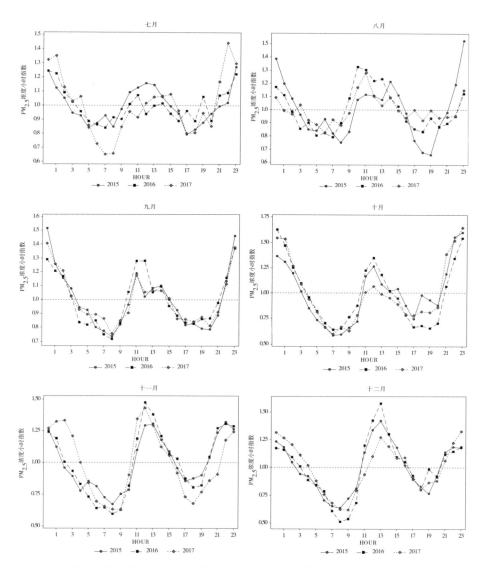

图 4-59　塔城地区各月份 PM$_{2.5}$ 浓度小时指数（2015—2017 年）

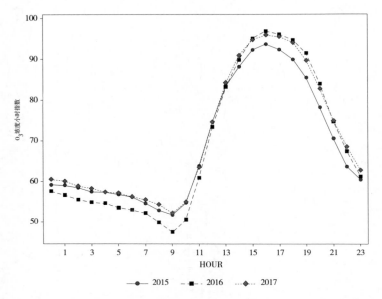

图 4-60　塔城地区 O₃ 浓度各小时年均值（2015—2017 年）

　　塔城地区的 O_3 浓度走势如图 4-60 所示，在 10 时—23 时的范围内呈抛物线形，最大值出现于 16 时，并在高位停留了近 3 个小时。自 23 时起缓慢下降至 9 时，在此期间保持在较低浓度水平，并于 9 时达到最低值。

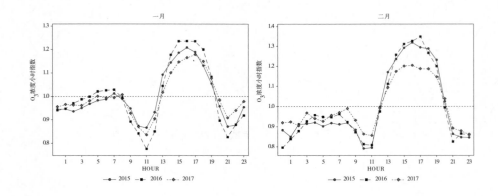

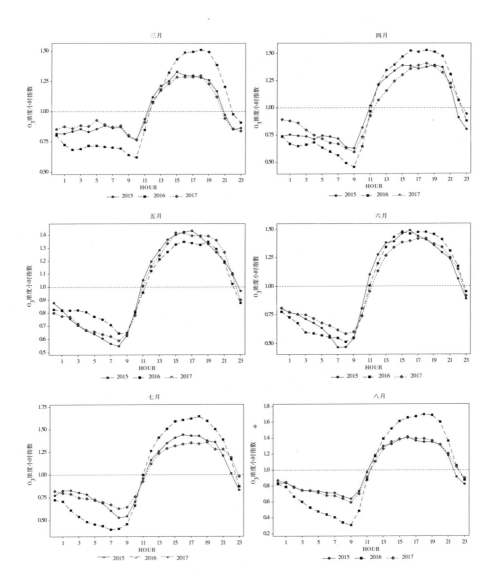

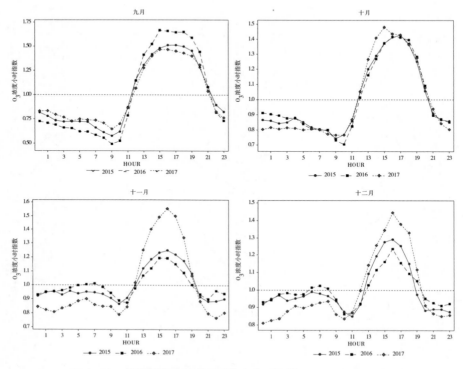

图 4-61　塔城地区各月份 O_3 浓度小时指数（2015—2017 年）

　　塔城地区各月的 O_3 浓度小时指数走势大致相同，最高点均出现于 16 时左右，但是保持在高位的时间不同，十二月仅 1 小时为最少，而六月长达 6 小时为最多。此外，最低值出现的时间也有略微差别，一、二月在 11 时，三月在 10 时，四月在 9 时，五至七月在 8 时，八至九月在 9 时，十至十二月则在 10 时。

第三节 基于 VAR 模型的城市间空气污染关联规律分析

一、方法选择

在海量 AQI 小时数据的支持下，采用 VAR 模型方法能够较为简单地刻画城市群中各城市间大气污染的动态影响，并且我们的研究已经发现，VAR 模型的动态脉冲响应机制能够反映城市群中各城市间的空间距离特征。

基于 VAR 模型系统的脉冲响应函数可以衡量当某一内生变量受到一个标准差的冲击时，对该内生变量及 VAR 模型系统中其他内生变量的动态影响。当城市群中某个城市发生大气污染时，对其他城市空气质量的影响程度及持续时期可以通过脉冲响应函数进行清晰的刻画，从而衡量出城市群内各城市之间大气污染的动态影响。

二、模型构建

对每个城市各年的 AQI 数据序列采用 ADF 检验方法做平稳性检验，发现 ADF 检验统计量的 P 值均远小于 0.01，说明在 1% 的显著性水平下，均拒绝数据序列存在单位根的原假设，说明所有 AQI 数据序列均是平稳的。各个城市的 AQI 数据数列的 ADF 平稳性检验结果见表 4-3。

表 4-3 各城市 AQI 数据序列平稳性检验结果

城　市	ADF 统计量值	P　值	结　论
乌鲁木齐	−10.0531	0.0000	平稳
昌吉州	−11.2450	0.0000	平稳

城　市	ADF 统计量值	P　值	结　论
五家渠	−8.8763	0.0000	平稳
石河子	−10.2783	0.0000	平稳
伊犁哈萨克州	−10.5901	0.0000	平稳
哈密地区	−20.0626	0.0000	平稳
博　州	−11.2918	0.0000	平稳
克拉玛依	−10.1482	0.0000	平稳
吐鲁番地区	−12.5254	0.0000	平稳
塔城地区	−13.0892	0.0000	平稳

　　进一步，按照年份分别建立 VAR 模型，依据 SC 信息准则确定模型最优滞后阶数，并进行模型系统的平稳性检验。检验结果如图 4−62 所示，可以看出，特征方程根的倒数均在单位圆之内，表明所有模型系统都是平稳的，可以进一步运用脉冲响应函数，分析当一个城市发生大气污染后其他城市或地区所受到影响的动态变化。

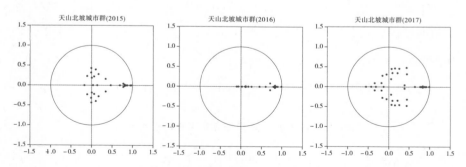

图 4−62　城市群 VAR 模型系统的平稳性检验结果

三、城市群内各地市大气污染动态影响分析

建立完天山北坡城市群的 **VAR** 模型系统后，开始进行脉冲响应函数分析，以考察城市群内各城市间空气污染的动态影响。为节约篇幅，下面以 2017 年的 **AQI** 数据为例进行分析（以各地区的拼音首字母缩写表示该地区）。

2017 年，当从乌鲁木齐发出大气污染冲击时，其他各地区受冲击后的影响如图 4-63 所示。可以看出，博州、哈密地区、克拉玛依和塔城地区所受影响最小，受冲击后的峰值不超过 1。昌吉州所受影响最大，受冲击 4 小时后便达到峰值 5，此值也是所有地区中的最高值。五家渠和伊犁地区所受影响次于昌吉州，而石河子和吐鲁番地区再次之。

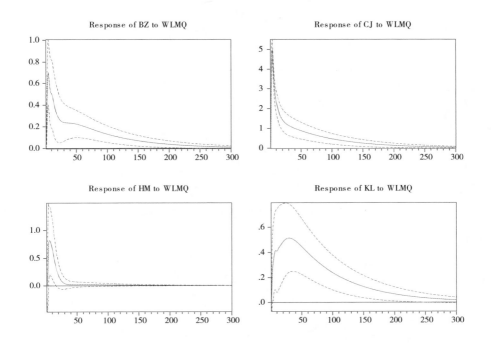

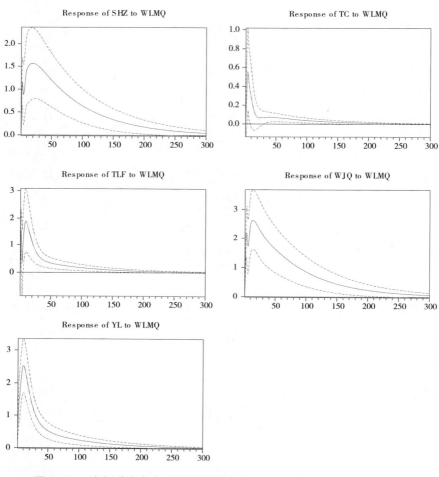

图 4-63　城市群脉冲响应函数分析结果（冲击发出城市：乌鲁木齐）

当大气污染从昌吉州发出时，各地区所受影响见图 4-64。博州、哈密地区、克拉玛依、塔城地区及吐鲁番地区所受影响最小，峰值均未超过 1。乌鲁木齐所受影响最大，2 小时后便升至均值 4.5，其次则分别为五家渠、石河子和伊犁地区，均需 10 小时左右才到达峰值。距离昌吉州最近的乌鲁木齐、五家渠和石河子三个地区，会在冲击后 2 小时达到最高或次高峰，接着小幅下降后又继续升高，10 小时后到达另一高峰。

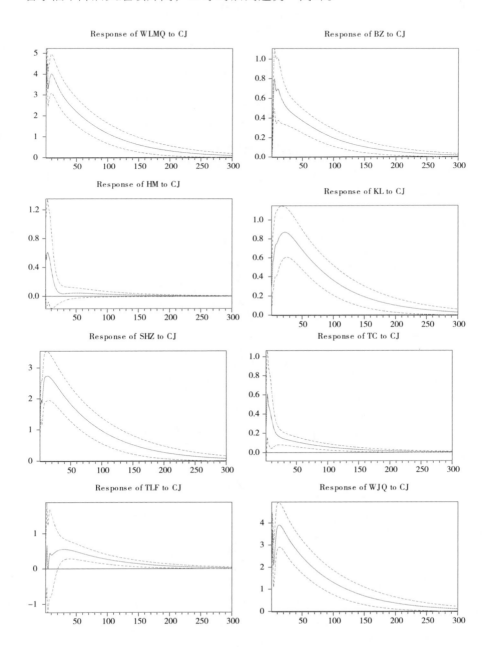

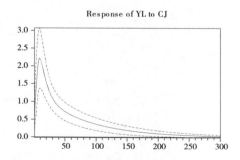

图 4-64 城市群脉冲响应函数分析结果（冲击发出城市：昌吉州）

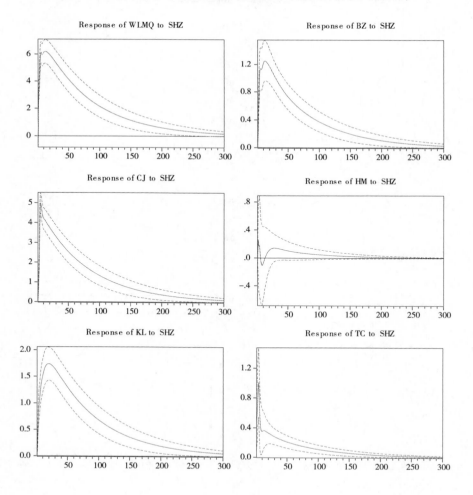

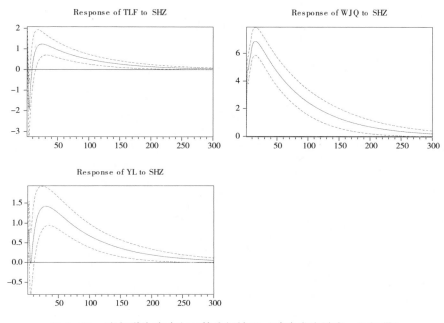

图 4-65 城市群脉冲响应函数分析结果（冲击发出城市：石河子）

图 4-65 显示了大气污染从石河子发出时，城市群内其他地区所受到的动态影响。哈密地区的峰值为各地区最低，博州、塔城地区、吐鲁番地区和伊犁地区受冲击后的影响都很小，峰值均在 1 附近。乌鲁木齐受冲击 5 小时内便会达到峰值 6.2，20 小时以后才会下降至 6 以下，无疑是受影响最大的地区。五家渠到达峰值的时间则较慢，需 12 小时，但其峰值是所有地区中最高的。昌吉州受冲击 5 小时候会达到其峰值 5。克拉玛依则在受冲击后 17 小时达到峰值 1.7。

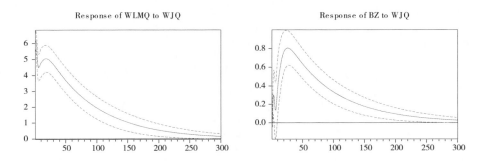

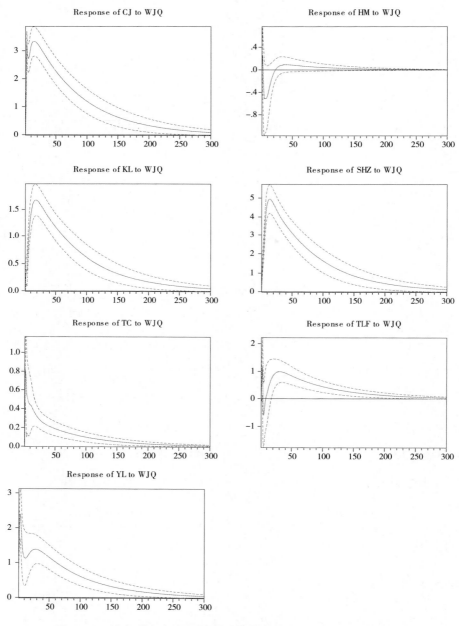

图 4-66　城市群脉冲响应函数分析结果（冲击发出城市：五家渠）

图 4-66 显示了当大气污染从五家渠发出时，天山北坡城市群内其他城市和地区所受影响的动态变化。哈密地区受冲击后达到的峰值依然为城市群中最低，博州和塔城地区受冲击后达到的峰值亦未超过 1，但塔城地区仅 2 小时就达到峰值，而博州则在 2 小时达到小高峰后上下震荡，在 24 小时达到最高点后才开始衰减。距离较远的吐鲁番地区所达到的峰值亦在 1 附近，与博州类似，受冲击后会上下波动，最终于 28 小时候达到高点并开始衰减。乌鲁木齐受冲击影响最大，仅 1 小时后就达到峰值 6.2，而距离较近的石河子和昌吉州则会在受冲击 15 小时后达到峰值，且峰值仅次于乌鲁木齐。伊犁地区则在受冲击 3 小时后达到峰值，并在震荡中衰减至零，而克拉玛依达到峰值则需要 18 小时。

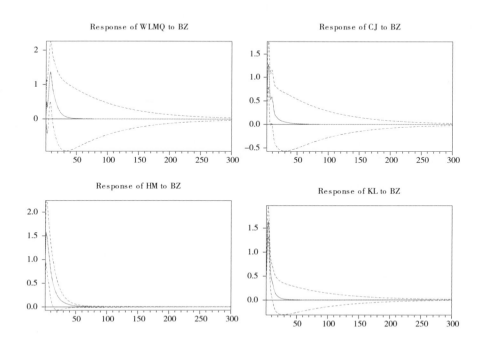

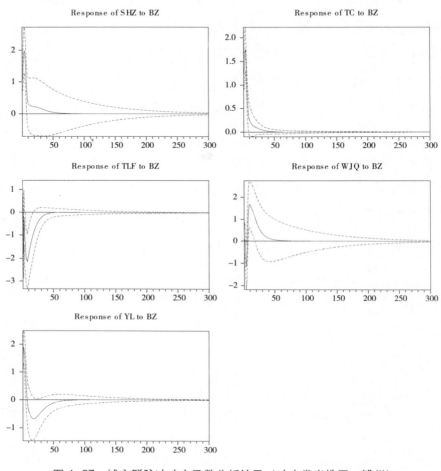

图4-67　城市群脉冲响应函数分析结果（冲击发出地区：博州）

　　图4-67显示了当大气污染从博州发出时，城市群内其他城市和地区所受影响的动态变化。博州位于新疆最西端，同时亦是城市群的最西端，地域辽阔，因而对其他城市及地区造成的影响较小。从图4-67中可以看出，各地区受冲击后会在几小时内迅速到达峰值，且峰值均未超过2，而到达峰值后衰减至零的时间也仅需50小时左右。此外，对吐鲁番地区的影响为负，

这表明博州的大气污染会使吐鲁番地区的空气质量变好，这显然不符合逻辑，推测此结果可能是由于两地距离过远造成的。

图 4-68 显示了当大气污染从克拉玛依发出时，城市群内其他城市和地区所受影响的动态变化。哈密地区受克拉玛依冲击的影响最小，峰值仅为 0.5。受冲击影响较小的地区还有塔城地区和伊犁地区，峰值在 1.5 左右。博州和吐鲁番地区所受影响稍高，博州在受冲击 4 小时后达到峰值 1.8，而吐鲁番地区则在 2 小时后就达到峰值 2.2。乌鲁木齐、五家渠和昌吉州均会在受冲击后 15 小时左右到达峰值，其中五家渠峰值最高，为 5.7，其次是乌鲁木齐，峰值为 4.9，昌吉州则为 3。石河子受冲击后 3 小时便达到峰值 5.2，为城市群第二高的峰值，仅次于五家渠。

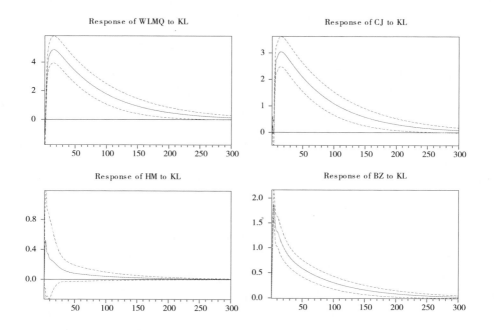

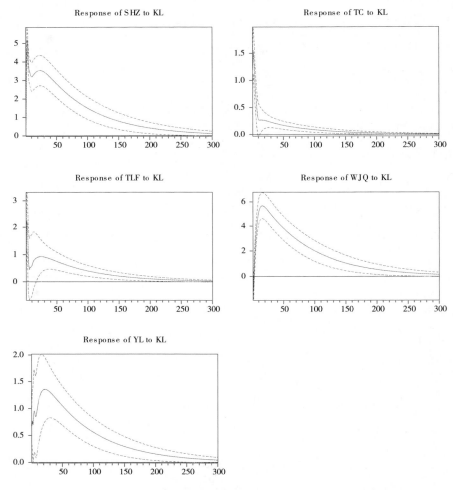

图 4-68　城市群脉冲响应函数分析结果（冲击发出城市：克拉玛依）

图 4-69 显示了大气污染从吐鲁番发出时城市群内其他地区所受的动态
影响。克拉玛依受冲击后的影响最小，峰值仅为 0.3。距其最远的博州和塔
城地区受冲击后的峰值均未超过 0.8。昌吉州与石河子受冲击后的峰值在 1

附近波动，伊犁地区受冲击影响最大，4 小时后便达到峰值 3.1，而乌鲁木齐、五家渠和哈密地区的峰值在 1.5 附近。

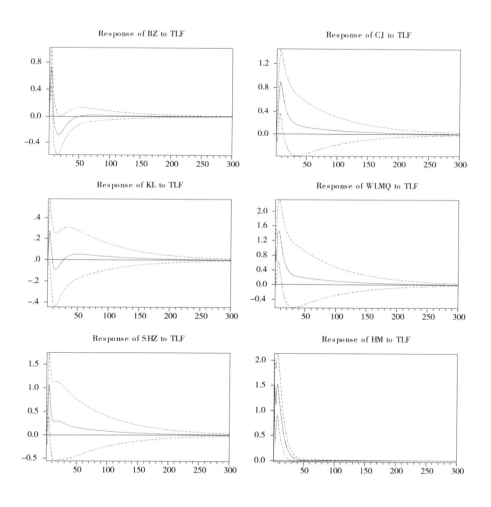

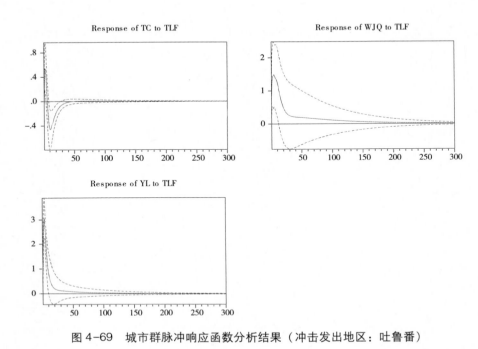

图 4-69　城市群脉冲响应函数分析结果（冲击发出地区：吐鲁番）

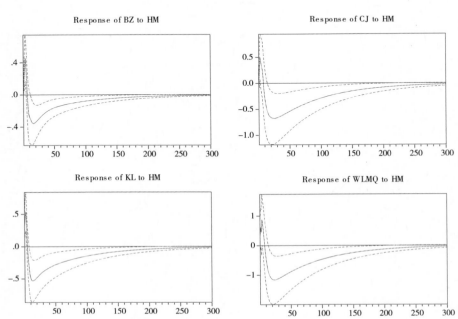

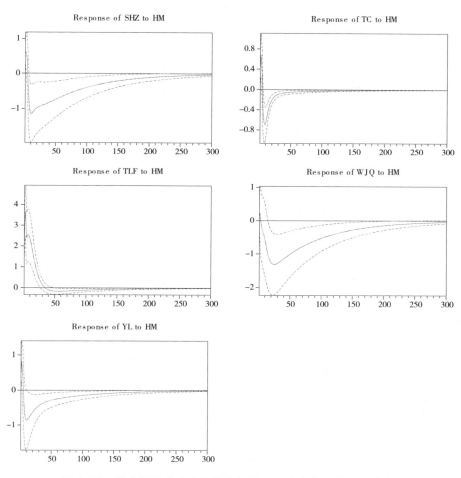

图 4-70　城市群脉冲响应函数分析结果（冲击发出地区：哈密）

接下来考察哈密地区的大气污染对其他城市和地区的影响。如图 4-70
所示，除吐鲁番地区以外，其余地区受哈密地区大气污染的影响均为负。从
地理角度看，哈密地区位于城市群最东端，吐鲁番地区距其最近位于其西
侧，其他各地区都距离较远，因而模型结果显示无效。吐鲁番地区在受冲击

3 小时后达到峰值 3.7，随后影响迅速减弱。

　　塔城地区的大气污染对其他城市和地区的动态影响参见图 4-71。塔城地区位于城市群最西端，与推测类似，位于城市群最东端的哈密地区所受影响最小，峰值仅为 0.4 且 20 小时后就衰减为零。吐鲁番地区则显示出了负的影响，说明其受塔城地区大气污染冲击影响很弱，无法用模型测度。五家渠、昌吉州和石河子三地的峰值均未超过 0.8。克拉玛依则受其冲击影响最大，3 小时后就达到峰值 1.8。乌鲁木齐和伊犁地区的峰值相似，均为 1.7，但伊犁地区达到峰值仅需 4 小时，所需时间比乌鲁木齐快 3 个小时。博州则在 5 小时后达到峰值 1.4。

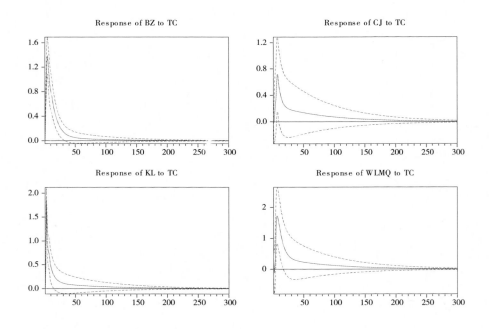

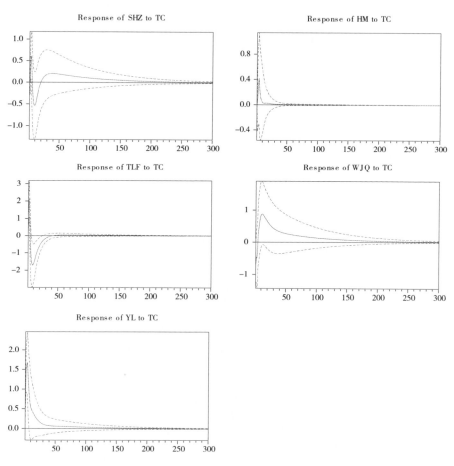

图4-71 城市群脉冲响应函数分析结果（冲击发出地区：塔城）

最后考察伊犁地区发出大气污染冲击后，对其余城市及地区的动态影响。伊犁地区位于城市群西南端，因而地处城市群东端的哈密地区和吐鲁番地区显出出了负的影响，说明距离过远导致了模型结果失效。克拉玛依受冲击后的影响最小，峰值仅为0.7，而五家渠受其影响最大，8小时后就达到峰值3.4，其次则是乌鲁木齐，7小时后达到峰值3.1。距离其较近的博州和塔城地区 4 小时后就会达到峰值，分别为 1 和 1.4。石河子在受冲击 4 小时后达到峰值 1.9，随后开始上下震荡并衰减至零。昌吉州受冲击 7 小时后达到峰值 1.4。

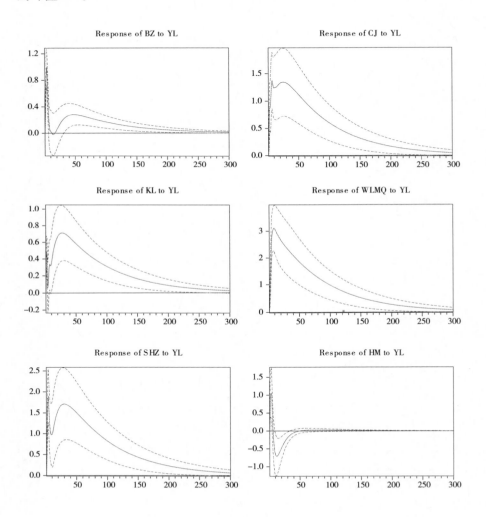

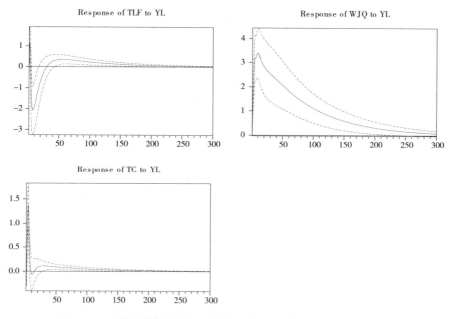

图 4-72　城市群脉冲响应函数分析结果（冲击发出地区：伊犁）

第四节　基于数据挖掘方法的空气污染规律分析

由于使用描述性统计进行分析时，对数据进行了一定程度的分类、简化，无法发现隐藏在数据中的更深层次的规律，空气污染是一个复杂的过程，不同污染物之间的关联规则可能会引起不同程度的空气污染。因此，挖掘出不同空气污染物之间的关联规则对解决天山北坡城市群的空气污染问题是有一定现实意义的。根据前文统计结果，本节将 $PM_{2.5}$、PM_{10}、O_3 三种污染物的浓度作为主要考察对象进行研究分析。

一、关联规则发现的基本理论

随着大数据时代的兴起，如何挖掘出隐藏在大型数据集中有意义的信息变得越来越重要，而关联规则发现就是数据挖掘的最重要的研究方向之一，用于发现隐藏在大型数据集中的有意义的联系，其最早是用来分析超市购物篮数据事务中不同商品购买规则之间的有趣联系，在此处用于同一时间、同一空间、不同气体污染物指标的关联性分析。关联规则发现的基本原理见本书第三章第四节。

二、关联规则方案设计

本部分利用收集到的天山北坡城市群十个主要城市的 AQI 分时数据，按照《环境空气质量指数（AQI）技术规定（试行）》中所规定的标准对 $PM_{2.5}$、PM_{10}、O_3、NO_2 四种污染物进行了分级，用以挖掘出空气污染物之间的关联规则。

由前文可知，天山北坡城市群的首要污染物主要为 $PM_{2.5}$、PM_{10} 和 O_3，但考虑到 PM_{10} 的浓度中包含了 $PM_{2.5}$，若将 PM_{10} 污染级别设定为后项集，则规则中 $PM_{2.5}$ 的等级将全部低于或等于 PM_{10} 的等级，挖掘方法存在缺陷，且考虑到城市群中 $PM_{2.5}$ 的浓度同样值得重点关注。因此，选择 $PM_{2.5}$ 和 O_3 这两种污染物进行挖掘，二者的浓度同样也是反映空气污染程度的重要指标。其中，$PM_{2.5}$ 能长期悬浮于空气中，是造成雾霾天气的主要原因之一，有研究表明 $PM_{2.5}$ 与空气质量呈显著的相关关系，且 $PM_{2.5}$ 与 PM_{10} 相比颗径更小，输送距离较远，更易富集空气中的有毒有害物质，并随着人类呼吸进入肺泡，进而引发各种疾病；而臭氧则具有强氧化性，能够刺激人体呼吸道，引发支气管炎和肺气肿。当它们浓度过高时对人体有较大的危害。此外，和 NO_2 作为首要污染物出现的情况也不能忽略。因此，希望在天山北坡城市群空气污染物关联规则总库中识别出 $PM_{2.5}$、O_3 和 NO_2 的规则总库，并评估出这两种污染物的强关联规则。

三、结果输出及分析

根据上述污染物规则发现方案，首先筛选不同污染等级的 $PM_{2.5}$ 规则，将试验参数代入程序进行运算后，得到的结果如表 4-5 所示。假设置信度大于 0.6 时的规则为强关联规则，当支持度（Support）为 0.0001，置信度（Confidence）为 0.6 时，共生成了 27 条 $PM_{2.5}$ 规则。

表 4-5　不同支持度和置信度下得到的 $PM_{2.5}$ 规则

污染物种类	支持度	置信度	规则数量
$PM_{2.5}$、PM_{10}、NO_2、O_3	0.1	0.6	7
	0.05	0.6	7
	0.01	0.6	7
	0.005	0.6	7
	0.001	0.6	19
	0.0005	0.6	19
	0.0001	0.6	27

得到的 27 条规则中，共有 21 条规则是在 $PM_{2.5}$ 的污染等级为 1 级时产生的，余下的 6 条规则下，$PM_{2.5}$ 的污染等级分别为六级和五级。将其按照置信度排序，可以得到如表 4-6 所示的结果。

表4-6　PM$_{2.5}$为六级、五级的关联规则

	Lhs	Rhs	Support	Confidence	Lift
1	PM$_{10}$=6，NO$_2$=2	PM$_{2.5}$=6	0.002118	0.898387	57.72148
2	PM$_{10}$=6，NO$_2$=2，O$_3$=1	PM$_{2.5}$=6	0.002106	0.897893	57.68974
3	PM$_{10}$=5，NO$_2$=2	PM$_{2.5}$=6	0.001547	0.689831	44.32169
4	PM$_{10}$=5，NO$_2$=2，O$_3$=1	PM$_{2.5}$=6	0.001547	0.689831	44.32169
5	PM$_{10}$=4，NO$_2$=2	PM$_{2.5}$=5	0.002483	0.609711	15.31642
6	PM$_{10}$=4，NO$_2$=2，O$_3$=1	PM$_{2.5}$=5	0.002483	0.609711	15.31642

表4-6列举了天山北坡城市群中PM$_{2.5}$的污染等级为六级和五级的规则。其中规则1—2下PM$_{2.5}$的污染等级为六级的概率高达89%，这两种情况下均有PM$_{10}$为六级、NO$_2$为二级，而O$_3$的污染等级为一级，且对于置信度仅有轻微影响。在规则3—4下PM$_{2.5}$的污染等级为六级的概率则降至68.9%，此时PM$_{10}$为五级、NO$_2$为二级，而O$_3$的污染等级对于置信度没有影响。在规则5—6下PM$_{2.5}$的污染等级为五级的概率为61%，此时PM$_{10}$为四级、NO$_2$为二级，O$_3$的污染等级对于置信度依然没有影响。

第五节　结论及建议

一、研究结论

通过构建AQI小时指数，可以看到尽管天山北坡城市群各地市的大气污染状况不尽相同，但是其日内波动规律却有迹可循。天山北坡城市群内的首要污染物主要为PM$_{2.5}$和O$_3$两种，AQI小时指数和PM$_{2.5}$浓度小时指数的

日内波动大体呈"W"形，午间和夜间高而清晨和傍晚低，而各月的波动则会随着时间的推移而产生几个小时的差别，而二者极为相似的波动曲线亦预示着 $PM_{2.5}$ 浓度对 AQI 的影响之深。各地市的 O_3 浓度小时指数走势几乎相同，均在夜间至清晨稳定保持在低位，而在自上午 10 时起至夜间 22 时的时间段内呈抛物线形，并于 16 时前后达到最大，说明控制 O_3 污染的主要注意力应集中在此时。

通过构建 VAR 模型并应用脉冲响应函数对各地区大气污染的动态影响进行分析，可知大气污染的外溢性是跟地市间距离有明显联系的，距离越近外溢性也越大，各地市空气污染的相关系数分析结果也佐证了这一点。因而，若要考察某地区的大气污染，必须将其局部范围内的地市包涵进去予以综合考虑。

通过 R 语言对 $PM_{2.5}$ 关联规则进行构建，发现 NO_2 对 $PM_{2.5}$ 污染等级的影响极大，因而在治理颗粒物污染时，也应关注 NO_2 的污染情况，进行综合治理。

二、治污减霾建议

天山北坡城市群地域辽阔，各地市间距离不一，因而其大气污染规律也各具特点，而大气污染的外溢性也仅在相邻地市有所体现，其中当属位于天山北坡城市群中心的乌鲁木齐、石河子、五家渠和昌吉州四地相互间联系最为紧密。位于天山北坡城市群东端的哈密、吐鲁番地区和位于西端的博州、伊犁、塔城地区的距离极远因而联系极弱，但各自对其周围地区却显示出了一定的外溢性，故而局部范围内的地区间协同治理大气污染亦是可行的。因此，提出如下治污减霾建议：

1. 局部范围内，明确责任，共同承担。

在地理位置靠近的局部范围内，明确各地市应承担的大气污染治理责任，建立完善的监督管理机制，严格落实到基层单位，分级承担治污任务，并辅以严格的奖惩制度，建立长效激励机制，以市场经济的思维解决大气污染问题。唯有明确各地的责任，才能杜绝推诿扯皮现象的发生，各地市政府也不应再以单纯的 GDP 指标作为考核标准，而应将大气污染治理效果纳入考核指标，同时设立符合当地现实情况的机制、策略，完善排污标准，以促进天山北坡城市群经济社会健康可持续发展。

2. 局部范围内，多种手段并举，协同治理污染。

在地理位置靠近的局部范围内，划定子城市群，明确子城市群内各地市的主要污染源，在冬季大气污染季，应加大治污减霾力度，汽车限行与工厂限排并举，完善市场机制，倡导绿色出行、绿色生产，逐步淘汰落后的高污染排放源。不应局限于治理某个污染物，而是针对所有排放物都设立严格的标准，防止污染物相互作用而产生更严重的大气污染，严控各类污染源，将短期管控与长期转型结合起来，从根源上解决大气污染问题。积极发挥共享经济的优势，推动出行绿色化。

3. 建立多层级的大气污染信息交流与共享平台，发挥舆论监督作用。

建立多层级的大气污染信息交流与共享平台，在子城市群内部以及不同子城市群之间，沟通交流大气污染信息，充分发挥互联网时代的信息传播渠道优势，通过微博、微信公共号等多种民众熟悉和习惯使用的渠道，向公众宣传大气污染防治法律法规及倡议，开通群众举报渠道，正确引导群众的监督意识，随时与群众开展互动，对发现大气污染问题及时解决、通报，树立政府积极、坚决治理大气污染的正面形象，让高污染企业有危机感、紧迫感，促进其对自身设备进行升级改造。加强大气污染的宣传工作，为群众普及环保知识、促使民众环保意识的形成，引导群众的环保热情，做到防污面前，人人有责。

第三部分

空气污染规律挖掘及
治污减霾对策设计

第五章 兰西银城市群空气污染规律挖掘及治污减霾对策设计

改革开放以来，我国已成为世界上经济发展最快的国家之一，同时也逐渐成为一个能源生产与消费大国。我国社会的主要矛盾已经转化为人民日益增长的美好生活需要和不平衡不充分的发展之间的矛盾（习近平，2017）。人民美好生活的需要日益广泛，除了对物质文化的基本要求之外，对美好生活环境的追求也在日益增强。现阶段我国正处于工业化和城市化快速发展的阶段，工业化和城市化进程加快、人口密度增大、能源消耗量不断增加和机动车保有量快速增长在大中城市表现得尤为明显，这些因素共同作用导致我国现阶段大气污染形势严峻。同时，城市化效率总体偏低的现状使得城市空气污染问题日益突出。城市群作为推进城市化进程的主体形态，其所具有的集聚效应无形中带来了更高风险的城市空气污染威胁。近年来，我国多个城市群雾霾事件频发，城市群空气污染形势已经非常严峻，开展有关城市群空气污染的深入研究及有效治理工作已迫在眉睫。兰西银经济区①，是指以兰州市为中心，包括中国大陆甘肃、青海、宁夏三省（区）的 27 个地州市的经济地带。区域内矿产、有色金属、天然气、石油等自然资源丰富，有较大

---

① 兰西银经济区概念由兰州学者贺应钦于 2005 年率先提出，其内涵由甘肃农业大学教授贺有利发展丰富，目前尚未得到国务院批准；2010 年甘肃省工商联和甘肃农业大学《兰州—西宁—银川经济区》课题组发布了《兰州—西宁—银川经济区研究报告》，完整地论述了经济区的发展战略。

的熟练产业工人群体。作为横跨西北三省（区）的经济区，在经济协同发展的同时，空气污染的情况怎样？如何制定相应的治污减霾对策？本章将从城市群视角予以研究①。

第一节 文献述评

已有文献关于空气污染的研究，主要集中在以下几方面：一是研究空气污染的主要成分和来源。杨复沫（2003）对北京大气细颗粒物的污染水平和来源进行分析认为，北京市 $PM_{2.5}$ 污染主要来源于汽车尾气和燃煤②；于娜（2009）通过分析北京市城区和郊区细粒子中有机化合物的污染特征得出，北京的雾霾污染主要来源为机动车和燃煤排放，而且有加重趋势③；王志娟（2012）对冬春时节北京 $PM_{2.5}$ 的来源进行研究，研究表明北京冬春时节 $PM_{2.5}$ 的主要来源为燃煤和工业过程④。二是研究空气污染的分布及污染特征。符春（2006）对珠三角城市群冬季的空气污染过程进行了分析，指出城市群内城市的空气污染变化有很强的同步性，同时城市污染因地理位置和经济条件而各有特点，指出污染源排放控制要有地区性的规划⑤。彭艳等（2011）利用关中地区的能见度观测资料，分析了关中城市群能见度月平均、季平均变化特征，并通过讨论能见度与污染指数的关系，间接分析了关

---

① Hu Q L，Guo S，"Mining on the Air Pollutants Association Rules of Lan-Xi-Yin Urban Agglomeration"，Proceedings of 2017 2nd International Conference of Energy，Power and Electrical Engineering，Nov. 2017，Shanghai，China.

② 杨复沫：《北京大气 $PM_{2.5}$ 中微量元素的浓度变化特征与来源》，《环境科学》2003 年第 6 期。

③ 于娜：《北京城区和郊区大气细粒子有机物污染特征及来源解析》，《环境科学学报》2009 年第 2 期。

④ 王志娟：《北京典型污染过程 $PM_{2.5}$ 的特性和来源》，《安全与环境学报》2012 年第 5 期。

⑤ 符春、梁桂雄：《珠江三角洲城市群空气污染实例分析》，《环境科技》2006 年第 19 期。

中地区空气污染的变化特征。结果表明：陕西关中地区能见度存在明显的月、季变化，能见度与空气污染存在较明显的负相关关系，且关中西部能见度呈逐年变好的趋势，关中东部能见度有逐年降低的趋势，东西部能见度的差异有逐年增加的趋势，在特殊地形和特定风向的影响下，关中地区近六十年城市发展所导致的城市气溶胶和大气污染主要汇集在关中地区东部[①]。袁博（2009）利用空气污染指数的时间序列，针对不同城市的 API 序列进行了聚类分析，获得了这些城市空气污染的时空分布特征，发现相邻的城市空气质量波动存在集聚性，而且随季节变化，建议空气污染防治应当从单个城市的防治规划上升到城市群联合进行防治，达到改善城市空气质量的目的[②]。王占山（2016）对北京市 2013 年 $PM_{2.5}$ 的时空分布进行研究，研究表明 $PM_{2.5}$ 由高到低的季节分别是冬季、春季、秋季和夏季[③]；陈媛（2010）重点研究了上海市区大气细粒子的污染特征，研究表明温度和相对湿度等是影响大气中污染物浓度的主要因素[④]。王昂扬（2015）以长三角主要城市的空气污染指数为研究对象，分析研究了长三角地区近几年的空气环境质量、首要污染物、空气污染的年际变化、季节变化和空间分布特征，随着 2012年新的环境空气质量标准的颁布，长三角地区的空气质量在新标准下面临着极大的考验，南京、上海等城市是该地区空气污染较为严重的城市，空气环境状况不容乐观[⑤]。孙丹等（2012）利用京津冀、长三角和珠三角三大城市

---

① 彭艳、王钊、李星敏：《近 60 年陕西关中城市群大气能见度变化趋势与大气污染研究》，《干旱区资源与环境》2011 年第 5 期。

② 袁博、肖苏林、蒋大和：《我国城市群空气污染及其季节变化特点》，《环境科技》2009年第 1 期。

③ 王占山：《2013—2014 年北京大气污染特征研究》，《中国环境科学》2016 年第 1 期。

④ 陈媛：《上海市区空气污染特征研究》，《环境科学学报》2010 年第 3 期。

⑤ 王昂扬、潘岳、童岩冰.：《长三角主要城市空气污染时空分布特征研究》，《环境保护科学》2015 年第 5 期。

群9个代表城市近10年的每日API数据研究了各个城市群和城市API年际和季节变化特征并统计了每年轻度污染及以上级别的天数，结果表明长三角和珠三角城市群的空气质量要显著优于京津冀城市群的空气质量，城市群中各城市的空气污染存在一定的季节性变化规律，而整个城市群的空气污染水平则朝着同质化的方向发展，指出城市群空气污染问题必须受到政府有关部门的重视①。三是研究空气污染的影响和溢出效应。David et al.（2006）运用环境库茨涅茨曲线研究了国与国之间雾霾污染的空间溢出效应②；Poon（2006）研究了中国的能源、交通和贸易对大气污染的影响③；马丽梅等（2014）研究了中国不同省份之间区域大气污染的空间效应，研究表明不同省份之间雾霾污染的交互影响存在负效应④。潘慧峰（2015）运用GARCH模型和Granger因果检验研究了京津冀地区重度雾霾污染的溢出效应⑤。四是利用新的方法研究空气污染问题。由传统统计方法逐渐转向神经网络、数据挖掘等方法的综合应用方面。随着地理信息系统及空气质量模型的发展，使得空气质量实时监测成为可能，由此产生的海量实时数据使数据挖掘等海量信息处理方法在大气环境科学领域获得应用。由于数据资源的限制，早期关于空气污染特征及来源的研究主要基于传统的统计方法，如描述性统计、相关分析、主成分分析、多元统计分析等，以及计量经济学模型方法，随着

---

① 孙丹、杜吴鹏、高庆先：《2001年至2010年中国三大城市群中几个典型城市的API变化特征》，《资源科学》2012年第34期。

② Maddison, D., "Environmental Kuznets Curves: A Spatial Econometric Approach", *Journal of Environmental Economics and Management*, Vol.51, No.2, 2006, pp. 218–230.

③ Poon, J., "The Impact of Energy, Transport, and Trade on Air Pollution in China", *Eurasian Geography and Economics*, Vol.47, No.5, 2006, pp. 157–164.

④ 马丽梅、张晓：《区域大气污染空间效应及产业结构影响》，《中国人口·资源与环境》2014年第7期。

⑤ 潘慧峰、王鑫：《重雾霾污染的溢出效应研究——来自京津冀地区的证据》，《科学决策》2015年第2期。

多学科融合的发展，神经网络、模糊数学、支持向量机、现代计量经济学模型方法获得了应用①②。随着高频海量空气质量数据的出现，一些研究者尝试将数据挖掘方法应用于对空气污染物之间关联规律的研究③④⑤，这些文献为本章的研究提供了大量的方法论基础。

综上所述，前人关于空气污染的研究以我国重点城市为对象的较多，关于城市群空气污染的研究大多也集中在京津冀城市群、长三角城市群和珠三角城市群等发达经济区，有少部分研究关注关中城市群空气污染，但基于高频分时数据的兰西银城市群空气污染的研究极少。本章旨在依据 AQI 分时高频海量数据资源，使用 MATLAB、EVIEWS、GEODA 等数据处理工具，在运用传统统计学方法的基础上，借鉴金融计量经济学、数据挖掘等学科在处理高频海量数据方面的优势和科学分析方法，充分挖掘兰西银城市群大气污染的独特规律及城市群内各城市大气污染的关联规律，在此基础上，提出相应的治理对策。通过研究发现的兰西银城市群大气污染科学规律及提出的治理对策集是对环境统计学及环境管理学理论的丰富，对兰西银城市群空气污染的联防联治有重要的现实指导意义。

---

① Hájek Z., Horáková V., Koucký, M., et al."Acute or Expectant Management in Premature Labour with Preterm Premature Rupture of the Membranes", *Ceská Gynekologie*, Vol.77, No.4, 2012, pp. 341–346.

② Kaburlasos, V.G., Athanasiadis, I.N., Mitkas P A., "Fuzzy Lattice Reasoning(FLR) Classifier and its Application for Ambient Ozone Estimation", *International Journal of Approximate Reasoning*, Vol.45, No. 1, 2007, pp. 152–188.

③ 武鹏程、张曙红：《区域环境污染影响因子的数量分析》，《统计与决策》2008 年第 2 期。

④ 马艳琴：《改进的灰色聚类关联分析法在大气质量评价中的应用》，《齐鲁工业大学学报》 2013 年第 2 期。

⑤ 贾瑾：《基于空气质量数据解析大气复合污染时空特征及过程序列》，浙江大学 2014 年硕士学位论文。

第二节　兰西银城市群简介及样本城市选择

一、兰西银城市群简介

兰西银经济区位于黄河上游河谷平原及其支流湟水、大夏河谷地，地处青海、甘肃、宁夏3省交界，其不仅是沿河、沿交通干线发展起来的城市群，同时也是中国地势第一阶梯向第二阶梯的过渡地带，地势平坦，土地肥沃，气候良好，人口密度高，城市集中，交通便利，经济社会相对发达。兰西银城市群以兰州市为中心，主要城市包括兰州市、定西市、天水市、平凉市、庆阳市、陇南市、白银市、武威市、金昌市、张掖市、嘉峪关市、酒泉市、银川市、吴忠市、中卫市、固原市、石嘴山市、西宁市、海东市、海西州、玉树州、海南州、果洛州、黄南州、海北州这25个地州市的经济地带，也称为西兰银经济带、兰西银城市群。这些城市自西汉时期就属于同一行政区，不仅具有历史文化的相似性，同时地域上的邻近性和通达性使得城市群内的城市联系紧密，各具优势，区域内自然资源丰富，水资源、矿产资源、有色金属、天然气、石油、草原资源均位居全国前列；城市群科技实力雄厚，有较大的熟练产业工人群体，劳动力资源丰富；同时，农业条件较好，是我国粮食、畜牧品、中药材等的重要生产基地，工业和交通也有了相当基础。

在发展战略上，兰西银城市群保持着"三圈一轴五辐射五互动"战略格局。三圈主要指兰白都市经济圈、西宁都市经济圈、银川都市经济圈；一轴主要指从青海东部的西宁经甘肃中部的兰州到宁夏北部的银川，即黄河、湟水两岸经济带，与铁路兰青线、包兰线、西宁—兰州—银川高速公路、国道 109 线、兰新铁路第二双线基本并列；五辐射是五条经济辐射互动带，分别至关中—天水城市群、成渝城市群、内蒙古自治区、新疆维吾尔自治区、西藏自治区的五条经济辐射集聚的相互促进共同发展带；五互动是通过五条经济辐射互动带，分别与关中—天水城市群、成渝城市群、内蒙古自治区、新疆维吾尔自治区、西藏自治区相互促进共同发展。五大辐射可带动三省（区）30 座城市发展。

截至 2018 年 3 月，我国已经形成了京津冀、长三角、珠三角、长江中游、哈长、成渝、北部湾、关中平原等八个国家级城市群，还将打造一些具有竞争力的地区性城市群，兰西银城市群很有可能凭借其区位优势成为其中之一。具体来看，兰西银城市群主要有以下几个优势：一是地理位置优越。兰西银城市群处于青藏高原、黄土高原、内蒙古高原的交汇地带，位于西藏、新疆、内蒙古三个民族自治区联结部的核心，是西北地区物流中心、战略物资储备及事关国计民生的重大企业布局的最佳之地。二是交通四通八达。兰西银城市群处于交通要道，特别是兰州处于西北铁路网和公路网的中心，是陇海、兰新、包兰、兰青四条铁路干线的交汇点，是国道 312 线和国道 109 线的交汇点。三是经济基础雄厚。兰西银城市群内有兰州、西宁、银川及白银、临夏、定西、吴忠、中卫、石嘴山、平安等城镇，包括了甘肃、青海、宁夏三省（区）的政治经济中心和主要经济区。四是科技文化发达，兰州、西宁、银川是甘肃、青海、宁夏的科技中心、文化中心，集中了国家在甘肃、青海、宁夏的科技单位、高等院校，以及三省（区）的主要科技单位、高等院校、文化单位。五是农牧业资源丰富。黄河上游流域地域辽阔，土地资源丰富，农业灌溉条件优越，草场面积广大。三省（区）绝大部分灌溉良田均集中在黄河、湟水两岸。六是水资源丰富。兰西银城市群位于黄河干流及支流湟水、庄浪河两岸，为城市群的发展提供了良好的条件。

七是环境容量较大。我国西北地区生态环境脆弱，生态移民数量巨大，相对来说兰西银城市群生态环境容量较大，是三省（区）城镇化人口集聚的最佳之地。八是水能资源丰富。黄河龙羊峡至黄河"三峡"河段，水量稳定，水能资源丰富而又集中，被称为水电"富矿"。虽然甘肃、青海、宁夏与东部和西部发达地区相比，发展速度相对缓慢，但构建兰西银城市群可以打破传统行政区域间隔，积极开展跨省经济联合，西部地区实现跨越式发展的必然选择。

兰西银城市群不仅资源丰富，其优越的地理位置也使其成为我国"一带一路"倡议的必经之地，打造丝绸之路经济带，将给西北地区带来更为广阔的发展机遇，而西兰银城市群是丝绸之路经济带中部黄金段的核心增长极，产业、能源、水资源、土地资源等诸多条件优越，加强西兰银城市群的建设，是建设丝绸之路经济带的重要组成部分之一①。因此，兰西银城市群可以说是我国西北乃至整个西部地区最重要的城市群之一，其有望与关中城市群和成渝城市群一起成为我国西部地区的"西三角"，为我国实现区域经济协调发展作出重要贡献。

二、样本城市选择及数据来源

考虑到样本城市的代表性以及地理空间的连续性，本书选取青海省西宁、海东，甘肃省兰州、临夏、白银以及宁夏回族自治区吴忠、银川、石嘴山等八个城市作为研究兰西银城市群的样本城市。中华人民共和国生态环境部（以下简称生态环境部）于2015年1月1日开始实时发布所有338个地级及以上城市空气质量指数 AQI 的分时监测数据，在此之前只发布了部分

---

① 董翰蓉、张宇硕、石培基：《兰州—西宁—银川城市带城市流强度分析及优化建议》，《干旱区资源与环境》2011 年第 12 期。

图 5-1 兰西银城市群主要城市行政区划图

城市的 AQI 分时数据。由于生态环境部在不同城市设立空气质量监测点的时间不同，因此不同城市空气质量实时监测数据的起始时间不同。就选择的样本城市来看，兰州、西宁、银川、石嘴山等四个城市的 AQI 实时监测数据开始于 2014 年 1 月 1 日，海东、吴忠、白银、临夏等四个城市的 AQI 实时监测数据开始于 2015 年 1 月 1 日。因此，为了保证样本数据区间的一致性，本章所选取的样本城市 AQI 数据区间为 2015 年 1 月 1 日 0 时—2017 年 12 月 31 日 23 时，本章分析主要用到 AQI 小时数据，对少数问题的分析也结合了 AQI 日数据。所有 AQI 数据均来源于中国环境监测总站城市空气质量实时发布平台的历史监测数据。

第三节　兰西银城市群主要城市空气污染规律统计分析

一、兰西银城市群主要城市空气质量概况

表5-1是生态环境部发布的《国家环境空气质量指数（AQI）技术规定（试行）》（HJ633-2012）中规定的空气质量指数级别及等级标准。按照该标准，空气质量分为六级，其中一级和二级为空气质量达标，三级到六级为空气污染，级别越高，AQI指数越大，空气中存在的污染物浓度越高，对人体健康的危害越大。

表5-1　环境空气质量指数及其级别

空气质量指数	空气质量指数级别	空气质量指数类别
0—50	一级	优
51—100	二级	良
101—150	三级	轻度污染
151—200	四级	中度污染
201—300	五级	重度污染
>300	六级	严重污染

图5-2是兰西银城市群主要城市空气质量等级的频率分布图，从图5-2可以看出，兰西银城市群主要城市空气质量为良出现的频率最高，平均为68%，优出现的频率平均为10%，轻度污染出现的频率平均为16%，中度污染出现的频率平均为4%，重度污染及以上出现的频率平均为2%，由此可知，在样本期内，兰西银城市群空气质量达标天数占比约为78%。

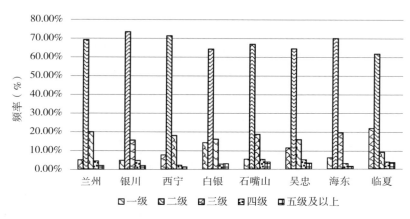

图 5-2　兰西银城市群主要城市空气质量等级频率分布

根据生态环境部公布的《环境空气质量标准》中的指示，全国共有 74 个重点监测城市，可大体上代表全国空气质量的平均水平，重点监测城市不仅包括全国所有的省会城市和直辖市，还包括位于京津冀、长三角、珠三角等重点城市群的主要城市，环保部会按月度发布全国 74 个主要城市的空气质量状况公报，据此可以计算出 2015 年 1 月至 2017 年 12 月全国空气质量的平均水平。统计表明，兰西银城市群主要城市统计期内的空气质量达标比例优于全国 74 个重点监测城市的平均达标比例 71.8%①，说明兰西银城市群整体空气质量好于全国平均水平。

二、兰西银城市群主要城市空气污染变动规律及原因分析

1. 兰西银城市群主要城市空气污染变动规律

图 5-3 是样本期内兰西银城市群中三个省会城市各月平均 AQI 指数的折线图，由图 5-3 可以看出，三个省会城市月度 AQI 指数波动规律存

---

①　数据来源于生态环境部发布的 74 个重点监测城市空气质量状况月报。

在一定程度的相似性。具体来看，夏季（6—8 月）与秋季（9—11 月）空气质量较好，样本期内三个省会城市月度 AQI 曲线的波谷均出现在该时间段；冬季（1、2、12 月）与春季（3—5 月）空气质量较差。由图 5-3 还可以看出，从每年的 9 月份开始，兰西银城市群三个省会城市 AQI 指数有一个明显的上升过程，且上升的幅度较前一年相比有所提升，空气污染有加重的趋势。总体看，兰西银城市群冬季和春季的空气污染要比夏季和秋季严重，季节性十分明显，按空气污染程度排序，冬季>春季>秋季>夏季。

对 AQI 数据的仔细观察发现，兰西银城市群各主要城市 AQI 指数在每年的 1 月 1 日、10 月 1 日以及农历新年期间均比较高，显现出明显的"节日效应"特征，并且节后的空气质量显著优于节日期间的空气质量。

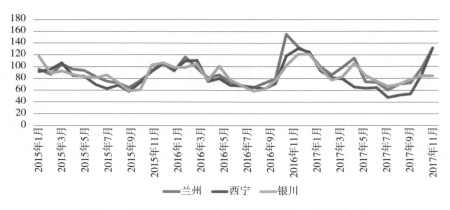

图 5-3　兰西银城市群省会城市 AQI 指数月度波动情况

2. 兰西银城市群主要城市空气污染变动规律的原因分析

兰西宁城市群主要城市空气污染变动规律相似的原因可能为：兰西银城市群主要城市多数位于甘肃和宁夏两省，两省的支柱产业主要为石油化工、煤炭开采以及有色冶炼加工，这些污染系数较高的重工业是兰西银城市群空气污染的主要源头，使得兰西银城市群大气环境承受着较大压力。

兰西银城市群主要城市空气污染呈现季节性特征的原因主要有：兰西银城市群冬季降水偏少、植被干枯，进入集中供暖期之后，化石燃料消耗量大，污染物的大量排放导致空气质量较差；而且西北地区冬季和春季夜晚时间较长，早晚气温低，容易出现逆温层使得污染物不易扩散，更加剧了大气污染程度。而春季则是西北地区沙尘暴、扬沙天气的多发期，沙尘暴、扬沙天气发生时，大风将大量尘土卷入空中，造成环境空气严重污染①。此外，由于兰西银城市群与关中城市群距离较近，根据胡秋灵、杨哲的研究，关中城市群冬季和春季空气污染比较严重②，通过大气环流很有可能将关中城市群的污染物输送到兰西银城市群中。相反在夏季和秋季，城市的气温和空气湿度较大、降雨较多，而且城市上空空气对流增强，更有利于污染物的扩散和稀释，因此空气质量相对较好③。

兰西银城市群主要城市空气污染显现出"节日效应"的原因可能在于：春节期间，按照中国传统习俗，人们会燃放大量的烟花爆竹来庆祝农历新年的到来，导致空气中的二氧化硫和二氧化氮等污染物浓度上升；而在类似元旦、五一、国庆这种小长假期间，人们对出行的需求会明显增加，而我国自2012年开始实行节假日高速公路免费政策又进一步加强了人们自驾游的意愿，汽车扬起的尘土、排放的尾气，在节日期间大量集聚，使得节假日期间

---

① 李向阳、丁晓妹、高宏、朱振华：《中国北方典型城市 API 特征分析》，《干旱区资源与环境》2011 年第 5 期。

② 胡秋灵、杨哲：《基于高频 AQI 数据的关中城市群空气污染规律探索》，《中国环境管理》2017 年第 9 期。

③ 丁峰、张阳、李鱼：《京津冀大气污染现状及防治方向探讨》，《环境保护》2014 年第 21 期。

空气质量差于非节日期间①；节日期间，许多新人集中举办婚礼，婚礼燃放爆竹的习俗在一定程度上加剧了空气污染的节日效应。对数据的分析还发现，与节后相比，节前的空气质量要差一些，可能原因是许多商家为了抓住节日期间的销售机会，通常选择在节前开业，并以鞭炮庆祝。

三、兰西银城市群主要城市首要污染物分析

1. 兰西银城市群主要城市首要污染物统计结果

图 5-4 为兰西银城市群主要城市首要污染物发生频率的统计结果，从图 5-4 可以发现，PM_{10} 和 O_3 是兰西银城市群两种首要污染物，各城市二者总占比均在 80% 以上，兰州市这一比例甚至达到 100%。此外，某些城市还存在首要污染物为 SO_2 的天数，其中银川市、石嘴山市和白银市 SO_2 作为首要污染物出现的频率较高；$PM_{2.5}$ 作为首要污染物出现的频率较少，仅海东市有该情况发生。同时，海东市和临夏州还存在少量 NO_2 为首要污染物的天数，但出现的频率极低。

通过对兰西银城市群各城市首要污染物出现时间点的观察可以发现，对于兰西银城市群来讲，PM_{10} 在全年任何时段都有可能作为首要污染物出现；O_3 作为首要污染物大多出现在春季末和夏季；而 SO_2 和 NO_2 在冬季易发生较高浓度的污染。

值得注意的是，虽然兰西银城市群中 $PM_{2.5}$ 作为首要污染物出现的频数较少，但这并不意味着 $PM_{2.5}$ 的浓度处在一个较低的水平。据样本数据统计分析发现，兰西银城市群八个主要城市在 2015 年 1 月 1 日至 2017 年 12 月

---

① 胡秋灵、李雅静：《基于 AQI 的滇中、黔中和北部湾城市群空气污染统计规律比较研究》，《生态经济（中文版）》2016 年第 5 期。

31 日之间，共发生 PM$_{2.5}$ 超标 1012 天次。因此，城市群 PM$_{2.5}$ 的污染问题也同样值得关注和研究。

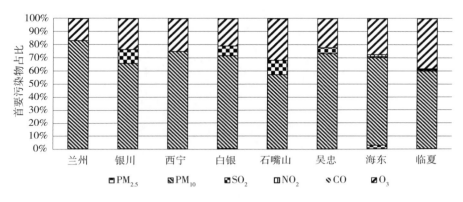

图 5-4　兰西银城市群主要城市首要污染物占比

2. 兰西银城市群主要城市首要污染物统计结果的原因分析

根据任丽红[1]、占长林等[2]对 PM$_{10}$ 中元素的分析，发现其元素主要来源于土壤扬尘、建筑水泥尘、燃煤源、工业源和机动车源。前文分析指出，兰西银城市群中的主要城市仍然以重工业作为支柱产业，污染系数较高，且冬季存在固定的燃煤采暖季、春季易受风沙的影响，这些因素使得空气中的 PM$_{10}$ 浓度极易超标。

与 PM$_{10}$ 不同，O$_3$ 作为首要污染物出现的时间点主要出现在春季末和夏季。首先，结合臭氧产生的原因可知，春季末和夏季晴空天数较多，由于紫外线强度高、光化学反应强烈，导致 O$_3$ 浓度升高。研究表明，O$_3$ 的浓度与

---

① 任丽红、周志恩、赵雪艳、杨文、殷宝辉、白志鹏、姬亚芹：《重庆主城区大气 PM$_{10}$ 及 PM$_{2.5}$ 来源解析》，《环境科学研究》2014 年第 12 期。

② 占长林、张家泉、郑敬茹、姚瑞珍、刘红霞、肖文胜、刘先利、曹军骥：《鄂东典型工业城市大气 PM$_{10}$ 中元素浓度特征和来源分析》，《环境科学》2017 年第 11 期。

紫外线强度呈高度的正相关。其次，受气温、降雨量、风速等因素的影响，兰西银城市群春季末和夏季空气质量较好，可吸入污染物的浓度普遍较低。以上两个因素使得春季末和夏季易发生 O_3 为主要的首要污染物的情形较多①。

四、兰西银城市群主要城市污染物浓度变化规律分析

为了更好地挖掘兰西银城市群六种污染物的变化规律，对兰西银城市群八个主要城市为期三年的分时污染物浓度进行了平均，结果如图 5-5 所示。根据图 5-5 可以看出，兰西银城市群 PM_{10}、$PM_{2.5}$、NO_2、SO_2 和 CO 浓度在一天之内表现出明显的双峰特征，具体表现为以上五种污染物日内第一个波峰均处于 9 时—12 时之间，而第二个波峰出现的时间则不完全相同，PM_{10} 和 $PM_{2.5}$ 的第二个波峰出现在 21 时—23 时，而 NO_2 和 CO 则出现在 20 时—21 时。O_3 日内仅出现一个波峰，在 16 时。

对兰西银城市群三个省会城市为期三年的分时污染物浓度分别进行平均，结果如图 5-6、图 5-7 和图 5-8 所示。可以看出，三个省会城市的 PM_{10}、$PM_{2.5}$、NO_2、SO_2 和 CO 浓度在一天之内的变动规律相似，均表现出明显的双峰特征，以上五种污染物日内第一个波峰均处于 9 时—12 时之间，而第二个波峰出现在 21 时—24 时。臭氧日内仅出现一个波峰，出现在 16 时。

原因主要有：早晨由于人类活动的影响，汽车尾气排放、路面扬尘开始增加，但较低的气温和较弱的空气对流使得污染物无法扩散，浓度一直累

---

① Zhang F. "Fine Particles($PM_{2.5}$) at a CAWNET background site in Central China: Chemical Compositions, Seasonal Variations and Regional Pollution Events", *Atmospheric Environment*, No. 86, 2014, pp. 193-202.

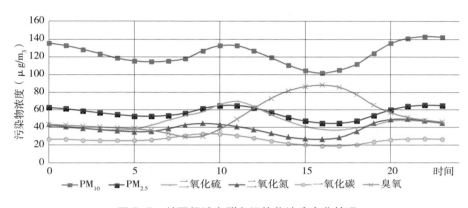

图5-5　兰西银城市群各污染物浓度变化情况

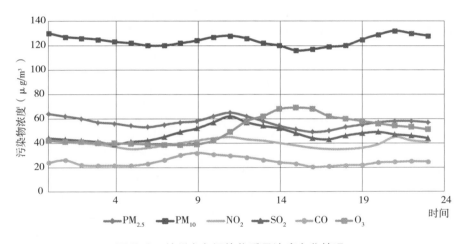

图5-6　兰州市各污染物质量浓度变化情况

积，因而在中午前浓度达到第一个峰值①；随着中午气温的上升，空气流动增强，污染物开始逐渐扩散，浓度降至较低水平；傍晚过后，人类活动再次增加，且气温逐渐降低易出现逆温层，使得污染物浓度达到一天之内的第二

———————

① 杨复沫：《北京大气 $PM_{2.5}$ 中微量元素的浓度变化特征与来源》，《环境科学》2003 年第6 期。

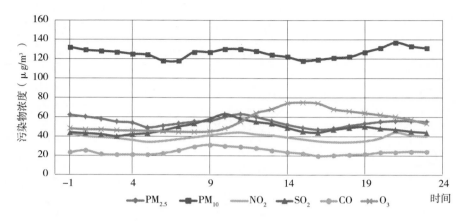

图 5-7 西宁市各污染物质量浓度变化情况

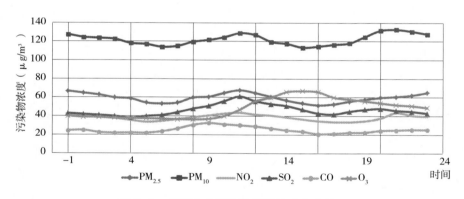

图 5-8 银川市各污染物质量浓度变化情况

个峰值；午夜过后，由于人类活动减弱，污染物浓度又逐渐降低①。

与其他污染物不同，兰西银城市群 O₃ 分时浓度的单峰波动形态明显，8 时至 17 时存在一个明显的上升过程，17 时之后，O₃ 的浓度开始逐渐降低。

———————

① 于娜：《北京城区和郊区大气细粒子有机物污染特征及来源解析》，《环境科学学报》2009 年第 2 期。

这主要是太阳辐射的影响造成的①。

第四节　兰西银城市群空气污染规律深度挖掘与分析

为了深度挖掘兰西银城市群的空气污染规律，本节首先使用数据挖掘的方法对兰西银城市群大气污染指标的关联规则进行研究，发现兰西银城市群更深层次的空气污染关联规律；其次，利用 VAR 模型、脉冲响应等方法对城市群中不同城市污染物的传播规律进行分析，找出城市群中的污染源，以便更好地从源头对兰西银城市群大气污染进行治理；最后，利用空间计量经济学的方法研究兰西银城市群各城市空气污染物之间的空间相互作用和空间结构，并据此对兰西银城市群空气污染规律做一个全方位的分析。

一、兰西银城市群空气污染关联规则发现

（一）关联规则原理介绍

由于使用统计方法进行分析时，对数据进行了一定程度的分类、简化，无法发现隐藏在数据中的更深层次的规律，空气污染是一个复杂的过程，不同污染物之间的关联规则可能会引起不同程度的空气污染。因此，挖掘出不同空气污染物之间的关联规则对解决兰西银城市群的空气污染问题是有一定现实意义的。随着大数据时代的兴起，如何挖掘出隐藏在大型数据集中有意义的信息变得越来越重要，而关联规则发现就是数据挖掘的最重要的研究方向之一，用于发现隐藏在大型数据集中的有意义的联系，其最早是用来分析

---

①　孙丹、杜吴鹏、高庆先：《2001 年至 2010 年中国三大城市群中几个典型城市的 API 变化特征》，《资源科学》2012 年第 8 期。

超市购物篮数据事务中不同商品购买规则之间的有趣联系，在此处用于同一时间、同一空间、不同污染物指标的关联性分析。关联规则发现的基本原理参见本书第三章第四节。

（二）关联规则方案设计

本部分利用收集到的兰西银城市群八个主要城市的 AQI 分时数据，按照表 5-2 所示的标准对 $PM_{2.5}$、PM_{10}、SO_2、NO_2、CO 和 O_3 六种污染物进行了分级，用以挖掘出空气污染物之间的关联规则。

表 5-2　环境空气质量指数标准

空气质量指数（AQI）	二氧化硫 1 小时平均/（ug/m³）	二氧化氮 1 小时平均/（ug/m³）	一氧化碳 1 小时平均/（mg/m³）	臭氧 1 小时平均/（ug/m³）	$PM_{2.5}$ 1 小时平均/（ug/m³）	PM_{10} 1 小时平均/（ug/m³）	空气质量级别
0—50	0—150	0—100	0—5	0—160	0—35	0—50	1
51—100	151—500	101—200	6—10	161—200	36—75	51—150	2
101—150	501—650	201—700	11—35	201—300	76—115	151—250	3
151—200	651—800	701—1200	36—60	301—400	116—150	251—350	4
201—300	>800	1201—2340	31—90	401—800	151—250	351—420	5
>300	—	>2340	>90	>800	>250	>420	6

在进行关联规则发现过程中，需要预先设置支持度和置信度，若将支持度和置信度的阈值设低，可能会产生过多无意义的规则；若阈值太高，则可能漏掉有意义的规则。但鉴于数据类型和数据个数的不同，并没有一种公认的初始支持度和置信度，其确定需要在研究过程中不断尝试和组合进而找到恰当的值。在值确定之后，挖掘出所有污染物之间的关联规则总库，评估出污染物之间的强关联规则。

由前文可知，兰西银城市群的首要污染物主要为 PM_{10} 和 O_3，但考虑到 PM_{10} 的浓度中包含了 $PM_{2.5}$，若将 PM_{10} 污染级别设定为后项集，则规则中

$PM_{2.5}$ 的等级将全部低于或等于 PM_{10} 的等级，挖掘方法存在缺陷，且考虑到城市群中 $PM_{2.5}$ 的浓度同样值得重点关注。因此，选择 $PM_{2.5}$ 和 O_3 这两种污染物进行挖掘，二者的浓度同样也是反映空气污染程度的重要指标。其中，$PM_{2.5}$ 能长期悬浮于空气中，是造成雾霾天气的主要原因之一，有研究表明 $PM_{2.5}$ 与空气质量呈显著的相关关系，且 $PM_{2.5}$ 与 PM_{10} 相比颗径更小，输送距离较远，更易富集空气中的有毒有害物质，并随着人类呼吸进入肺泡，进而引发各种疾病[①]；而臭氧则具有强氧化性，能够刺激人体呼吸道，引发支气管炎和肺气肿。当它们浓度过高时对人体有较大的危害。根据前文研究，兰西银城市群中 SO_2 作为首要污染物出现的情况也不能忽略。因此，本章希望在兰西银城市群空气污染物关联规则总库中识别出 $PM_{2.5}$、O_3 和 SO_2 规则总库，并评估出以上三种污染物的强关联规则。

本章以 R 程序中识别 $PM_{2.5}$ 浓度的程序为例，支持度（Support）设置为 0.01，置信度（Confidence）设置为 0.6，具体编程及运算过程如下：

```
library("arules")

JJ = read.table("1.txt, head = true")

JJ[["pm2.5"]] = as.factor(JJ[["pm2.5"]])

JJ[["pm10"]] = as.factor(JJ[["pm10"]])

JJ[["so2"]] = as.factor(JJ[["so2"]])

JJ[["no2"]] = as.factor(JJ[["no2"]])

JJ[["co"]] = as.factor(JJ[["co"]])

JJ[["o3"]] = as.factor(JJ[["o3"]])

JJ = as(JJ, "transactions")
```

---

① 徐文体、李琳：《PM_{10} 和 $PM_{2.5}$ 与人类健康效应关系的研究进展》，《职业与健康》2014年第 11 期。

rules1 = apriori (JJ, parameter = list (minlen = 2, support = 0. 01, confidence = 0. 6) , appearance = list(rhs = c ("pm$_{2.5}$ = 6", "pm$_{2.5}$ = 5", "pm$_{2.5}$ = 4", "pm$_{2.5}$ = 3", "pm$_{2.5}$ = 2", "pm$_{2.5}$ = 1") lhs = c ("pm$_{10}$ = 5", "pm$_{10}$ = 4", "pm$_{10}$ = 3", "pm$_{10}$ = 2", "pm$_{10}$ = 1", "so2 = 3", "so$_2$ = 2", "so2 = 1", "no$_2$ = 3", "no$_2$ = 2", "no$_2$ = 1", "co = 3", "co = 2", "co = 1", "o$_3$ = 3", "o$_3$ = 2", "o$_3$ = 1") , default = "none") , control = list (verbose = F))

Aspect(rules1)

library("arulesViz")

Plot(rules1)

（三）结果输出及分析

根据上述污染物规则发现方案，首先筛选不同污染等级的 PM$_{2.5}$规则。假设置信度大于 0. 5 时的规则为强关联规则。将数据输入程序中输出的结果如表 5-3 所示，当支持度（Support）为 0. 0001，置信度（Confidence）为 0. 5 时，得到了 22 条 PM$_{2.5}$规则。将支持度为 0. 0001 和置信度为 0. 5 的 PM$_{2.5}$规则按等级和置信度排序得到结果，见表 5-4。

表 5-3　不同污染级别 PM$_{2.5}$规则生成的参数选择

污染物种类	支持度	置信度	规则数量
PM$_{2.5}$、PM$_{10}$、SO$_2$、NO$_2$、CO、O$_3$	0. 1	0. 5	0
	0. 05	0. 5	0
	0. 01	0. 5	1
	0. 005	0. 5	1
	0. 001	0. 5	3
	0. 0005	0. 5	5
	0. 0001	0. 5	22

表 5-4 $PM_{2.5}$为六级、五级、四级、三级的关联规则

lhs rhs	support	confidence	lift
1 $\{PM_{10}=5,\ CO=2\}\ =>\ \{PM_{2.5}=6\}$	0.00017	1.00000	229.7031
2 $\{PM_{10}=5,\ NO_2=2,\ CO=2\}\ =>\ \{PM_{2.5}=6\}$	0.00010	1.00000	229.7031
3 $\{PM_{10}=5,\ SO_2=2,\ CO=2\}\ =>\ \{PM_{2.5}=6\}$	0.00010	1.00000	229.7031
4 $\{PM_{10}=5,\ SO_2=2,\ NO_2=2,\ CO=2\}\ =>\ \{PM_{2.5}=6\}$	0.00010	1.00000	220.7031
5 $\{SO_2=2,\ NO_2=2,\ CO=2\}\ =>\ \{PM_{2.5}=6\}$	0.00014	0.80000	183.7625
6 $\{PM_{10}=5,\ SO_2=2\}\ =>\ \{PM_{2.5}=6\}$	0.00017	0.71429	164.0737
7 $\{PM_{10}=5,\ NO_2=2\}\ =>\ \{PM_{2.5}=6\}$	0.00051	0.68181	156.6158
8 $\{SO_2=2,\ CO=2\}\ =>\ \{PM_{2.5}=6\}$	0.00017	0.62500	143.5645
9 $\{PM_{10}=5,\ SO_2=2,\ NO_2=2\}\ =>\ \{PM_{2.5}=6\}$	0.00014	0.50000	114.8516
10 $\{PM_{10}=5,\ NO_2=2\}\ =>\ \{PM_{2.5}=5\}$	0.00031	0.90000	23.1512
11 $\{PM_{10}=4,\ SO_2=2,\ NO_2=2\}\ =>\ \{PM_{2.5}=5\}$	0.00075	0.75862	19.5144
12 $\{PM_{10}=4,\ CO=2\}\ =>\ \{PM_{2.5}=5\}$	0.00014	0.66667	17.1490
13 $\{PM_{10}=4,\ SO_2=2\}\ =>\ \{PM_{2.5}=5\}$	0.00463	0.61261	15.7585
14 $\{PM_{10}=5,\ SO_2=2\}\ =>\ \{PM_{2.5}=5\}$	0.00044	0.54167	13.9336
15 $\{SO_2=2,\ NO_2=2\}\ =>\ \{PM_{2.5}=5\}$	0.00116	0.59746	13.0537
16 $\{PM_{10}=5,\ SO_2=2,\ NO_2=2\}\ =>\ \{PM_{2.5}=5\}$	0.00014	0.50000	12.8618
17 $\{PM_{10}=3,\ SO_2=3\}\ =>\ \{PM_{2.5}=4\}$	0.00031	0.75000	11.3844
18 $\{SO_2=3\}\ =>\ \{PM_{2.5}=4\}$	0.00031	0.52941	8.0360
19 $\{SO_2=2,\ O_3=2\}\ =>\ \{PM_{2.5}=3\}$	0.00020	1.00000	4.8995
20 $\{PM_{10}=3,\ SO_2=2,\ O_3=2\}\ =>\ \{PM_{2.5}=3\}$	0.00014	1.00000	4.8995
21 $\{PM_{10}=3,\ SO_2=2\}\ =>\ \{PM_{2.5}=3\}$	0.01499	0.52066	2.5509
22 $\{PM_{10}=3,\ NO_2=2,\ O_3=2\}\ =>\ \{PM_{2.5}=3\}$	0.00014	0.50000	2.4498

由表 5-4 可知在兰西银城市群中 $PM_{2.5}$ 为六级的有效规则存在如下关联情形：

包含五种污染物（规则 4）的关联情形下，PM_{10} 为五级，CO 为二级，SO_2 为二级，NO_2 为二级时，$PM_{2.5}$ 六级发生的概率特别大，为 100%。结合规则 9 可以发现，当 CO 等级降为一级后且其他条件不变时，$PM_{2.5}$ 六级发生的概率降低为 50%。包含四种污染物时，PM_{10} 为五级，CO 为二级，NO_2 或 SO_2 为二级时，都有 100% 的概率会发生 $PM_{2.5}$ 六级污染。包含三种污染物时，PM_{10} 为六级，CO 为二级时，$PM_{2.5}$ 发生六级污染的概率高达 100%，而其他情况下发生 $PM_{2.5}$ 六级污染的概率最高仅为 71.4%，说明兰西银城市群 CO 的浓度值得重点关注。

由表 5-4 可知兰西银城市群 $PM_{2.5}$ 为五级的有效规则，其中有两条包含四种污染物的规则，PM_{10} 为四级，SO_2 为二级，NO_2 为二级时，有 75.8% 的概率发生 $PM_{2.5}$ 五级污染，另一条规则中 PM_{10} 为五级，$PM_{2.5}$ 出现五级的概率降低为 50%。含三种污染物的情况下，PM_{10} 为六级，NO_2 为二级时，发生 $PM_{2.5}$ 五级的概率最高，为 90%。

当 $PM_{2.5}$ 降为四级时，仅有两条显著性在 50% 以上的强关联规则，其中都包含 SO_2 为三级的情况。当 PM_{10} 为三级，SO_2 也为三级时，有 75% 的概率发生 $PM_{2.5}$ 四级污染。仅包含 SO_2 为三级这一个条件时，$PM_{2.5}$ 四级发生的概率降为 52.9%。

$PM_{2.5}$ 为三级时，有四条发生概率在 50% 以上的强关联规则。包含四种污染物时，PM_{10} 为三级，SO_2 为二级，O_3 为二级时，发生 $PM_{2.5}$ 三级污染的概率为 100%。

除以上关联规则之外，由表 5-4 还可以发现，当 $PM_{2.5}$ 发生六级和五级的严重污染和重度污染时，分别有 9 条和 7 条置信度在 50% 以上的强关联规则；而当 $PM_{2.5}$ 发生四级和三级的较轻度污染时，强关联规则分别降为 2 条和 4 条，且规则置信度普遍下降，这说明当空气污染程度较低时，兰西银城市群大气污染物之间的有效规则较少，这一点从提升度（lift）指标上也可以看出。筛选 O_3 和 SO_2 不同污染级别规则时的参数选择见表 5-5 和表 5-6。

表 5-5 不同污染级别 O_3 规则生成的参数选择

污染物种类	支持度	置信度	规则数量
SO_2，NO_2，CO，$PM_{2.5}$，PM_{10}，O_3	0.001	0.0001	6
	0.0001	0.0001	28

表 5-6 不同污染级别 SO_2 规则生成的参数选择

污染物种类	支持度	置信度	规则数量
SO_2，NO_2，CO，$PM_{2.5}$，PM_{10}，O_3	0.001	0.0001	17
	0.0001	0.0001	63

通过对生成的 O_3 和 SO_2 规则的参数进行统计，发现 O_3 和 SO_2 规则的平均置信度分别为 0.0135 和 0.1304，均明显低于 0.5，无有意义的规则生成，在此不列出具体规则。通过对 $PM_{2.5}$、O_3 和 SO_2 三种污染物浓度较高时的 AQI 数据的观察认为，这种状况是由兰西银城市群整体空气质量水平决定的。根据前文分析，兰西银城市群整体空气质量水平良好，首要污染物主要为可吸入颗粒物，进而导致了 $PM_{2.5}$ 浓度较高时污染物的关联规则较多。而 O_3 和 SO_2 高浓度值出现的季节性规律较强、频率较低，使得进行规则发现时的支持度较小；且即使其作为首要污染物出现时，O_3 和 SO_2 的浓度也从未超过三级，绝大多数为二级水平。因此，O_3 和 SO_2 浓度的相对较低决定了

Apriori 算法无法发现其与其他污染物之间有效的关联规则。根据数据挖掘的结果可知，兰西银城市群应重点对 CO 的浓度进行监测。

二、基于 VAR 模型的兰西银城市群空气污染关联度分析

由于空气污染具有很强的外部性，极易受到地理位置和气候条件等因素的影响，一个城市产生的污染物往往会对其相邻的城市产生污染的连带效应，因此在研究城市群空气污染问题时，以整个区域为研究对象是十分必要的。在雾霾的治理过程中，区域性的大气污染治理效果往往会比单个城市的大气污染治理效果更佳。因此，下面基于 VAR 模型的脉冲响应分析来研究兰西银城市群中一个城市的空气污染会对其他城市造成多大程度的影响。

（一）VAR 模型及脉冲响应函数简介

Sims（1980）最先提出了向量自回归模型（VAR），VAR 模型是具有动态结构的联立方程模型系统，模型系统中每一内生变量均为模型系统中所有内生变量的滞后变量及随机误差项的函数，当模型系统中滞后内生变量的最大滞后阶数为 p 时，则称这个模型系统为 VAR（p）。在两个时间序列 Y_t 和 X_t 的情形中，VAR（p）可以表示为以下两个方程：

$$Y_t = \beta_{10} + \beta_{11} Y_{t-1} + \cdots + \beta_{1p} Y_{t-p} + \gamma_{11} X_{t-1} + \cdots + \gamma_{1p} X_{t-p} + \mu_{1t} \tag{5.1}$$

$$X_t = \beta_{20} + \beta_{21} Y_{t-1} + \cdots + \beta_{2p} Y_{t-p} + \gamma_{21} X_{t-1} + \cdots + \gamma_{2p} X_{t-p} + \mu_{2t} \tag{5.2}$$

其中，β 和 γ 为未知系数，μ_{1t} 和 μ_{2t} 为随机误差项。

在 VAR 模型的基础上，运用 Cholesky 分解法来使误差项矩阵正交，从而得到脉冲响应函数。然而，Cholesky 分解法具有不稳定性，脉冲响应的结果依赖于变量进入模型的顺序。为了解决这一问题，Pesaran et al. 在 1998 年提出用广义脉冲响应函数解决这一问题。广义脉冲响应函数具有唯一性，脉冲响应的结果不依赖于变量进入模型的顺序，更具稳定性。

（二）数据说明及数据序列的描述性统计分析

根据图 5-1 可以看出，兰西银城市群中八个主要城市的地理位置毗邻，无论从城市规模还是地理位置方面来看，兰州市都处于整个城市群的中心位置，其余七个城市同兰州市共同组成一条西南—东北走向的分布带①。

由于 $PM_{2.5}$ 既是雾霾的主要成分，同时对人体也有很大的危害，因此本章选取 $PM_{2.5}$ 浓度指数来衡量兰西银城市群的空气污染程度，并借此对兰西银城市群的污染传播规律进行研究，样本数据为兰西银八个主要城市 2015 年 1 月 1 日 0 时至 2017 年 12 月 31 日 23 时 $PM_{2.5}$ 的分时监测数据，由于海东 $PM_{2.5}$ 分时数据异常观测值和缺失值较多，为了保证研究结果的客观性和科学性，不对海东进行分析。

首先，计算出上述七个城市在样本区间内的均值和标准差，如图 5-9 所示。

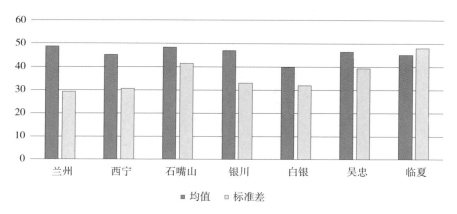

图 5-9 兰西银城市群七个主要城市 $PM_{2.5}$ 分时数据的均值和标准差

① 方创琳、关兴良：《中国城市群投入产出效率的综合测度与空间分异》，《地理学报》2011 年第 8 期。

均值衡量的是兰西银城市群在样本区间内的空气污染水平，标准差衡量的是兰西银城市群在样本区间内空气污染波动幅度大小。从图 5-10 中可以发现，兰西银城市群七个主要城市空气污染水平相似，$PM_{2.5}$ 浓度的平均值均在 45ug/m³ 左右，而从标准差数据中可以发现七个主要城市空气污染波动幅度存在一定的差异，兰州的波动幅度最小，临夏的波动幅度最大。

其次，通过计算不同城市之间 $PM_{2.5}$ 浓度的相关系数来分析兰西银城市群七个主要城市空气污染的相关性。相关系数是衡量相关性的重要指标，其取值范围在 -1 到 +1 之间。相关系数为正，则表明两个城市的空气污染存在正相关关系，相关系数越接近 1，则空气污染程度的正相关性越强，反之，则越弱；相关系数为负，表明两个城市的空气污染存在负相关关系，相关系数越接近 -1，则空气污染的负相关性越强，反之，则越弱。表 5-7 给出了兰西银城市群各个城市间 $PM_{2.5}$ 浓度的相关系数。

由表 5-7 可知，兰西银城市群的空气污染存在明显的正相关性。其中白银和兰州的相关系数最高，为 0.7365；石嘴山和临夏的相关系数最低，为 0.3091。从表 5-7 所示的结果中不难发现，相互比邻的两个城市污染相关性较强，且相关性随着城市距离的增加逐渐减弱。整体上看，兰州市同兰西银其他城市的污染相关系数较高，说明兰州市的空气污染对整个城市群的影响较大。

表 5-7　兰西银城市群七个城市 $PM_{2.5}$ 相关系数矩阵

城市（变量名）	兰　州	西　宁	银　川	白　银	石嘴山	吴　忠	临　夏
兰州（LZ）	1.0000						
临夏（LX）	0.5354	1.0000					
西宁（XN）	0.4629	0.3990	1.0000				

续表

城市（变量名）	兰　州	西　宁	银　川	白　银	石嘴山	吴　忠	临　夏
白银（BY）	0.7365	0.4404	0.4110	1.0000			
石嘴山（SZS）	0.4419	0.3666	0.6750	0.4310	1.0000		
吴中（WZ）	0.4638	0.3190	0.6153	0.4594	0.5919	1.0000	
银川（YC）	0.4569	0.4197	0.3663	0.4010	0.3091	0.3504	1.0000

（三）VAR 模型的建立

首先，检验数据序列的平稳性。构架 VAR 模型时，各参与建模的数据序列必须满足平稳性要求，表 5-8 为七个城市 $PM_{2.5}$ 浓度数据序列的平稳性检验结果，结果显示，七个城市 $PM_{2.5}$ 浓度数据序列在 99%的置信水平下都是平稳的，可以建立 VAR 模型。

其次，确定模型的滞后期。采用施瓦兹（SC）准则确定的模型的滞后期为 2，即应当建立 VAR（2）模型。

表 5-8　时间序列平稳性检验结果

城市（变量名）	t 统计量	临界值（1%）	P　值	结　论
兰州（LZ）	-12.3756	-3.4304	0.0000	平稳
临夏（LX）	-8.8657	-3.4304	0.0000	平稳
西宁（XN）	-9.2378	-3.4304	0.0000	平稳
白银（BY）	-12.6402	-3.4304	0.0000	平稳
石嘴山（SZS）	-17.7193	-3.4304	0.0000	平稳
吴中（WZ）	-18.0409	-3.4304	0.0000	平稳
银川（YC）	-16.2530	-3.4304	0.0000	平稳

再次，估计模型，并检验模型的平稳性。对 VAR（2）模型进行估计，

结果显示，VAR 模型中 7 个方程的所有参数均通过了显著性检验，并且各方程的拟合优度都在 0.971 以上，同时，结合图 5-10 可知，特征方程所有根的倒数都位于单位圆之内，表明 VAR 模型结构稳定，是一个平稳系统。可以进行脉冲响应分析。

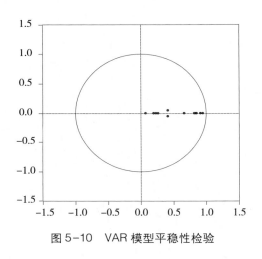

图 5-10　VAR 模型平稳性检验

（四）脉冲响应分析

脉冲响应函数分析的是一个城市的空气污染对其他城市空气污染的冲击程度。图 5-11 就是脉冲响应分析的结果，图 5-11 中横坐标表示的是脉冲响应的时长，纵坐标反映的是响应元城市对冲击元城市空气污染的一个标准差冲击的响应程度。

图 5-11 中的第一幅图反映白银对兰州空气污染的响应情况，或者说兰州空气污染一个标准差的冲击，对白银的影响大小和持续时间，从图 5-11 可以看出，响应峰值约为 1.62，大约出现在污染冲击发出后的第 8 小时。响应峰值表示影响的程度，峰值越高，说明受影响的程度越大，响应时间反映污染扩散的快慢，数字越大，说明污染扩散所需的时间越长。

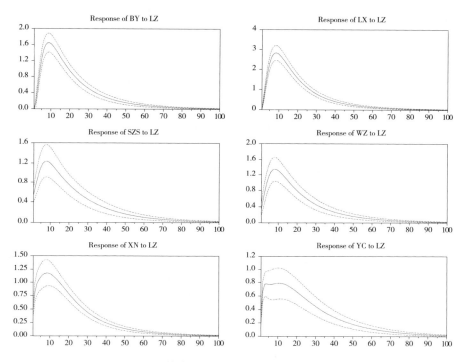

图 5-11　其他城市对兰州空气污染冲击的响应

根据图 5-11 可以发现：兰州市 $PM_{2.5}$ 的浓度变化对其他六个城市的影响都是正向的，也即其他城市的 $PM_{2.5}$ 浓度会随着兰州市 $PM_{2.5}$ 浓度的升高而升高；兰州市 $PM_{2.5}$ 浓度的变化对其他六个城市的影响有相似的变化趋势，随时间推移，该影响都先迅速增大，达到峰值，然后逐渐衰减趋零；影响的峰值都出现在冲击后一天（24 小时）之内，但每个城市各有不同。具体表现为白银（8 小时）、临夏（8 小时）、石嘴山（9 小时）、西宁（9 小时）、吴忠（10 小时）、银川（12 小时），结合兰西银城市群的地图可以发现，总体而言，影响的峰值出现所需时间随空间距离的递增而递增；此外，在对影响峰值进行观测之后不难发现，随空间距离的递增，影响峰值的大小逐步降低。

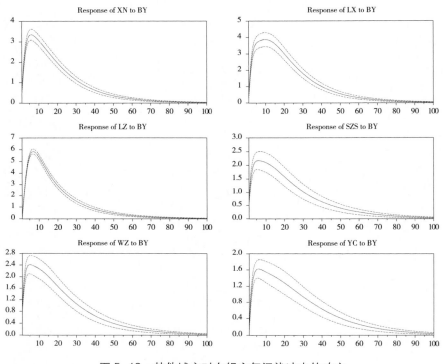

图 5-12 其他城市对白银空气污染冲击的响应

其他城市对白银空气污染冲击的响应情况见图 5-12，从图 5-12 可以看出，白银市 PM$_{2.5}$ 浓度变化对其他六个城市的影响都为正；其中，兰州市受到的影响（峰值为 5.9）要强于其他城市。从峰值可以看出，与兰州相比，白银空气污染对其他城市的影响要大于兰州，且从达到峰值所需要的时间看，也更短。各城市受白银市影响的峰值出现时间为吴忠（4 小时，2.5)[①]、银川（5 小时，1.7）、石嘴山（6 小时，2.2）、兰州（6 小时，

_____

① 括号内第二个数字为影响的峰值，第一个数字为达到峰值所需要的时间。

5.9)、西宁（8 小时，3.4）、临夏（11 小时，3.9），从整体上看，白银市空气污染对其东北方向的三个城市（吴忠、银川、石嘴山）的影响速度更快，对其西南方的三个城市（西宁、临夏、兰州）的影响程度更大。

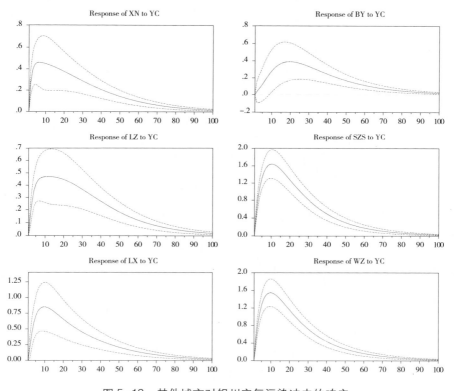

图 5-13　其他城市对银川空气污染冲击的响应

其他城市对白银空气污染冲击的响应如图 5-13 所示，可以看出，银川市 $PM_{2.5}$ 的浓度变化对其他六个城市的影响都为正；其中，吴忠市和石嘴山市受银川市空气污染的影响程度最大，而银川对城市群西南部城市的影响则相对较小。

除以上三个城市之外，对西宁、石嘴山、吴忠、临夏的脉冲响应分析也可以得到类似的规律。由于篇幅限制，在此不列出上述四个城市的脉冲响应分析图，但综合所有研究结果可以发现，兰西银城市群空气污染互为影响，存在显著的正向溢出效应。

三、基于空间计量方法的兰西银城市群空气污染关联性分析

虽然通过 VAR 模型的脉冲响应分析结果可以发现兰西银城市群空气污染的空间相关性，不过，一些学者已经提出了专门的空间相关研究方法，即空间计量经济学模型方法，希望通过该方法进一步验证 VAR 模型方法的研究结果。

（一）探索性空间数据分析方法

探索性空间数据分析技术（Exploratory Spatial Data Analysis，ESDA）是一种用于探测研究对象空间分布的非随机性或空间自相关性的方法，主要包括全局空间自相关分析和局部空间自相关分析。近几年来，学者们运用该方法对许多领域的空间相关性问题进行了研究，主要包括区域经济、区域环境和区域创新效率等问题①。

1. 全局空间自相关分析

全局空间自相关主要用来分析空间数据的整体分布特征，常用全局 Moran's 指数 I 和 Geary 指数 C 测量。为了分析兰西银城市群空气污染的空间分布状况，本小节选择使用被广泛应用的全局 Moran's 指数 I 进行分析，全局 Moran's 指数 I 计算公式见式（5.3）。

----

① 胡秋灵、游艳艳：《基于时空固定空间杜宾模型的成渝城市群雾霾污染空间关联规律》，《中国环境科学学会学术年会》2016 年。

$$I = \frac{n \sum_{i=1}^{n} \sum_{j=1}^{n} W_{ij}(A_i - \bar{A})(A_j - \bar{A})}{\sum_{i=1}^{n} \sum_{j=1}^{n} W_{ij} \sum_{i=1}^{n}(A_i - \bar{A})^2} = \frac{\sum_{i=1}^{n} \sum_{j=1}^{n} W_{ij}(A_i - \bar{A})(A_j - \bar{A})}{S^2 \sum_{i=1}^{n} \sum_{j=1}^{n} W_{ij}}$$

$$(5.3)$$

式（5.3）中 I 表示全局 Moran's 指数，测量不同地区间观测变量的总体相关程度，n 表示地区总数，A_i 和 A_j 分别表示地区 i 和地区 j 的观测值，W_{ij} 表示空间权重矩阵，$\bar{A} = \frac{1}{n} \sum_{i=1}^{n} A_i$ 表示不同地区观测变量的平均值，$S^2 = \frac{1}{n} \sum_{i=1}^{n}$ $(A_i - \bar{A})^2$ 表示不同地区观测变量的方差。其中全局 Moran's 指数 I 的取值一般在 -1 到 1 之间，若指数 I 在 0 到 1 之间，则表示各地区观测值存在空间正相关性；若指数 I 在 -1 到 0 之间，则表示各地区观测值存在空间负相关性；若指数 I 为 0，则表示各地区不存在空间相关性。

2. 局部空间自相关分析

局部空间自相关主要用来分析局部子系统所表现出的分布特征，常用 Moran 散点图和局部指标（Local Indicators of Spatial Association，LISA）来测量。首先，Moran 散点图是指将变量 X 与 X 的空间滞后向量 W_X 之间的相关关系用散点图的形式表示出来，其中 Moran 散点图的横轴表示变量 X 在不同位置上的观测值，纵轴表示空间滞后向量 W_X 的所有观测值。散点图分为四个象限，在本书中可以将兰西宁城市群空气污染分为四种不同的空间聚集模式：第一象限 HH（高—高）聚集类型，高空气污染地区被高空气污染地区所包围；第二象限 LH（低—高）聚集类型，低空气污染地区被高空气污染地区所包围；第三象限 LL（低—低）聚集类型，低空气污染地区被低空气污染地区所包围；第四象限 HL（高—低）聚集类型，高空气污染地区被低空气污染地区所包围。同时，LISA 指标可以用来检验局部地区是否在空间上趋于

集聚，包括局部 Moran's 指数 I 和局部 G ᵢ指数，本书选用局部 Moran's 指数 I
来衡量局部地区 i 和地区 j 的聚集程度，计算公式见式（5.4）。

$$I_i = \frac{(A_i - \bar{A})}{S^2} \sum_{j=1}^{n} W_{ij}(A_j - \bar{A}) \tag{5.4}$$

式（5.4）中 I_i 是局部 Moran's 指数，其他变量与全局 Moran's 指数计算
公式（5.3）中一致。若 I_i 大于 0，表示地区 i 位于 HH 象限或 LL 象限，即
高值被高值所包围，低值被低值所包围；若 I_i 小于 0，表示地区 i 位于 HL
象限或 LH 象限，即高值被低值所包围，低值被高值所包围。

3. 确定空间权重矩阵

空间权重矩阵表达了不同地区间观测变量的空间布局，通常用一个二元
对称空间权重矩阵 W 来表示几个地区的邻接关系，其表现形式见式（5.5）。

$$W = \begin{bmatrix} W_{11} & W_{12} & \cdots & W_{1n} \\ W_{21} & W_{22} & \cdots & W_{2N} \\ \cdots & \cdots & \cdots & \cdots \\ W_{n1} & W_{n2} & \cdots & W_{nn} \end{bmatrix} \tag{5.5}$$

式（5.5）中，n 表示地区总数，W_{ij} 表示地区 i 和 j 的相邻关系。本节
建立基于空间邻接关系的权重矩阵，即如果地区 i 和地区 j 有共同的顶点或
共同的边，则 W_{ij} 等于 1，否则 W_{ij} 等于 0。

（二）空间计量模型

当数据通过 Moran's I 指数检验后，需要对空间计量模型进行选择。空
间计量模型包括空间滞后模型、空间误差模型和空间杜宾模型。

（1）空间滞后模型（SAR）

$$y_{it} = \rho \sum_{j=1}^{n} W_{ij} y_{ij} + X_{it}\beta + \varepsilon_{it} \tag{5.6}$$

其中，ρ 度量了相邻区域观测值对本区域观测值的影响程度，W_{ij} 表示经过行标准化处理后的空间权重矩阵的矩阵元素，$\sum\limits_{j=1}^{n} W_{ij}y_{ij}$ 表示空间滞后因变量，即相邻区域观测值的加权平均值。

（2）空间误差模型（SEM）

$$y_{it} = X_{it}\beta + \varepsilon_{it} \tag{5.7}$$

$$\varepsilon_{it} = \lambda \sum\limits_{j=1}^{n} W_{ij}\varepsilon_{jt} + \mu_{it} \tag{5.8}$$

其中，λ 度量了相邻区域关于因变量的误差冲击对本区域观测值的影响程度，W_{ij} 表示经过行标准化处理后的空间权重矩阵的矩阵元素，$\sum\limits_{j=1}^{n} W_{ij}\varepsilon_{jt}$ 表示空间滞后误差变量，即相邻区域观测值的误差冲击的加权平均值。

（3）空间杜宾模型（SDM）

$$y_{it} = \rho \sum\limits_{j=1}^{n} W_{it}y_{jt} + X_{it}\beta_1 + \sum\limits_{j=1}^{n} W_{ij}X_{jt}\beta_2 + \varepsilon_{it} \tag{5.9}$$

其中，ρ 是空间自回归参数，度量了相邻区域观测值对本区域观测值的影响程度，W_{ij} 表示经过行标准化处理后的空间权重矩阵的矩阵元素，$\sum\limits_{j=1}^{n} W_{ij}X_{jt}$ 是模型中加入的一个空间滞后解释变量。

（三）全局空间自相关分析

空气污染主要由燃煤、工业废气、机动车尾气、扬尘等原因引起，同时受温度、湿度、风力及风向等一系列因素的影响，其中多种因素无法测量，因此本小节建立空间计量模型时将兰西银城市群 $PM_{2.5}$ 浓度的时间滞后项作为其解释变量，选择 $PM_{2.5}$ 的 1 期时间滞后作为模型中的空间滞后解释变量 X，用以反映 $PM_{2.5}$ 的时间滞后效应；模型中的空间滞后因变量 y_j 用各城市 $PM_{2.5}$ 的当期值表示。为使模型拟合得更精确，在回归之前需要对模型依次进行 Moran's 指数检验、Hausman 检验、LM 检验、Wald 检验，以确定模型的最优形式。参考 Elhost（2003）的研究，利用 Matlab R2016a 软件对模型进行估计，上述检验结果如表 5-9 所示。

由表 5-9 可以看出：（1）Moran's 指数为正，且显著不为零，表明样本城市之间的 $PM_{2.5}$ 存在着明显的空间正相关性，即对于 $PM_{2.5}$ 较高的地区，往往存在一个或多个 $PM_{2.5}$ 较高的地区与其相邻；（2）在空间面板模型下，Hausman 检验结果表明，在 5%的显著性水平下拒绝随机效应空间面板模型，应选择固定效应空间面板模型；（3）经典 LM 统计量在 5%的显著性水平下所有模型均通过了显著性检验；利用 R-LM 统计量检验时，所有模型也都通过了 5%显著性水平下的显著性检验，所以应采用时空固定空间面板模型；（4）在 5%显著性水平下，由于 Wald 检验拒绝了空间滞后和空间误差模型，因此对兰西银城市群 $PM_{2.5}$ 应建立时空固定空间杜宾模型。

表 5-9　空间计量模型选择的检验结果

模型类型	LMlag	R-LMlag	LMerror	R-LMerror	Moran's I
普通面板或空间面板	179.31 (0.00)	93.69 (0.00)	330.86 (0.00)	245.24 (0.00)	0.338 (0.00)
空间固定效应空间面板模型	353.37 (0.00)	210.24 (0.00)	346.52 (0.00)	203.38 (0.00)	
时间固定效应空间面板模型	6.36 (0.01)	20.47 (0.00)	28.70 (0.00)	42.81 (0.00)	
时空固定效应空间面板模型	18.63 (0.00)	47.77 (0.00)	25.15 (0.00)	54.29 (0.00)	
Hausman 检验	9918.37 (0.00)				
Wald 检验（空间滞后）	27.09 (0.00)				
Wald 检验（空间误差）	563.81 (0.00)				

注：1. LMlag、LMerror、R-LMlag、R-LMerror 分别表示空间滞后面板模型、空间误差面板模型的 LM 统计量及稳健 LM 统计量。2. 数字为相关检验统计量的值。3. 括号内的数字为相关检验统计量值的伴随概率。

在确定了模型的具体形式之后，利用极大似然法估计时空固定空间杜宾模型，估计结果如表 5-10 所示。由表 5-10 可知，时空固定空间杜宾模型中的系数 ρ 显著为正，进一步证明了兰西银城市群空气污染存在空间正相关，即兰西银城市群的样本城市空气污染存在空间依赖性，且城市间空气污染的空间溢出效应显著为正，这表明一个城市 $PM_{2.5}$ 浓度的增加会加重其相邻城市的空气污染水平；$β_1$ 显著为正说明兰西银城市群空气污染存在时间持续效应；$β_2$ 显著为正则说明兰西银城市群空气污染存在空间持续效应。

表 5-10　时空固定空间杜宾模型的估计结果

系　数	系数值	p　值
ρ	0.934	0.0000
$β_1$	0.022	0.0000
$β_2$	0.074	0.0000
R-squared	0.974	
Corr-squared	0.891	
Sigma~2	42.140	
Log-likelihood	−455247.41	

时空固定杜宾模型由于在模型中加入了空间权重矩阵，相当于在模型中加入了一个空间变量，因此对该模型回归之后得到的系数并不能直接反映其边际效应，难以准确衡量 $PM_{2.5}$ 的时间滞后效应，需要进一步计算系数 ρ 的直接效应和间接效应，直接效应反映的是其边际效应；而间接效应反映的是其反馈效应，主要是指一个城市的空气污染通过空间传导机制影响相邻城市，那么相邻城市自然也会通过空气传导反过来影响原城市，这种反过来影响原城市的效应就被称为反馈效应，反馈效应主要包含在空间滞后解释变量

前的系数 β_2 中。利用 Matlab 软件将回归的总效应分解为直接效应和间接效应，结果如表 5-11 所示。根据表 5-11，空间滞后的直接效应显著为 0.884，反馈效应是 0.05，即兰西银城市群内某一城市的 $PM_{2.5}$ 浓度每增加 1 个单位，其相邻城市的 $PM_{2.5}$ 浓度平均增加 0.884 个单位，而相邻城市受到的影响又会反馈给原城市 0.05 个单位，因此某城市 $PM_{2.5}$ 增加一个单位造成的总效应为 0.934 个单位，这其中既包括对相邻城市的影响，也包括其对自身的影响。

表 5-11　总效应的分解结果

直接效应	间接效应	总效应
0.884 (0.0000)	0.05 (0.0000)	0.934 (0.0000)

（四）局部空间自相关分析

在对兰西银城市群空气污染进行全局空间自相关分析之后，发现城市群内空气污染的确存在空间依赖性，且不同城市间的污染物会相互传递并相互影响。接下来进一步测算空间关联局域指标 LISA，并根据局部 Moran's I 统计量绘制局部 Moran 散点图来分析每个城市及其周边城市之间空气污染差异程度。前文已经对局部空间自相关分析进行了简要介绍，根据前文所述的方法原理，同时也为了更好地对兰西银城市群中的城市进行分析，本小节利用 Geoda 软件绘制了样本期内兰西银城市群八个主要城市 $PM_{2.5}$ 分时数据的 Moran's I 散点图，如图 5-14 所示。根据图 5-14，兰西银城市群内各城市 $PM_{2.5}$ 浓度的局部 Moran's I 指数为 0.39，与全局 Moran's I 指数同为正数，说明空间计量模型的回归结果置信度较高；根据局部 Moran's I 指数分布图所示的结果，兰西银城市群八个代表城市中有四个城市处于第一象限，分别为

兰州市、白银市、银川市和石嘴山市；而西宁市、海东市、临夏市和吴忠市
则位于第三象限。根据前文介绍，处于第一象限的城市为 HH（高—高）聚
集类型，即高空气污染地区被高空气污染地区所包围，这说明位于该象限的
四个城市空气污染程度较高且地理位置较近，城市间空气污染相互影响的程
度较大并呈现出空间依赖性和集聚特征，因此城市群的空气污染治理应重点
从这四个城市入手；而位于第三象限的城市表现为 LL（低—低）聚集类
型，即低空气污染地区被低空气污染地区所包围，这说明这四个城市的污染
在城市群中处于较低水平，而其相邻城市的空气污染程度也较低，这四个城
市在城市群中受到其他污染较严重城市的影响可能更大。从这八个城市分布
的地理位置上可以看出，位于城市群中部的几个城市属于污染较严重地区，
而位于城市群东北方和西南方的几个城市污染程度较轻。

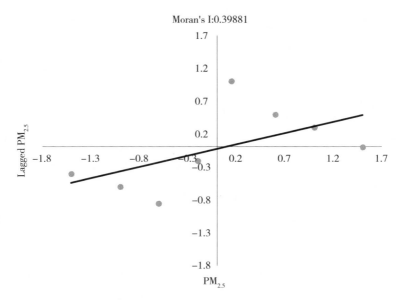

图 5-14　兰西银城市群各城市 PM$_{2.5}$浓度数据 Moran's I 散点图

第五节　研究结论及治污减霾建议

一、研究结论

本章通过基于兰西银城市群八个主要城市日度及分时 AQI 数据，分析了兰西银城市群各城市空气污染的变动规律以及城市间空气污染的关联规律，并对城市群空气污染规律的原因进行了简要分析，主要得出以下结论：

1. 兰西银城市群整体空气质量较好，污染程度较轻。样本期内兰西银城市群主要城市空气质量平均达标比率约为78%，优于全国 74 个重点监测城市的平均值。

2. 各城市空气污染波动情况存在一定程度的相似性，并呈现明显的季节性。冬季空气污染最严重，春季次之，夏季和秋季污染程度相对较轻。

3. 兰西银城市群空气污染的首要污染物主要为 PM_{10} 和 O_3。其中，四个季节都可能发生 PM_{10} 为首要污染物的情况；而 O_3 作为首要污染物出现的时间大多处于春季末和夏季。少数城市在冬季易发生 SO_2 为首要污染物的情况；由于 $PM_{2.5}$ 的浓度包含于 PM_{10} 的浓度中，因此即使各城市在统计上并未出现过多的 $PM_{2.5}$ 作为首要污染物的情况，但考虑到其对人体的危害性，同样不能忽视 $PM_{2.5}$ 所造成的影响。

4. 兰西银城市群 PM_{10}、$PM_{2.5}$、SO_2、NO_2 和 CO 浓度日变化特征较为相似，呈双峰形态；第一个波峰出现在每天的9—12时，第二个波峰一般出现在晚上21—23时之间。而 O_3 浓度的日变化则表现为明显的单峰形态。

5. 对兰西银城市群进行空气污染物规则发现，共得到 22 条高置信度 $PM_{2.5}$ 规则，而关于 SO_2 和 O_3 的规则置信度普遍较低。其中，当 $PM_{2.5}$ 污染程度为六级时，规则的置信度和提升度要明显大于其他情况，污染物之间有较强的关联性，能够为兰西银城市群的空气污染物关联规则分析和空气污染治理提供一定程度的帮助。

6. 兰西银城市群相邻城市的空气污染会相互冲击，其中兰州市、白银市对周边城市的空气污染冲击程度较大，表明兰州市和白银市的空气污染对其他城市的影响更加明显，空气污染的溢出效应也更加显著。

7. 兰西银城市群空气污染存在空间正相关。全局域空间自相关的结果表明兰西银城市群样本城市之间 $PM_{2.5}$ 浓度的 Moran's 指数为正，说明各城市之间存在着明显的空间正相关性，即对于 $PM_{2.5}$ 较高的地区，往往存在一个或多个 $PM_{2.5}$ 较高的地区与其相邻；时空固定空间杜宾模型的回归结果显示空间滞后因变量前的系数为 0.93，且通过了显著性检验，进一步说明各城市间的空气污染存在空间依赖性，且溢出效应为正；而滞后解释变量和空间滞后解释变量前的系数也都为正，且全部通过了显著性检验，说明城市群的空气污染存在正向的时间和空间持续效应。

8. 兰西银城市群空气污染主要来源于兰州市、白银市、银川市和石嘴山市。局部空间自相关的分析结果显示兰州市、白银市、银川市和石嘴山市位于 Moran's 指数散点图的第一象限，为 HH（高—高）聚集类型，说明四个城市空气污染程度较高且地理位置较近，城市间空气污染相互影响的程度较大并呈现出空间依赖性和集聚特征；而西宁市、海东市、临夏市和吴忠市则位于 Moran's 指数散点图的第三象限，为 LL（低—低）聚集类型，说明这四个城市的污染在兰西银城市群中处于较低水平。总体看，位于兰西银城市群中部的几个城市属于污染较严重地区，而位于城市群东北方和西南方的几个城市污染程度较轻。

二、治污减霾建议

从以上研究结论可知，兰西银城市群的空气污染存在较强的持续性和显著的溢出效应。因此，兰西银城市群中的各城市应齐心协力，从源头上治理空气污染：

1. 加强对兰西银城市群内各城市的污染治理，从源头上根治空气污染。从本章的分析可以看出，兰西银城市群的首要污染物为可吸入颗粒物，即 PM_{10} 和 $PM_{2.5}$，而数据挖掘的结果显示城市群内的 CO 浓度同高等级的空气污染有显著关系，而这三种污染物主要来自扬尘、冶金工业炼焦、炼铁生产过程、汽车尾气排放、化石燃料的不完全燃烧。因此，结合兰西银城市群的客观情况，亟待开展冬季燃煤期重度污染的溯源与过程研究，特别是针对重工业企业和民用燃煤清洁化、改制污染程度高的企业等问题开展防治模式创新[1]。此外，也可以通过大力推行共享经济减少兰西银城市群汽车尾气排放量，如共享单车、共享清洁汽车等。同时，兰西银城市群应健全相关法律法规和政策体系，做到主次分明，有的放矢。在机动车污染的防止过程中，应借鉴国外优秀的经济政策，除了机动车按排放量征税和限号限行等措施外，还应完善老旧机动车回收与淘汰政策，运用经济调节手段调控机动车总量，将行政手段与市场机制相结合[2]；在扬尘治理上，运用立法和行政管理等措施规范治理城市建筑施工的扬尘污染；在燃煤污染的治理过程中，应优化能源结构，实现清洁煤燃烧，加快推进城市煤改气工程，提高新型环保能源的利用率，大力发展太阳能、风能和水电等新型能源。

---

① 李养养、唐小威、张佳音：《关中城市群环境空气污染特征及对策研究》，《环境与发展》2015 年第 4 期。

② 邓翔、张卫：《大城市加重地区环境污染了吗?》，《北京理工大学学报（社会科学版）》2018 年第 1 期。

2. 兰西银城市群应建立空气污染联防联控机制，联合治理空气污染。兰西银城市群中相邻城市间空气污染存在显著的溢出效应，一方面，实证结果表明位于城市群中部的几个城市对周边城市空气污染的溢出效应显著；另一方面，从地理位置上讲，城市群东北部和西南部的城市空气质量较好，对其他城市的影响也较小。因此，兰西银城市群各城市应在空气污染治理问题上达成共识，特别是兰州市、临夏市、白银市和吴忠市应建立区域联防联治的统一机制，建立空气污染上下游补偿机制的同时，共享数据等信息资源，在重污染时期统一指挥调度，使各城市都能对空气污染做出及时反应，缓解空气污染在城市间的互相传播，联手解决空气污染的外部性问题。此外，兰西银城市群各城市在对本市进行空气污染源头治理的同时，还应成立联防联治委员会，从产业结构调整、经济结构转型、空气污染治理联动等多方面着手治理空气污染。兰州市作为兰西银城市群的"带动人"，应建立健全空气污染相关防治条例，加大雾霾治理投入。

3. 兰西银城市群应建立科学的政府绩效评估体系。改革开放以来，以经济建设为中心的政府绩效考核制度在促进经济增长的同时，也导致了一系列严重的生态环境问题。前车之鉴表明，政府绩效评估不能单单以经济发展为价值评判标准，应将生态环境指标纳入政府绩效评估体系中，客观计量经济发展过程中的环境污染成本，做到经济发展和生态文明相结合，建立以科学发展为导向的政府绩效评估体系。

4. 雾霾治理应做到政府监管和公众监督相结合。目前，我国关于城市群空气污染防治相关的立法存在着明显的不足，因此兰西银城市群可以借鉴国外先进的立法经验，从以下几个方面加强兰西银城市群的空气污染防治：

①加大财政投入，建立激励制度

激励制度应包括财政补贴、税收优惠以及各类奖励。激励制度的建立，是立法思维从以"堵"为主到"疏"、"堵"结合转变的重要标志。激励制度能够引导排污者主动遵守法律法规，这是从源头上控制空气污染源最有效的手段。英国政府在这方面的做法值得借鉴。英国政府为了鼓励能源利用效率和节能技术的应用与开发，对中小企业和大企业分别设定了不同的基金来为企业提供无息贷款以更新设备、研发节能技术。我国企业，尤其是中小企业，在融资都成为难题的情况下，很难留出足够的资金进行设备的更新和技术的研发，所以设立专门的基金可以有效帮助企业淘汰老旧设备，更新技术，以满足清洁生产的标准。

政府也可以技术免费共享的方式激励企业减少污染排放。具体做法是委托第三方机构进行技术研发，研发结果应对本行政区域内符合一定条件的企业，如连续三年以高于地方性法规规定的标准进行排污的企业，实行免费共享；而未达到条件的其他企业可自愿申请使用该研发结果，但需收取较高的使用费用。

空气污染监管部门可以在建立达标企业名单目录的基础上，对自觉遵守空气污染防治法律法规的企业通过各大媒体进行通报表彰，并给予相应补贴或者政策优惠。针对污染源为个人的情况，政府应鼓励其对污染源进行申报登记，以使政府全面掌握污染情况，并参照针对企业的处理方式，对自觉更换设备，减少污染物排放的个人提供无息贷款并进行奖励。投入资金可由地方财政与中央财政按比例共同负担。

②加大处罚力度，提高违法成本

目前，不论是中央颁布《大气污染防治法》还是各地方的地方性法规中规定的法律责任，都普遍较轻，有些甚至可能低于违法排污所能获得的经济利益，这在实质上就是变相鼓励违法排污的行为。欧美等发达国家对于违反空气污染防治法律的处罚都极其严厉。对违反《清洁空气法》进行超标排放的行为，美国给予行政的、民事的甚至是刑事的处罚。德国其刑法典中还规定有污染大气罪，对严重的污染空气行为予以刑事处罚。

兰西银城市群在制定空气污染联防联治的规章条例时，也应当借鉴国外经验，加大处罚力度，提高违法成本，必要时可探讨将污染空气的行为在刑事责任上由结果犯转变为行为犯的可能性，让违法所要付出的成本与守法所能获得的效益形成鲜明的落差，促使潜在违法者自觉遵守法律法规。

③适时考虑征收排污税

与处罚违法排污不同，排污税的征收对象是任何向空气中排放污染物的单位和个人。兰西银城市群在制定空气污染联防联治方案时，应论证排污税征收的必要性和可行性，尽快将征收排污税提上议事日程。排污税的征收需要考虑到不同污染源、不同污染规模以及不同污染程度等因素，设置不同的税率。目前世界上已有较多国家在征收排污税。例如，英国自 2001 年开始对电力、天然气、液化石油和固体燃料等特定能源生产商征收气候变化税，并随时根据国家经济状况调整税率；2008 年英国又在全国范围内开征机动车环境税，并根据机动车的二氧化碳排放量制定不同的税率分别征税。排污税的征收，能够在更大的范围内有效促使排污者自觉进行设备更新及清洁技术的研发，更有效地保护城市的空气质量。当然，这一制度的设置还需要各方进行反复论证，需要众多配套的法律法规进行完善。

④完善公众参与制度，重视公众监督作用

公众的监督不仅可以使环境执法部门及时掌握污染源的情况及排污者的违法情况，更能促使环境执法部门在公众的监督下严格执法，依法执法，有效提高环境执法的效率及质量。目前，兰西银城市群在协同经济发展的同时，要完善大气污染监督制度和相关配套规章制度，对于如何维护公众监督权、如何保护举报者、如何奖励真实的举报信息等，都需要作出更加具体的规定，使违法排污的行为无处遁形。微博、微信等网络平台的普及，大大拓宽了公众的监督渠道，兰西银城市群大气污染联防联治委员会应充分利用这些开放平台，加大宣传力度，设立大气污染监督专用公众号，鼓励民众通过专用公众号监督举报大气污染违法，形成全民监督大气违法行为的良好社会风气。

（5）作为大气污染的主体和受体，兰西银城市群中各个城市居民在空气污染的防范方面，也应该出一份力，应该自觉根据主要空气污染物在一天内的浓度波动规律合理选择出行方式，尽量减少机动车驾驶时间，多采用公共交通工具出行。尽量采取蒸煮方式加工食物，减少炒菜和油炸食物，以健康的烹饪方式减少油烟排放，为清洁空气做贡献。在打扫卫生时，尽量洒水进行，减少扬尘污染。减少燃烧树叶、杂物等行为，人人争做维护蓝天的模范。

第六章　滇中城市群空气污染规律
挖掘及治污减霾对策设计

空气是人类赖以生存的基础，空气质量对人类生存有着非常重要的影响。据有关研究报道，目前全球每年因空气污染而过早死亡的超过 320 万人，其中 120 万人在中国。2013 年国家公布的《迈向环境可持续发展》的报告中指出，每年中国空气污染造成的经济损失基于疾病成本估算约为 GDP 的 1.2%，基于支付意愿估算损失高达 GDP 的 3.8%。空气污染不仅危害人类身体健康和生命，而且严重影响经济可持续发展及社会稳定。

城市是人类各种社会活动的载体，在城市的空间范围内，人类将生产资料通过劳动转化成商品和服务，并在生产过程中排放出大量废气，当废气的排放速率超过大气环境自身的净化速率后就会形成城市空气污染。改革开放以来，我国城市建设取得了一定成就，同时城市化进程中城市化效率总体偏低的现状使得城市空气污染问题逐渐凸显。城市群作为推进城市化的主体形态，其集聚效应无形中造成了更高风险的污染威胁。[①] 根据生态环境部发布的全国重点区域和 74 个城市的空气质量状况，空气质量达标的城市比例和

---

① 李茜、宋金平、张建辉、于伟、胡昊：《中国城市化对环境空气质量影响的演化规律研究》，《环境科学学报》2013 年第 9 期。

达标天数在近两年都有一定幅度的增加，但是持续较长的重度灰霾天气尚未得到有效改善，煤烟、机动车尾气等多种污染共存的复合型空气污染依然严重影响着人们的生活，我国城市空气污染形势依然严峻。① 李克强总理在政府报告中强调，我们必须要像对贫困宣战一样，坚决向污染宣战。②

第一节　研究区域及数据介绍

一、研究区域

　　滇中城市群作为云南的核心和引领全省发展的龙头，在如何融入和服务国家发展战略、加快推进云南对外开放格局、贯彻国家和云南省新型城镇化发展思路及落实要求、走具有云南特色的新型城镇化道路、全面实现十三五规划目标及"两个一百年"目标等方面具有决定性的作用。③④ 《滇中城市群规划（2016—2049）》中指出，滇中城市群要坚持绿色环境发展理念，尊重滇中山水相间的自然格局，保护和强化滇中山地特征生态安全格局，突出滇中的绿色资源优势和特色，贯彻资源节约、环境友好的可持续发展理念，以生态优先为准则推进滇中绿色发展，将滇中建设成为全国生态环境最好的宜居宜业城市群。

---

① 张静、蒋洪强、卢亚灵：《一种新的城市群大气环境承载力评价方法及应用》，《中国环境监测》2013 年第 5 期。

② 李克强：《十二届全国人大二次会议政府工作报告》，2014 年 3 月 5 日。

③ 尹娟、董少华、陈红：《2004—2013 年滇中城市群城市空间联系强度时空演变》，《地域研究与开发》2015 年第 1 期。

④ 牛乐德、王大力、熊理然、段勇：《滇中城市群产业结构的经济增长效用分析》，《资源开发与市场》2014 年第 11 期。

图 6-1　滇中城市群主要城市行政区划图

（一）滇中城市群概述

　　滇中城市群是国家重点培育的 19 个城市群之一，是全国"两横三纵"城镇化战略格局的重要组成部分，是西部大开发的重点地带，是我国依托长江建设中国经济新支撑带的重要增长极①。滇中城市群由昆明、曲靖、玉溪、楚雄四个州市及红河州北部七个县市组成，主要城市行政区划如图 6-1 所示，滇中城市群是云南省经济最发达的地区，国土面积占全省 29%，人

─────────

　　①　张怀志：《滇中城市群空间经济联系与地缘经济关系匹配研究》，《地域研究与开发》2014 年第 2 期。

口占全省 44.02%。① 滇中城市群位于云南省的地理中心，是云南省人流、物流、资金流和信息流等汇集的中心，是云南省进一步扩大对内对外开放的最优区域，也是云南省交通设施密集，开发强度最高，发展基础最牢，发展水平最高，继续开发前景最好的区域，是带动全省经济社会发展的龙头和云南省参与国内外区域协作、竞争的主体。② 作为我国西南地区重要的城市群之一，滇中城市群以昆明为核心，曲靖、玉溪和楚雄 3 地为增长极，依托滇中内、外两环交通体系和"曲靖—昆明—玉溪"、"楚雄—昆明—文山"两大发展轴的综合区域发展体，被定位为带动云南省全面发展的战略核心区和核心增长极、区域性国际枢纽、中国西部新兴特色产业基地、竞争力较强的门户城市群、中国面向西南开放重要桥头堡的区域中心，是我国面向南亚、东南亚的辐射中心，在对外开放与区域协作发展方面都有重要意义。

滇中城市群是云南省经济最为发达的地区，2015 年滇中城市群生产总值为 8397.99 亿元，占全省 GDP 总量的 61.22%，人均生产总值 40236 元，高出全省平均水平 11221 元，城市群内各州市经济社会发展良好。③ 近年来随着云南省不断推进公路、铁路、航空等交通网络建设，畅通产业转移的渠道。滇中城市群与外部区域的交通条件不断改善，另一方面，滇中城市群内各州市之间交通设施的建设进一步完善，联系度进一步加强。滇中城市群占云南省人口比重最大，2014 年滇中城市群的城镇人口 1035.8 万人，城镇人口占云南省城镇人口比重达 52.66%，是云南省城镇化水平最高的区域，近

---

① 李冬梅、黄晓园、刘金凤：《滇中城市生态文明建设发展水平评价研究》，《农业开发与装备》2014 年第 3 期。

② 郑宇：《滇中地区县域空间经济差异及影响因素分析》，云南财经大学 2017 年硕士学位论文。

③ 黄晓园：《滇中城市生态文明建设评价与预测研究》，昆明理工大学 2013 年博士学位论文。

几年滇中城市群城镇化呈平稳发展态势。

（二）滇中城市群发展现状

1. 资源条件

滇中地区是云南省土地资源相对丰富地区，地势相对平坦，集中全省2/3 的平地。气候极有利于人的身心健康，特别适宜人类居住。矿产资源储量大、经济价值高，资源极其丰富，集中了云南绝大多数磷、铜、铁、铅、煤等矿产。旅游文化资源丰富，昆明是首批国家级历史文化名城之一，楚雄州是我国仅有的两个彝族自治州之一，拥有多个国家级风景名胜区和旅游胜地，是我国面向南亚东南亚的重要旅游休闲度假胜地。生物资源种类繁多，是云南粮食、烤烟、蔬菜、花卉、畜牧等主要农牧作物的主产区。[①] 生态环境总体水平保持良好，森林覆盖率超过 50%，加之良好的气候条件利于动植物生长和生态环境恢复，是全省生态环境承载力较强的区域。

2. 基础设施现状

滇中城市群内交通设施建设成效突出，交通对发展的瓶颈约束已基本缓解，以昆明为中心的现代化综合交通网络初步成形。能源保障水平显著提高，电源开发有序推进，电力主网网架不断完善，油气管网建设取得突破，中缅天然气管道建成投产。互联网基础设施保障能力持续提升，互联网网络结构基本形成。但是，滇中地区水资源开发利用率低，工程型缺水问题突出，供需水矛盾突出已经成为制约滇中城市群经济社会发展最大的瓶颈之一[②]。

3. 产业经济发展现状

滇中城市群经济高速成长，中心城市功能增强。但是，滇中城市群国内

---

① 程超、童绍玉、彭海英：《滇中城市群经济发展水平与资源环境承载力的脱钩分析》，《中国农业资源与区划》2017 年第 3 期。

② 张朝能：《滇中产业新区大气污染联防联控探讨》，《中国环境科学学会学术年会论文集》2013 年第 5 期。

国际竞争力提升不明显，城市群内各州市经济发展水平和产业结构差距大，城市群内各州市主导产业趋同。

4. 人口与城镇化发展概况

滇中城市群总人口增长平稳，但各地区人口增长差异较大；城镇化快速推进，但整体水平不高，地区差异显著；缺少中间规模城市，呈现高首位特征。

5. 资源环境发展现状

滇中城市群资源及能源自给率下降问题凸显，有效水资源短缺制约经济社会发展。滇中城市群拥有云南最优势的土地资源，但土地使用矛盾依然突出。生态环境是实现滇中城市群可持续发展的重要支撑，但环境污染加剧，环境保护压力大。①

二、样本城市与数据来源

由于中华人民共和国生态环境部在中国大陆不同城市设立空气质量监测点的时间不同，因此不同城市的空气质量数据的起始时间并不相同。考虑到样本城市的代表性以及地理空间上的邻近性，本章选择了滇中城市群的昆明市、曲靖市、玉溪市、楚雄州和红河州 5 个地级市（州）作为样本城市，采集了这 5 个城市 2015 年 1 月 1 日零时到 2017 年 12 月 31 日 23 时的 AQI 值与 SO_2、CO、NO_2、O_3、$PM_{2.5}$ 和 PM_{10} 六项污染物的浓度分时数据。数据来源于中华人民共和国生态环境部空气质量数据的实时更新以及中国环境监测总站城市空气质量实时发布平台的历史监测数据。其中，对于少数缺失数据，通过试算比较几种常用的插值方法，最终选用误差最小的三次插值法补全。

---

① 李济安：《滇中城市群和北部湾城市群的比较实证研究》，云南大学 2013 年硕士学位论文。

三、相关概念简介

（一）空气质量指数

空气质量指数（Air Quality Index，AQI）是反映地区空气质量的定量化无量纲指标，用于定量描述空气质量状况。其计算公式见式（6.1）。

$$AQI = \max\{IAQI_1,\ IAQI_2,\ IAQI_3,\ \cdots,\ IAQI_n\} \qquad (6.1)$$

其中，IAQI 为空气质量分指数；n 为污染项目数。

与空气污染指数[①]（Air Pollution Index，API）相比，AQI 数据包含的指标更加全面，更加完善，因而更能反映目前复合型空气污染的特征，所表达的空气质量信息与公众的感受更加契合[②]。

根据《中华人民共和国环境保护标准》（GB3095-2012）以及《环境空气质量指数（AQI）技术规定》（HJ633-2012）规定。空气质量共分为六个等级，AQI 的数值越大说明空气质量越差，空气污染越严重，对健康威胁越大。具体的空气质量指数级别划分标准见表6-1。

表6-1　AQI 指数范围及相应空气质量等级

AQI 指数	空气质量级别	空气质量类别及表示颜色		对健康影响情况	建议采取的措施
0—50	一级	优	绿色	空气质量令人满意，基本无空气污染	各类人群可正常活动
51—100	二级	良	黄色	空气质量可接受，但某些污染物可能对极少数异常敏感人群健康有较弱影响	极少数异常敏感人群应减少户外活动

---

① API 是 2013 年之前我国评价空气质量的指标。
② 薛志刚、刘妍、柴发合、梁桂雄、徐峰、张凯、陶俊：《城市污染指数改进方案及论证》，《环境科学研究》2011 年第 2 期。

AQI 指数	空气质量级别	空气质量类别及表示颜色		对健康影响情况	建议采取的措施
101—150	三级	轻度污染	橙色	易感人群症状有轻度加剧，健康人群出现刺激症状	儿童、老年人及心脏病、呼吸系统疾病患者应减少长时间、高强度的户外锻炼
151—200	四级	中度污染	红色	进一步加剧易感人群症状，可能对健康人群心脏、呼吸系统有影响	儿童、老年人及心脏病、呼吸系统疾病患者避免长时间、高强度的户外锻炼，一般人群适量减少户外运动
201—300	五级	重度污染	紫色	心脏病和肺病患者症状显著加剧，运动耐受力降低，健康人群普遍出现症状	儿童、老年人和心脏病、肺病患者应停留在室内，停止户外运动，一般人群减少户外运动
>300	六级	严重污染	褐红色	健康人群运动耐受力降低，有明显强烈症状，提前出现某些疾病	儿童、老年人和病人应当留在室内，避免体力消耗，一般人群应避免户外活动

（二）空气质量分指数

空气质量分指数（Individual Air Quality Index，IAQI），是单项污染物的空气质量指数。其计算公式见式（6.2）。

$$IAQI_P = \frac{IAQI_{Hi} - IAQI_{Lo}}{BP_{Hi} - BP_{Lo}}(C_P - BP_{Lo}) + IAQI_{Lo} \qquad (6.2)$$

其中，$IAQI_P$ 为污染项目 P 的空气质量分指数；C_P 为污染项目 P 的质量浓度值；BP_{Hi} 为表 6-2 中与 C_P 相近的污染物浓度限值的高位值；BP_{Lo} 为表 6-2 中与 C_P 相近的污染物浓度限值的低位值；$IAQI_{Hi}$ 为表 6-2 中与 BP_{Hi} 对应的空气质量分指数；$IAQI_{Lo}$ 为表 6-2 中与 BP_{Lo} 对应的空气质量分指数。表 6-2 为空气质量分指数级别对应的污染物项目浓度限值。

表 6-2 IAQI 指数级别对应的污染物项目浓度限值

空气质量分指数	污染物项目浓度限值									
	二氧化硫 (SO_2) 24 小时平均/($\mu g/m^3$)	二氧化硫 (SO_2) 1 小时平均/($\mu g/m^3$)(1)	二氧化氮 (NO_2) 24 小时平均/($\mu g/m^3$)	二氧化氮 (NO_2) 1 小时平均/($\mu g/m^3$)(1)	颗粒物(粒径小于等于10μm)24 小时平均/($\mu m/m^3$)	一氧化碳 (CO) 24 小时平均/(mg/m^3)	一氧化碳 (CO) 1 小时平均/(mg/m^3)(1)	臭氧 (O_3) 1 小时平均/(ug/m^3)	臭氧 (O_3) 8 小时平均/(ug/m^3)	颗粒物(粒径小于等于2.5μm)24 小时平均/($\mu m/m^3$)
0	0	0	0	0	0	0	0	0	0	0
50	50	150	40	100	50	2	5	160	100	35
100	150	500	80	200	150	4	10	200	160	75
150	475	650	180	700	250	14	35	300	215	115
200	800	800	280	1200	350	24	60	400	265	150
300	1600	(2)	565	2340	420	36	90	800	80	250
400	2100	(2)	750	3090	500	48	120	1000	(3)	350
500	2620	(2)	940	3840	600	60	150	1200	(3)	500

说明：（2）表示按 24 小时平均浓度计算的分指数报告；
（3）表示按 1 小时平均浓度计算的分指数报告。

（三）首要污染物

首要污染物（Primary Pollutant）为 AQI 大于 50 时，IAQI 最大的空气污染物。若 IAQI 最大的污染物为两项或两项以上时，并列为首要污染物。①②③

---

① 胡晓宇、李云鹏、李金凤、王雪松、张远航：《珠江三角洲城市群 PM_{10} 的相互影响研究》，《北京大学学报（自然科学版）》2011 年第 3 期。

② 程真、陈长虹、黄成、黄海英、李莉、王红丽：《长三角区域城市间一次污染跨界影响》，《环境科学学报》2011 年第 4 期。

③ 薛志钢、刘妍、柴发合、梁桂雄、徐锋、张凯、陶俊：《城市空气污染指数改进方案及论证》，《环境科学研究》2011 年第 2 期。

第二节 滇中城市群空气污染规律统计分析

一、滇中城市群空气质量概况

（一）基于 AQI 时序图的分析

1. 滇中城市群主要城市 AQI 等级分布

表 6-3 描述了滇中城市群各样本城市各级空气质量的占比情况和空气质量达标率。图 6-2 描述了滇中城市群各样本城市 2015 年 1 月 1 日至 2017 年 12 月 31 日共计 26304 个小时的 AQI 分时波动情况。

表 6-3 滇中城市群各样本城市各级空气质量的占比情况

城　市	各级空气质量所占比重（%）				空气质量达标率（%）
	优	良	轻度污染	中度及以上污染	
昆明市	51.50	46.89	1.49	0.12	98.39
曲靖市	45.9	52.03	1.83	0.24	97.93
玉溪市	62.05	37.05	0.79	0.11	99.1
楚雄州	70.14	29.03	0.76	0.07	99.17
红河州	41.32	51.44	5.96	1.28	92.76

由表 6-3 可知，滇中城市群总体来看空气质量为优的频率最高，平均为 54.18%，空气质量为良的频率平均为 43.29%，轻度污染出现的频率平均为 2.16%，中度及以上污染出现的频率平均为 0.36%，说明滇中城市群空气质量整体较好。整体看，滇中城市群各样本城市空气质量达标的比例均达到 92% 以上，说明滇中城市群整体空气质量较好，空气污染程度较轻。在滇中

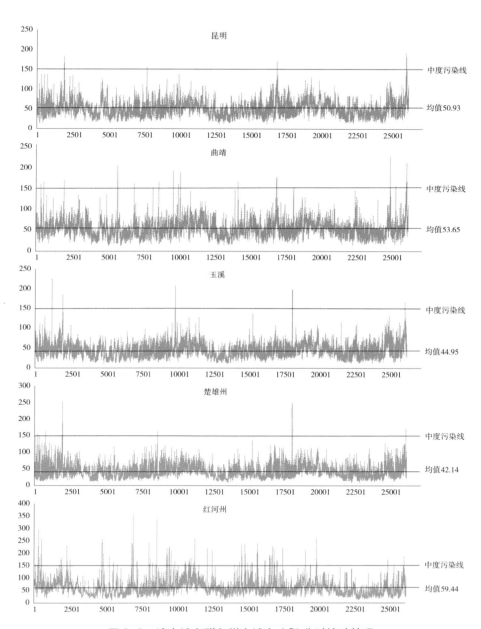

图 6-2　滇中城市群各样本城市 AQI 分时波动情况

城市群的 5 个样本城市中，玉溪和楚雄州的空气污染程度最轻，红河州的空气污染程度相对较重，昆明和曲靖的空气污染程度居中。

由图 6-2 可知，滇中城市群 5 个城市的 AQI 均值分布在 42.14—59.44 之间，各城市 AQI 均值相差不大，5 个城市 AQI 均值均处于空气质量优和良两个等级，其中玉溪市和楚雄州的 AQI 均值为优，其余三个城市的 AQI 均值为良。并且，5 个城市 AQI 值超过"中度污染线"的频次很低，进一步说明滇中城市群整体空气质量较好，空气污染程度较轻。

综上所述，滇中城市群整体空气质量较好，空气污染程度较轻，各城市空气质量达标比例普遍较高，但城市群内各城市之间空气污染状况呈现出明显的差异性，玉溪市和楚雄州的空气污染程度最轻，红河州的空气污染程度相对较重，昆明市和曲靖市的空气污染程度居中。

2. 滇中城市群空气污染的日历效应

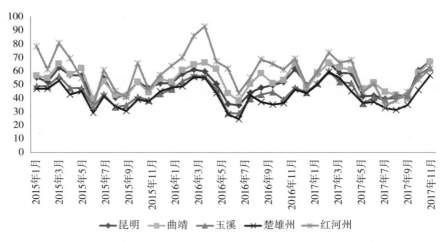

图 6-3　滇中城市群各样本城市 AQI 指数月平均变动情况

图 6-3 为统计期内滇中城市群各样本城市各月平均 AQI 指数的折线图，由图 6-3 可知，统计期内滇中城市群各样本城市月平均 AQI 指数呈

现出上下波动的规律。通过分析波峰和波谷出现的时段发现，AQI 值较高的时段多发生在春季（3 月、4 月、5 月）和冬季（12 月、1 月、2 月），AQI 曲线的波峰出现在春冬两季的频率较高，夏季（6 月、7 月、8 月）和秋季（9 月、10 月、11 月）两季 AQI 值相对较低，AQI 曲线的波谷出现在夏秋两季的频率较高。说明滇中城市群春冬两季空气污染程度相对较重，夏秋两季空气污染程度相对较轻，说明滇中城市群空气污染呈现出明显的"季节效应"。此外，结合图 6-2 可知，优良级空气质量或污染级空气质量会在某一时间段内连续出现，说明滇中城市群空气污染呈现出明显的"集簇性"。

通过分析各城市 AQI 指数的变化情况发现，各城市 AQI 指数在每年的元旦、国庆节、春节前后均呈现较大幅度的波动，显现出明显的"节日效应"特征，并且节后的空气质量显著优于节日期间和节日前的空气质量，这与陈欣（2014）[1]、胡秋灵（2016）[2] 的研究结果一致。

3. 滇中城市群空气污染关联性

通过对图 6-2 中 5 个城市超过中度污染线的时段分析发现，在第 1920 小时到第 1968 小时之间、第 16900 小时到 17045 小时之间、第 26112 小时到第 26208 小时之间，5 个城市都共同出现了持续时间不等的中度空气污染，呈现出空气污染波动上的相似性，从一个侧面说明滇中城市群 5 个样本城市之间存在空气污染的关联性。

从图 6-3 可知，滇中城市群各样本城市月平均的 AQI 指数曲线上升段和下降段出现时间相近、波峰波谷出现的时间和频率也近似相同，整体表现

---

① 陈欣、刘喆、吴佩林：《中国城市空气质量的"春节效应"分析——来自 31 个重点城市的经验证据》，《统计与信息论坛》2014 年第 12 期。
② 胡秋灵、李雅静：《基于 AQI 的滇中、黔中和北部湾城市群空气污染统计规律比较研究》，《生态经济》2016 年第 5 期。

出同上同下、协同波动的规律性，从另一个侧面说明滇中城市群各城市空气污染波动上的相似性以及各城市间空气污染的关联性。

（二）基于首要污染物的分析

根据环境空气质量指数技术规定（HJ633-2012），首要污染物为 AQI 大于 50 时 IAQI 最大的空气污染物。接下来，本节将从各样本城市空气污染首要污染物的占比和各首要污染物的季节分布情况来探究滇中城市群空气污染规律。

1. 各城市首要污染物占比

表6-4　各城市首要污染物占比

项　　目	昆　明	曲　靖	玉　溪	楚雄州	红河州
O_3	0.5%	1%	0.1%	0.08%	0.2%
$PM_{2.5}$	19.8%	39.4%	22.3%	44.1%	58.7%
PM_{10}	79.7%	59.5%	77.3%	55.4%	40.7%

表6-4 列出了滇中城市群 5 个样本城市统计期内共 26304 个小时的首要污染物情况的统计结果。由表6-4 可知，除红河州外，各城市全年出现次数最多的首要污染物为 PM_{10}，出现次数次多的首要污染物为 $PM_{2.5}$；红河州出现次数最多的首要污染物为 $PM_{2.5}$，出现次数次多的首要污染物为 PM_{10}。此外，O_3 为首要污染物的情况在各城市均有出现，但出现次数普遍较少。由于 NO_2、SO_2 和 CO 作为首要污染物出现的频次很低，所以未在表 6.4 中列出。不过，对数据的分析发现，NO_2 为首要污染物的情况在各城市中均未出现，SO_2 为首要污染物的情况仅在曲靖市、楚雄州和红河州少次出现过，CO

为首要污染物的情况在曲靖市、玉溪市、楚雄州和红河州少次出现过。值得注意的是，玉溪市作为滇中城市群样本城市中空气质量表现较好的城市，CO 为首要污染物出现的频次却最高。

2. 各城市首要污染物季节分布情况

表 6-5　各城市 "AQI<50" 及首要污染物季节分布情况

项　目	城　市	春　季	夏　季	秋　季	冬　季
AQI<50	昆明市	16.3%	36.1%	27.4%	20.2%
	曲靖市	14.6%	34.8%	29.5%	21.1%
	玉溪市	19.8%	32.8%	26.3%	21.1%
	楚雄州	21.6%	30.5%	27.5%	20.4%
	红河州	13.1%	36.6%	31.5%	18.8%
	平　均	17.08%	34.16%	28.44%	20.32%
O_3	昆明市	16.2%	80.9%	2.9%	—
	曲靖市	65.4%	9.8%	10.5%	14.3%
	玉溪市	—	—	—	—
	楚雄州	—	—	—	—
	红河州	63.4%	31.7%	—	4.9%
	平　均	48.33%	40.80%	6.70%	9.60%
$PM_{2.5}$	昆明市	27.9%	9.2%	13.9%	49%
	曲靖市	22.3%	15.9%	25.4%	36.4%
	玉溪市	36.5%	6.9%	10.7%	45.9%
	楚雄州	34.1%	6.4%	15.2%	44.3%
	红河州	38.4%	10.4%	17.8%	33.4%
	平　均	31.84%	9.76%	16.60%	41.80%

项　目	城　市	春　季	夏　季	秋　季	冬　季
PM₁₀	昆　明	37.2%	13.2%	24.2%	25.4%
	曲　靖	43.4%	16%	17.4%	23.2%
	玉　溪	33.9%	13.3%	25.1%	27.7%
	楚雄州	35.1%	14.8%	20.4%	29.7%
	红河州	27.2%	26.5%	23.6%	22.7%
	平　均	35.36%	16.76%	22.14%	25.74%

注："—"表示某种污染物项目未作为首要污染物出现过。

表 6-5 是对各样本城市"AQI<50"及各首要污染物出现时所处季节的占比情况的统计，以昆明市 O_3 为首要污染物的春季占比的计算为例，是以 O_3 为首要污染物出现在春季的频次除以 O_3 为首要污染物在全年出现的总频次再乘以 100%所得；O_3 为首要污染物的春季占比的平均值为城市群的平均情况，是通过昆明市、曲靖市、玉溪市、楚雄州和红河州五个城市的 O_3 为首要污染物春季占比所计算的算术平均数。从表 6-5 中可以发现，各城市"AQI<50"的情况，即空气质量优的情况多发生在夏季和秋季，春季和冬季发生的频率较低，从一个侧面反映出滇中城市群夏秋两季空气污染较轻、春冬两季空气污染较重，即空气污染的"季节效应"很明显；O_3 为首要污染物在昆明市、曲靖市和红河州发生相对较多，且多发生在昆明市的夏季、曲靖市和红河州的春季；各城市 $PM_{2.5}$ 和 PM_{10} 为首要污染物的情况主要出现在春、秋、冬三季，说明滇中城市群春、秋、冬三季的空气质量相对较差，空气污染相对较严重，夏季空气质量相对较好，空气污染相对较轻，同样反映出滇中城市群空气污染具有明显的"季节效应"特征。

二、滇中城市群空气污染日内波动规律

（一）AQI 小时指数的构建

季节指数用来反映某季度的变量水平与总平均值之间的比较稳定的关系，绘制季节指数图有助于更清晰地总结月度变迁对待研究变量的影响，本节类似地定义 AQI 小时指数，用来反映一个季节内某一时点的 AQI 水平与季节平均水平之间的关系。其构建过程见本书第三章第二节。

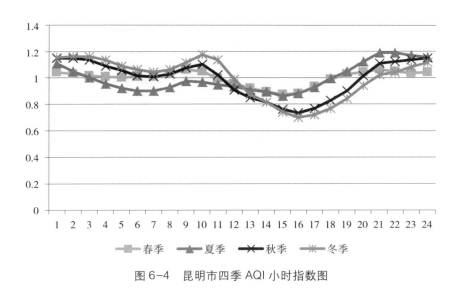

图 6-4　昆明市四季 AQI 小时指数图

（二）滇中城市群空气污染日内波动规律分析

此部分以昆明市为例进行空气污染日内波动规律分析，首先分别计算出昆明市每个季节的 24 小时 AQI 指数值，然后通过观察四季 AQI 小时指数图分析昆明市不同季节空气污染的日内变化规律。昆明市四季 AQI 小时指数变化情况见图 6-4。通过图 6-4 可以发现，昆明市春、夏、秋、冬四季的小时指数曲线在形状上具有相似性，即昆明市四个季节有较一致的日内空气污

染变化规律。具体表现为：污染相对较重的春、秋、冬三个季节自 22 时开始至次日 11 时基本都处于大于 1 的状态，其中 23 时至次日凌晨 1 时之间达到一个小的峰值，在 10 时左右达到一个较大的峰值，此时的空气质量为全天最差；在 13 时至 19 时之间 AQI 小时指数普遍小于 1，最小值出现在 16 时左右，此时空气质量全天最优。

通过其他 4 个城市四季 AQI 小时指数的分别考察可以得到类似昆明市的空气污染日内变化规律，由于篇幅的限制，本节不再赘述。

三、小结

通过对滇中城市群各样本城市 AQI 指数、首要污染物、AQI 小时指数的统计分析，总结了滇中城市群空气污染的总体情况、空气污染及首要污染物的统计规律和日内分时波动规律，最终得出以下结论：

1. 滇中城市群整体空气质量较好，但各城市空气污染状况存在差异性。

统计分析表明，滇中城市群整体空气质量较好，空气污染程度较轻，各城市空气质量达标比例普遍较高，但城市群内各城市之间空气污染状况呈现出明显的差异性。在 5 个样本城市中，玉溪和楚雄州的空气污染程度最轻，红河州的空气污染程度相对较重，昆明和曲靖的空气污染程度居中。分析其原因可能在于滇中城市群地处云贵高原，平均海拔高达 2000 米左右，由于其特殊的气候环境，各城市植被资源极其丰富，森林覆盖率均达到 44% 以上。滇中城市群海拔较高，低层大气温度高，高层大气温度低，易形成空气对流，有利于空气中污染物的扩散和迁移，高森林覆盖率也可以有效净化和改善城市空气质量。此外，滇中城市群第二产业以污染系数较低的烟草制品产业为主，对空气污染的影响不大。综合上述原因，滇中城市群的空气质量整体表现相对较好。

2. 滇中城市群空气污染出现明显的"季节效应"和"集簇性"。

统计分析表明，滇中城市群春冬两季空气污染程度相对较重，夏秋两季空气污染程度相对较轻，呈现出明显的"季节效应"。并且，滇中城市群优级空气质量或污染级空气质量会在某一时间段内连续出现，说明滇中城市群空气污染的波动呈现出"集簇性"。此外，滇中城市群空气污染在节假日前后波动明显，显现出"节日效应"特征，并且节后的空气质量显著优于节日期间和节日前的空气质量。"季节效应"产生的原因可能在于滇中城市群春季日温差相对较小，容易出现逆温层，且春季易受沙尘的影响，导致空气污染相对严重。其中，昆明市作为云南省的省会城市，人口密度及车流量较大，机动车尾气排放较多，结合夏季光照强烈、温度高的气候条件，使得空气中的臭氧浓度增大，造成空气污染。因此滇中城市群整体表现为春季污染程度较高，其中昆明市夏季的污染也较严重。"节日效应"产生的原因则可能在于春节期间，人们通过燃放烟花爆竹来庆祝，导致空气中二氧化硫及二氧化氮等污染物浓度上升；国庆长假期间，人们出行的需求会随之增大，而我国自 2012 年开始实施的节假日高速免费政策又进一步激励了人们自驾车旅游的意愿，导致汽车尾气的集中排放，导致污染物浓度在节日期间急剧上升。

3. 滇中城市群空气污染存在关联性。

统计分析表明，滇中城市群各城市空气污染波动上呈现出相似性，说明各城市间空气污染存在关联性，初步表明滇中城市群各城市空气污染之间存在相互影响的关系，在治理城市群空气污染时建议建立区域大气污染联防联控协同治理机制。

4. 滇中城市群空气污染的首要污染物为 PM_{10}。

统计分析表明，滇中城市群空气污染首要污染物以 $PM_{2.5}$ 和 PM_{10} 为主，且多数城市 PM$_{10}$ 为首要污染物出现的频次更高，并且两种首要污染物多出现在春冬两季。SO$_2$、CO 为首要污染物在各城市出现的频次相对较少，其中 CO 为首要污染物的情况在玉溪市发生频次较高。

5. 滇中城市群空气污染的日内呈现一定的规律性。

统计分析表明，滇中城市群空气污染的日内波动规律主要表现为，自 22 时开始至次日 11 时空气污染较严重、空气质量较差，在 13 时至 19 时之间空气污染较轻、空气质量较好，且四个季节表现出的日内波动规律具有相似性。这一结论可以为居民出行时间和活动时间、雾炮车的工作时间提供参考。

第三节　基于 VAR 模型的滇中城市群空气污染关联规律分析

本节使用 VAR 模型来研究滇中城市群内 5 个样本城市空气污染的关联规律。在前文研究中发现，滇中城市群的各样本城市分时首要污染物全年占比居于前两位的分别是 PM$_{10}$ 和 PM$_{2.5}$。由于 PM$_{2.5}$ 既是雾霾的主要成分，同时对人体也有很大的危害，因此本节选取 PM$_{2.5}$ 浓度指数来衡量滇中城市群的空气污染程度，并利用样本城市 2015 年 1 月 1 日 0 时至 2017 年 12 月 31 日 23 时 PM$_{2.5}$ 的分时监测数据来建模分析滇中城市群空气污染的关联规律。

一、数据序列的平稳性检验

建立 VAR 模型时，各参与建模的数据序列必须满足平稳性要求。本部分采用 ADF 检验法对滇中城市群各样本城市的 PM$_{2.5}$ 数据序列的平稳性进行检验，检验结果见表 6-6。由表 6-6 可知，滇中城市群 5 个样本城市的

$PM_{2.5}$ 数据序列在 99% 的置信水平下都是平稳的，可以直接建立 VAR 模型。

表 6-6　ADF 检验结果

城市（变量名）	ADF 统计量的值	临界值（1%）	伴随概率 P	结　　论
昆明市（KM）	-12.72890	-3.430428	0.0000	平　稳
曲靖市（QJ）	-17.68369	-3.430428	0.0000	平　稳
玉溪市（YX）	-11.23580	-3.430428	0.0000	平　稳
楚雄州（CXZ）	-10.67236	-3.430428	0.0000	平　稳
红河州（HHZ）	-12.36928	-3.430428	0.0000	平　稳

二、VAR 模型的建立

根据本节的研究目的，建立 VAR 模型，VAR 模型的表达式如式（6.3）所示。

$$y_t = \Phi_1 y_{t-1} + \cdots + \Phi_p y_{t-p} + \mu_t \quad t = 1,2,\cdots,T \qquad (6.3)$$

其中，y_t 是 5 维内生变量列向量；p 是滞后阶数；T 是样本个数。5×5 维矩阵 Φ_1，…，Φ_p 是待估计的系数矩阵，μ_t 是 5 维扰动列向量，也被称为脉冲值。本节选用昆明、曲靖、玉溪、楚雄和红河 5 个城市 2015 年 1 月 1 日 0 时至 2017 年 12 月 31 日 23 时 $PM_{2.5}$ 时间序列数据进行建模分析。

（一）滞后期 p 的确定

表 6-7　VAR 模型滞后阶数确定结果

Lag	LogL	LR	FPE	AIC	SC	HQ
0	-522485.1	NA	1.26E+11	39.74518	39.74673	39.74568
1	-393840.1	257.2313	7073216.	29.96121	29.97054	29.96422
2	-386063.8	15546.15	3922313.	29.37158	29.38868	29.37710

Lag	LogL	LR	FPE	AIC	SC	HQ
3	−385689. 6	747. 8445	3819510.	29. 34502	29. 36990	29. 35305
4	−384430. 6	251. 6048	3477282.	29. 25115	29. 28380	29. 26169
5	−384064. 0	732. 3381	3388106.	29. 22517	29. 26560	29. 23822
6	−383892. 4	342. 8988	3350520.	29. 21401	29. 26222	29. 22958
7	−383516. 3	751. 1664	3262220.	29. 18730	29. 24329	29. 20538
8	−383331. 5	368. 9857	3222809.	29. 17515	29. 23891	29. 19574
9	−383207. 2	248. 1938	3198554.	29. 16759	29. 23913	29. 19069
10	−383041. 7	330. 4154	3164544.	29. 15690	29. 23621*	29. 18251
11	−382928. 9	225. 1107	3143480.	29. 15023	29. 23731	29. 17834
12	−382852. 7	151. 9003*	3131278.*	29. 14634*	29. 24119	29. 17697*

滞后阶数的确定是 VAR 模型中的一个重要问题。在选择滞后阶数 p 时，一方面想使滞后阶数足够大，以便能完整反映滇中城市群空气污染的动态特征。但是另一方面，滞后阶数越大，需要估计的参数也就越多，模型的自由度就减少。因此，本部分运用 LR 检验法、AIC 信息准则、SC 信息准则、HQ 信息准则等方法来确定 VAR 模型的滞后阶数，检验结果见表 6-7。通过表 6-7 中各种检验方法的对比，考虑从简原则，最终以施瓦兹（SC）准则确定的 VAR 模型的滞后期为准，即确定 VAR 模型的滞后阶数为 10。

（二）VAR 模型的平稳性检验

实证结果显示，VAR 模型系统中 5 个方程的所有参数均通过了显著性检验，并且各方程的拟合优度都在 0.842 以上，同时，结合图 6-5 可知，模型特征方程所有根的倒数都在单位圆之内，表明模型结构稳定，是一个平稳系统，可以根据建立的 VAR 模型进行脉冲响应分析等。

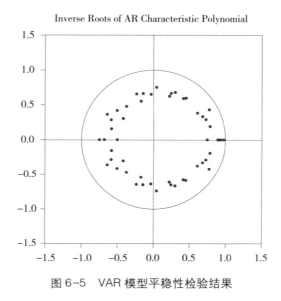

图 6-5　VAR 模型平稳性检验结果

三、格兰杰因果检验

Granger 因果检验可以判断一个变量的变化是否是另一个变量变化的 Granger 原因，在本部分中可以利用 Granger 因果检验来研究黔中城市群空气污染的溢出效应，即滇中城市群各城市空气污染之间是否会相互影响，特别是哪个城市是空气污染传播的源头，或城市间是否互为空气污染传播源头。

以 x 是否为 y 的 Granger 原因的检验为例，Granger 因果检验的原假设 H_0 为：变量 x 不能 Granger 引起变量 y；备择假设 H_1 为：变量 x 能 Granger 引起变量 y。在 5% 的显著水平下，若 p 值小于 0.05 则拒绝原假设，说明 x 是 y 的 Granger 原因。在滇中城市群各城市空气污染的 Granger 因果检验中，若 p 值小于 0.05，则说明一个城市空气污染是另一个城市空气污染的 Granger 原因，空气污染会由一个城市传播到另一个城市，从而降低另一个城市的空气质量。Granger 因果检验的结果见表 6-8。

表 6-8　Granger 因果检验结果

Null Hypothesis：	Obs	F-Statistic	Prob.
QJ does not Granger Cause KM	26294	15. 8323	9E−29
KM does not Granger Cause QJ		172. 736	0. 0000
YX does not Granger Cause KM	26294	37. 4531	9E−74
KM does not Granger Cause YX		204. 877	0. 0000
CXZ does not Granger Cause KM	26294	37. 5840	5E−74
KM does not Granger Cause CXZ		189. 331	0. 0000
HHZ does not Granger Cause KM	26294	27. 1195	4E−52
KM does not Granger Cause HHZ		48. 8032	1E−97
YX does not Granger Cause QJ	26294	77. 8498	2E−158
QJ does not Granger Cause YX		18. 3544	6E−34
CXZ does not Granger Cause QJ	26294	81. 7909	1E−166
QJ does not Granger Cause CXZ		13. 6365	3E−24
HHZ does not Granger Cause QJ	26294	48. 6921	2E−97
QJ does not Granger Cause HHZ		9. 99716	6E−17
CXZ does not Granger Cause YX	26294	127. 761	7E−262
YX does not Granger Cause CXZ		44. 8511	3E−89
HHZ does not Granger Cause YX	26294	36. 7388	3E−72
YX does not Granger Cause HHZ		31. 8273	5E−62
HHZ does not Granger Cause CXZ	26294	31. 9225	3E−62
CXZ does not Granger Cause HHZ		61. 8595	6E−125

　　由表 6-8 可知，滇中城市群 5 个城市间两两城市的 Granger 因果检验的结果都为拒绝原假设，说明滇中城市群各城市间的空气污染相互传播，互为

传播源，各城市空气污染存在溢出效应。以昆明市和曲靖市的 Granger 因果检验结果为例：原假设为昆明市 $PM_{2.5}$ 浓度不是曲靖市 $PM_{2.5}$ 浓度的 Granger 原因，检验结果显示伴随概率为 0.0000，远远低于 1%，原假设被拒绝，说明昆明市的空气污染是曲靖市空气污染的 Granger 原因；原假设为曲靖市 $PM_{2.5}$ 浓度不是昆明市 $PM_{2.5}$ 浓度的 Granger 原因，检验结果显示伴随概率为 9. E-29，远远低于 1%，原假设被拒绝，说明曲靖市的空气污染是昆明市空气污染的 Granger 原因，这表明昆明市和曲靖市的空气污染会相互影响，互为传播源，两城市的空气污染具有显著的溢出效应。

四、脉冲响应分析

Granger 因果检验只是说明两个城市的空气污染是否互为传播源，是否互为影响，但无法反映空气污染相互影响的大小以及影响的持续时间。基于 VAR 模型的脉冲响应函数可以分析 VAR 模型系统的每一内生变量施加的冲击对模型系统中其他所有内生变量产生的影响，还可以依靠 VAR 模型系统的动态性，反映影响的持续时间。因此，下面进一步利用基于 VAR 模型的脉冲响应函数，分析滇中城市群每一城市空气污染对其他城市空气污染影响的大小及持续时间。

接下来分别以滇中城市群中的昆明市、曲靖市和玉溪市为冲击元，进行脉冲响应分析，分析结果如图 6-6、图 6-7、图 6-8 所示。图 6-6、图 6-7、图 6-8 中，横坐标表示的是脉冲响应的时长，纵坐标反映的是响应元城市对冲击元城市空气污染的一个标准差冲击的响应程度。脉冲响应的响应程度越大，表明一个城市的空气污染对另一个城市空气污染的影响越大；脉冲响应持续时间越长，表明一个城市的空气污染对另一个城市空气污染的影响越久。

（一）昆明市空气污染对滇中城市群内其他城市空气质量的影响

以昆明市 $PM_{2.5}$ 浓度为冲击元，用脉冲响应函数来检验昆明市空气污染对滇中城市群内其他城市的影响，脉冲响应函数的结果如图6-6所示，从图6-6中可知：

首先，昆明市 $PM_{2.5}$ 的浓度变化对其他四个城市的影响都是正向的，即滇中城市群其他城市的 $PM_{2.5}$ 浓度会随着昆明市 $PM_{2.5}$ 浓度的升高而升高。

其次，昆明市 $PM_{2.5}$ 浓度的变化对曲靖市、玉溪市和楚雄州的影响有相似的变化趋势，随时间推移，该影响都是先迅速增大，达到峰值，然后逐渐衰减到零；昆明市 $PM_{2.5}$ 浓度的变化对红河州的影响相对特殊，先后出现大小不同的两个峰值。

再次，昆明市 $PM_{2.5}$ 浓度的变化对其他四个城市影响的峰值都出现在冲击后的一天（24小时）之内，表明空气污染传播的迅速性，但向每个城市传播的快慢各有不同，具体表现为：空气污染从昆明市向玉溪市传播达到峰值需要6小时，为简单起见，记为玉溪（6小时），空气污染从昆明市向其他几个城市传播达到峰值需要的时间分别为：曲靖市（8小时）、楚雄州（10小时）、红河州（7小时、20小时），结合滇中城市群的行政地图可以发现，昆明市空气污染向同一城市群内其他几个城市传播达到峰值所需时间随空间距离的增加而增加，说明污染传播达到峰值所需时间与空间距离成正比。

最后，昆明市 $PM_{2.5}$ 浓度的变化对其他四个城市影响的峰值大小也有差异，昆明市一个标准差的空气污染对玉溪市空气污染影响的峰值为2.0，同样为了简单明了起见，简记为玉溪市（2.0），对其他城市影响的峰值分别为：曲靖市（2.6）、楚雄州（2.4）、红河州（1.5、1.2），可以看出，随空间距离的增加，影响的峰值大小逐步减小。也就是说，影响的大小随空间距离的增加而减小。

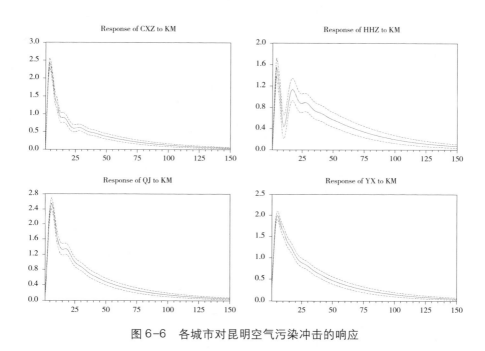

图6-6　各城市对昆明空气污染冲击的响应

（二）曲靖市空气污染对滇中城市群内其他城市空气质量的影响

以曲靖市 $PM_{2.5}$ 浓度为冲击元，用脉冲响应函数来检验曲靖空气污染对滇中城市群内其他城市的影响，脉冲响应函数的结果如图6-7，从图6-7中可知：

一方面，曲靖市 $PM_{2.5}$ 的浓度变化对昆明市、玉溪市和红河州的影响是正向的，即这三个城市的 $PM_{2.5}$ 浓度会随着曲靖市 $PM_{2.5}$ 浓度的升高而升高；而曲靖市 $PM_{2.5}$ 浓度变化对楚雄州的影响先表现出负向影响，随后逐渐转为正向影响。

另一方面，曲靖市 $PM_{2.5}$ 浓度的变化对昆明市和红河州的影响有相似的变化趋势，随时间推移，该影响都是先迅速增大，达到峰值后逐渐衰减趋

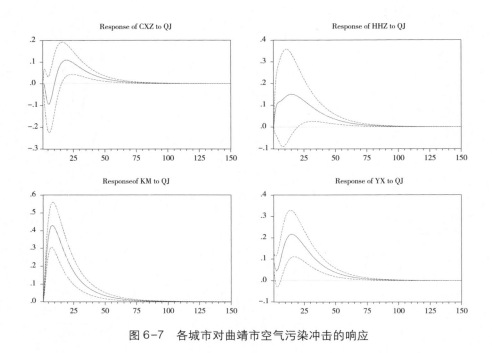

图6-7　各城市对曲靖市空气污染冲击的响应

　　零；而曲靖市 $PM_{2.5}$ 浓度的变化对楚雄州和玉溪市的影响相对特殊，曲靖市 $PM_{2.5}$ 浓度的变化对楚雄州的影响表现为先出现逐渐增大的负向影响，随后负向影响逐渐减小，再出现持续增大的正向影响，达到峰值后又逐渐衰减趋零；曲靖市 $PM_{2.5}$ 浓度的变化对玉溪市的影响为正，不过，先表现出短时间内的逐渐减小的正向影响，随后又表现出迅速增大，达到峰值后逐渐衰减趋零。

　　此外，曲靖市 $PM_{2.5}$ 浓度的变化对其他四个城市影响的峰值以及峰值的相对大小规律与昆明市的结果相似，但总体来看曲靖市 $PM_{2.5}$ 浓度的变化对其他四个城市影响峰值的出现时间要晚于昆明市影响峰值的出现时间，且曲靖市影响的峰值也小于昆明市影响的峰值。

（三）玉溪市空气污染对滇中城市群内其他城市空气质量的影响

以玉溪市 $PM_{2.5}$ 浓度为冲击元，用脉冲响应函数来检验玉溪市空气污染对滇中城市群内其他城市的影响，脉冲响应函数的结果如图6-8，从图6-8中可知：

首先，玉溪市 $PM_{2.5}$ 浓度变化对其他四个城市的影响都是正向的，即滇中城市群其他城市 $PM_{2.5}$ 浓度会随着玉溪市 $PM_{2.5}$ 浓度升高而升高。其次，玉溪市 $PM_{2.5}$ 浓度的变化对其他四个城市影响有相似的变化趋势，随时间推移，该影响都是先迅速增大，达到峰值，然后逐渐衰减趋零。最后，玉溪市 $PM_{2.5}$ 浓度的变化对其他四个城市影响的峰值都出现在冲击后的一天（24小时）之内，但每个城市达到峰值所需要的时间各有不同，且各城市峰值大小也有差异。

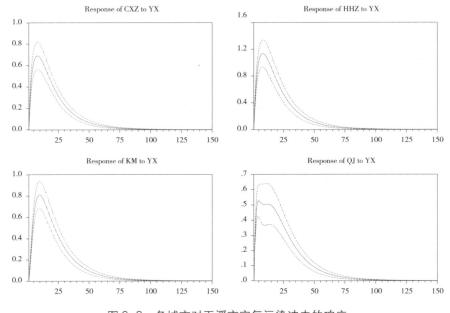

图6-8 各城市对玉溪市空气污染冲击的响应

此外，以楚雄州 $PM_{2.5}$ 浓度和红河州 $PM_{2.5}$ 浓度变化为冲击元的分析结果与玉溪市的结果高度相似，在此就不再展开叙述。

五、小结

本部分通过 VAR 模型、Granger 因果检验和脉冲响应函数分析研究了滇中城市群内 5 个样本城市空气污染的关联规律。通过实证研究的结果发现，滇中城市群内各城市空气污染存在明显的关联规律。Granger 因果检验的结果表明滇中城市群各城市空气污染之间存在显著的 Granger 因果关系，说明滇中城市群各城市间的空气污染互相传播，相互影响，各城市的空气污染存在显著的溢出效应。脉冲响应函数分析结果表明滇中城市群中各城市的空气污染会相互冲击，且大都表现为一个城市的空气污染会给其他城市带来正向的污染影响，影响的峰值会在 24 小时之内出现，且该影响会随着空间和时间尺度的增加而逐步衰减。

第四节　基于数据挖掘方法的滇中城市群空气污染关联规律分析

前文通过滇中城市群空气污染的统计方法对滇中城市群空气污染的概况和滇中城市群空气污染的规律进行了分析，通过 Granger 因果检验和脉冲响应函数对滇中城市群各样本城市空气污染的传染规律和溢出效应进行了分析。为了深度挖掘滇中城市群空气污染的关联规律，本节运用数据挖掘方法对滇中城市群空气污染指标的关联规则进行研究，以发现滇中城市群更深层次的空气污染规律。

一、关联规则方案设计

本节利用收集到的黔中城市群 5 个主要城市的 AQI 分时数据，按照表 6-2 所示的标准对 $PM_{2.5}$、PM_{10}、SO_2、NO_2、CO 和 O_3 六种污染物进行了分级，基于 R 语言中的 arules 程序包中的 Apriori 算法进行关联规则的发现。在进行关联规则发现过程中，需要预先设置支持度和置信度，若支持度和置信度的阈值太低，可能会产生过多无意义的规则；若阈值太高，则可能漏掉有意义的规则。但鉴于数据类型和数据个数的不同，并没有一种公认的初始支持度和置信度，其确定需要在研究过程中不断尝试和组合进而找到恰当的阈值。在阈值确定之后，挖掘出所有污染物之间的关联规则总库，评估出污染物之间的强关联规则。

由前文分析可知，滇中城市群的首要污染物主要为 PM_{10} 和 $PM_{2.5}$，但考虑到 PM_{10} 的浓度中包含了 $PM_{2.5}$，若将 PM_{10} 污染级别设定为后项集，则规则中 $PM_{2.5}$ 的等级将全部低于或等于 PM_{10} 的等级，挖掘方法存在缺陷，且考虑到城市群中 $PM_{2.5}$ 是造成雾霾天气的主要原因之一，它与空气质量呈显著的相关关系，且 $PM_{2.5}$ 相比与 PM_{10} 颗径更小，输送距离较远，更易富集空气中的有毒有害物质，并随着人类呼吸进入肺泡，进而引发各种疾病。因此，本节选择 $PM_{2.5}$ 进行挖掘，希望在滇中城市群空气污染物关联规则总库中识别出 $PM_{2.5}$ 规则总库，并评估出其他污染物与 $PM_{2.5}$ 的强关联规则。

二、数据挖掘结果输出

（一）$PM_{2.5}$ 关联规则总库

由数据挖掘得到的滇中城市群 $PM_{2.5}$ 关联规则总库可知，滇中城市群空气污染的关联规则主要体现在 $PM_{2.5}$ 为一级和 $PM_{2.5}$ 为二级的情况，主要原因在于滇中城市群空气污染程度整体较低，空气质量整体较好，中度、重度、严重污染等发生的频率较低。总体上来看，$PM_{2.5}$等级为一级的支持度普遍较高，提升度相对较低；$PM_{2.5}$等级为二级的支持度相对较低，提升度相对较高。

（二）不同等级的 $PM_{2.5}$ 的关联规则

表6-9和表6-10分别为滇中城市群$PM_{2.5}$为一级的关联规则和$PM_{2.5}$为二级的关联规则结果，表6-9和表6-10中由上至下是按照提升度（Lift）由大到小依次排列的。由表6-9可知，滇中城市群$PM_{2.5}$为一级的支持度（Support）普遍高于0.5，置信度（Confidence）普遍高于0.6，提升度（Lift）则普遍低于1.5。由表6-10可知，滇中城市群$PM_{2.5}$为二级的支持度介于0.29至0.3之间，普遍低于$PM_{2.5}$为一级的支持度；置信度则维持在0.7左右，普遍低于$PM_{2.5}$为一级的置信度；提升度维持在2.27左右，普遍高于$PM_{2.5}$为一级的提升度。

表6-9　$PM_{2.5}$为一级的关联规则

lhs　　　　rhs	support	confidence	lift
1 $\{PM_{10}=1\}$ => $\{PM_{2.5}=1\}$	0.554681	0.967915	1.507385
2 $\{PM_{10}=1, NO_2=1\}$ => $\{PM_{2.5}=1\}$	0.554681	0.967915	1.507385
3 $\{PM_{10}=1, CO=1\}$ => $\{PM_{2.5}=1\}$	0.554681	0.967915	1.507385
4 $\{PM_{10}=1, CO=1, NO_2=1\}$ => $\{PM_{2.5}=1\}$	0.554681	0.967915	1.507385
5 $\{PM_{10}=1, SO_2=1\}$ => $\{PM_{2.5}=1\}$	0.55462	0.967911	1.50738
6 $\{PM_{10}=1, SO_2=1, NO_2=1\}$ => $\{PM_{2.5}=1\}$	0.55462	0.967911	1.50738
7 $\{PM_{10}=1, SO_2=1, CO=1\}$ => $\{PM_{2.5}=1\}$	0.55462	0.967911	1.50738
8 $\{PM_{10}=1, SO_2=1, CO=1, NO_2=1\}$ => $\{PM_{2.5}=1\}$	0.55462	0.967911	1.50738

续表

	lhs　　　　rhs	support	confidence	lift
9	$\{PM_{10}=1, O_3=1\}$ => $\{PM_{2.5}=1\}$	0.554086	0.967881	1.507333
10	$\{PM_{10}=1, NO_2=1, O_3=1\}$ => $\{PM_{2.5}=1\}$	0.554086	0.967881	1.507333
11	$\{PM_{10}=1, CO=1, O_3=1\}$ => $\{PM_{2.5}=1\}$	0.554086	0.967881	1.507333
12	$\{PM_{10}=1, CO=1, NO_2=1, O_3=1\}$ => $\{PM_{2.5}=1\}$	0.554086	0.967881	1.507333
13	$\{PM_{10}=1, SO_2=1, O_3=1\}$ => $\{PM_{2.5}=1\}$	0.554025	0.967878	1.507328
14	$\{PM_{10}=1, SO_2=1, NO_2=1, O_3=1\}$ => $\{PM_{2.5}=1\}$	0.554025	0.967878	1.507328
15	$\{PM_{10}=1, SO_2=1, CO=1, O_3=1\}$ => $\{PM_{2.5}=1\}$	0.554025	0.967878	1.507328
16	$\{PM_{10}=1, SO_2=1, CO=1, NO_2=1, O_3=1\}$ => $\{PM_{2.5}=1\}$	0.554025	0.967878	1.507328
17	$\{SO_2=1, CO=1, NO_2=1, O_3=1\}$ => $\{PM_{2.5}=1\}$	0.640742	0.642428	1.000487
18	$\{CO=1, NO_2=1, O_3=1\}$ => $\{PM_{2.5}=1\}$	0.640803	0.642371	1.000399
19	$\{SO_2=1, NO_2=1, O_3=1\}$ => $\{PM_{2.5}=1\}$	0.640742	0.642369	1.000395
20	$\{SO_2=1, CO=1, O_3=1\}$ => $\{PM_{2.5}=1\}$	0.640742	0.642349	1.000365
21	$\{NO_2=1, O_3=1\}$ => $\{PM_{2.5}=1\}$	0.640803	0.642312	1.000307
22	$\{SO_2=1, CO=1, NO_2=1\}$ => $\{PM_{2.5}=1\}$	0.642054	0.642309	1.000302
23	$\{CO=1, O_3=1\}$ => $\{PM_{2.5}=1\}$	0.640803	0.642292	1.000276
24	$\{SO_2=1, O_3=1\}$ => $\{PM_{2.5}=1\}$	0.640742	0.64229	1.000273
25	$\{CO=1, NO_2=1\}$ => $\{PM_{2.5}=1\}$	0.642115	0.642252	1.000214
26	$\{SO_2=1, NO_2=1\}$ => $\{PM_{2.5}=1\}$	0.642054	0.64225	1.00021
27	$\{O_3=1\}$ => $\{PM_{2.5}=1\}$	0.640803	0.642233	1.000185
28	$\{SO_2=1, CO=1\}$ => $\{PM_{2.5}=1\}$	0.642054	0.64223	1.00018
29	$\{NO_2=1\}$ => $\{PM_{2.5}=1\}$	0.642115	0.642193	1.000122

续表

	lhs　　　　rhs	support	confidence	lift
30	$\{CO=1\}$ => $\{PM_{2.5}=1\}$	0.642115	0.642174	1.000092
31	$\{SO_2=1\}$ => $\{PM_{2.5}=1\}$	0.642054	0.642172	1.000088

表 6-10　PM$_{2.5}$为二级的关联规则

	lhs　　　　rhs	support	confidence	lift
1	$\{PM_{10}=2,\ CO=1,\ NO_2=1,\ O_3=1\}$ => $\{PM_{2.5}=2\}$	0.289509	0.706629	2.276519
2	$\{PM_{10}=2,\ CO=1,\ O_3=1\}$ => $\{PM_{2.5}=2\}$	0.28954	0.706625	2.276505
3	$\{PM_{10}=2,\ SO_2=1,\ CO=1,\ NO_2=1,\ O_3=1\}$ => $\{PM_{2.5}=2\}$	0.289479	0.706608	2.276449
4	$\{PM_{10}=2,\ SO_2=1,\ CO=1,\ O_3=1\}$ => $\{PM_{2.5}=2\}$	0.289509	0.706603	2.276435
5	$\{PM_{10}=2,\ NO_2=1,\ O_3=1\}$ => $\{PM_{2.5}=2\}$	0.289509	0.706524	2.27618
6	$\{PM_{10}=2,\ O_3=1\}$ => $\{PM_{2.5}=2\}$	0.28954	0.70652	2.276166
7	$\{PM_{10}=2,\ SO_2=1,\ NO_2=1,\ O_3=1\}$ => $\{PM_{2.5}=2\}$	0.289479	0.706502	2.27611
8	$\{PM_{10}=2,\ SO_2=1,\ O_3=1\}$ => $\{PM_{2.5}=2\}$	0.289509	0.706498	2.276096
9	$\{PM_{10}=2,\ CO=1,\ NO_2=1\}$ => $\{PM_{2.5}=2\}$	0.29041	0.706013	2.274534
10	$\{PM_{10}=2,\ CO=1\}$ => $\{PM_{2.5}=2\}$	0.29044	0.706009	2.27452
11	$\{PM_{10}=2,\ SO_2=1,\ CO=1,\ NO_2=1\}$ => $\{PM_{2.5}=2\}$	0.290379	0.705992	2.274464
12	$\{PM_{10}=2,\ SO_2=1,\ CO=1\}$ => $\{PM_{2.5}=2\}$	0.29041	0.705987	2.27445
13	$\{PM_{10}=2,\ NO_2=1\}$ => $\{PM_{2.5}=2\}$	0.29041	0.705909	2.274197
14	$\{PM_{10}=2\}$ => $\{PM_{2.5}=2\}$	0.29044	0.705904	2.274183
15	$\{PM_{10}=2,\ SO_2=1,\ NO_2=1\}$ => $\{PM_{2.5}=2\}$	0.290379	0.705887	2.274127
16	$\{PM_{10}=2,\ SO_2=1\}$ => $\{PM_{2.5}=2\}$	0.29041	0.705882	2.274113

三、数据挖掘结果分析

PM$_{2.5}$ 等级为一级的支持度普遍较高，说明 PM$_{2.5}$ 发生一级与 PM$_{10}$、SO$_2$、CO 等污染物发生一级同时出现的概率较高，污染物之间存在一定的关联性；而 PM$_{2.5}$ 等级为一级的提升度大于 1 小于 1.5，且规则 17 至规则 31 的提升度近似等于 1，说明污染物之间的关联性较弱，规则 17 至规则 31 甚至表现出无关联性存在，且污染物之间无排斥现象。

与 PM$_{2.5}$ 等级为一级的情况相比，PM$_{2.5}$ 等级为二级的提升度相对较高，但支持度相对较低，说明当空气质量下降时，滇中城市群各污染物之间的关联性变弱，各污染物之间不存在强关联规则。

四、小结

从本节的分析结果可以看出，滇中城市群各空气污染物之间的关联性表现不强，无强关联规则出现。出现此种情况的原因主要在于滇中城市群空气质量水平整体较高，空气污染程度较轻，当空气污染程度低时污染物浓度普遍不高，因此污染物之间的相互影响的关联性也相对较弱。

第五节　研究结论及治污减霾建议

一、研究结论

通过统计方法、VAR 模型方法、数据挖掘方法对滇中城市群空气污染规律的分析，得出以下主要结论：

1. 滇中城市群整体空气质量较好，但各城市空气污染状况存在差异性。

通过对滇中城市群各样本城市 AQI 指数、首要污染物、AQI 小时指数的统计分析，发现滇中城市群空气质量普遍较好，空气污染程度较轻，各城市空气质量达标比例普遍较高，但城市群内各城市之间空气污染状况呈现出明显的差异性。5 个样本城市中，玉溪市和楚雄州的空气污染程度最轻，红河州的空气污染程度相对较重，昆明市和曲靖市的空气污染程度居中。

2. 滇中城市群空气污染出现明显的"季节效应"和"集簇性"，空气污染的首要污染物主要为 PM_{10}。

统计分析表明，滇中城市群春冬两季空气污染程度相对较重，夏秋两季空气污染程度相对较轻，呈现出明显的"季节效应"，并且优级空气质量或污染级空气质量会在某一时间段内连续出现，说明滇中城市群空气污染的波动呈现出"集簇性"。此外滇中城市群空气污染在节假日前后波动明显，显现出"节日效应"特征，并且节后的空气质量显著优于节日期间和节日前的空气质量。

3. 滇中城市群空气污染存在关联性。

统计分析、Granger 因果检验、基于 VAR 模型的脉冲响应分析均表明滇中城市群各城市间空气污染存在关联性，各城市空气污染之间互相传播，相互影响，为城市群空气污染的联防联控提供了有力的实证研究依据。

4. 滇中城市群空气污染的相互影响程度与空间距离成反比。

基于 VAR 模型的脉冲响应函数分析结果表明滇中城市群中各城市的空气污染会相互冲击，且大都表现为一个城市的空气污染会给其他城市带来正向的污染影响，影响的峰值会在 24 小时之内出现，且影响程度会随着空间距离的增加而减少。

二、治污减霾建议

本章通过统计方法、VAR 模型方法、数据挖掘方法，从不同视角对中城市群空气污染的规律进行了分析，发现了一些明确的规律，下文将根据这些规律为滇中城市群空气污染的治理提出相应的对策建议。

1. 加快转变经济增长方式，实现经济发展与空气质量双赢。

城市发展必须与环境承载力相适应，发展不能以牺牲生态环境为代价，更不能以牺牲人的健康甚至是生命为代价。净化空气不仅仅是一个环保课题，而是包括转方式、调结构等改革在内的系统工程，要从源头来防治空气污染。[①] 由滇中城市群空气污染统计分析的结果来看，尽管滇中城市群的空气污染程度相对较轻，但空气污染依然存在，且城市群内各城市污染物以 PM_{10} 和 $PM_{2.5}$ 为主，玉溪市除这两种污染物外，CO 为污染物的情况比城市群内其他城市严峻，说明滇中城市群空气污染来源具有多元化特征，城市群内各城市导致空气污染的产业存在一定的差异性。有研究表明，第一产业和第二产业的空气污染系数和污染贡献率相对较高，要从根本上解决空气污染问题，应该把调整优化产业结构、强化创新驱动和保护生态环境结合起来，从根本上转变经济增长对化石燃料等的依赖，培育新的经济增长点[②]。要真正实现可持续发展，需引导各个城市转变经济增长模式，摒弃粗放式增长方式，鼓励绿色技术创新，促进地区产业结构调整和产业技术升级，特别是第二产业生产方式的转型升级，这样才能真正地实现生态文明，最终实现经济发展和生态环境的和谐统一。滇中城市群需加快转变经济增长方式步伐，以

---

① 严刚：《环境空气质量约束下珠江三角洲能源消费模式研究》，《环境科学学报》2011 年第 7 期。
② 胡宗群、吴映梅、张伟、杨静思、邓小威：《滇中城市群产业演进研究》，《地域研究与开发》2013 年第 1 期。

高新技术产业和服务业带动经济发展，积极发展清洁能源，提高能源利用效率，走新型化、清洁化工业道路，树立新的产业结构调整观，以信息化带动工业化，优先发展污染系数低的信息产业。与此同时，各市政府应及时把握工业化进程的变化，防止污染系数高的产业过度发展，引导新型产业快速发展，及时实现产业结构升级，通过推进工业结构的调整和优化，实现经济发展与空气质量的双赢。此外，各市政府可以参考发达国家的污染治理经验，结合本市实际情况，寻求因地制宜的市场运作模式，充分发挥政府、金融界、相关组织和中介机构的作用，培育和管理清洁生产市场，激励各组织机构开展清洁生产的审计工作，达到实现城市经济可持续发展的目的。

2. 实行城际差异化考核办法，将空气污染治理纳入政府绩效考核指标。

我国自 2014 年开始实施的《大气污染防治行动实施情况考核办法》中规定，除京津冀及其周边区域、长三角、珠三角以及重庆市以外，其余省市均以 PM_{10} 的年均浓度下降比例作为空气质量改善的考核指标。而前文的分析结果表明，滇中城市群中一些城市的首要污染物主要是 PM_{10}，而另一些城市的首要污染物主要是 $PM_{2.5}$，还有一些时期首要污染物是臭氧。说明现行的《大气污染防治行动实施情况考核办法》并不完全适用于滇中城市群内所有城市的实际情况，如果不出台动态考核办法，就可能出现即使通过考核目标，空气质量仍未改善的现象。要彻底改善大气污染治理效果，《大气污染防治行动实施情况考核办法》必须因地制宜，必须具有时变性。就滇中城市群来说，应改变空气质量考核指标"一刀切"的做法，针对不同城市空气污染特征不同的情况，以全年频次最高的污染物的年均浓度下降比例作为该城市空气质量改善的考核指标，各年度考核指标可以根据当年污染物出现频次排名的具体情况而适当调整。例如，滇中城市群中红河州空气污染程度相对较重，且污染物以 $PM_{2.5}$ 为主，则可以将 $PM_{2.5}$ 的年均浓度下降比例作为对红河州空气质量改善的考核指标；滇中城市群中昆明市和玉溪市空气污染相对较轻，且污染物以 PM_{10} 为主，则可以将 PM_{10} 的年均浓度下降比例作为昆明市和玉溪市空气质量改善的考核指标。目前，我国面临的空气污染问题并不是短期内形成的，经济高速增长与资源消耗和环境破坏并存的现象，与地方政府的考核机制密切相关。[1] 一直以来我国以 GDP 为核心的激励方式，导致地方政府出于政绩的考虑，会不惜以牺牲资源和破坏环境为代价。[2] 因此，以空气污染的治理效果作为评价地方政府主体的环保实绩以及作为地方政府的考核指标，对于地方空气污染的治理具有重大的意义。例如，在滇中城市群建立激励与惩罚机制以及考核问责制相结合的空气污染治理考核机制。针对城市群内各城市实行动态差异化考核指标，以城市比例最高的首要污染物年均浓度下降比例作为市政府的考核指标，同时将空气质量改善目标完成情况作为主要考核项目进行年度考核和终期考核。向社会公开考核结果，若地区未通过考核，则提出整改意见，勒令其限期整改，约谈市政府主要负责人，并对相关部门进行问责，扣减财政专项拨款等。

3. 建立城市群大气污染联防联治机制，实现多部门协同减排。

经过前文分析发现，虽然滇中城市群各空气污染物之间的关联性表现不强，但城市群内各城市空气污染存在关联性。治理空气污染是一项复杂的系统工程，[3] 由于空气具有流动性和扩散性，导致空气污染相应具有外部性，因此单个城市治理空气污染无法起到应有的效果，治理空气污染也并非一个

---

① 朱军、林珲、林文实、徐丙立：《用于大气污染扩散模拟的虚拟地理环境构建研究》，《系统仿真学报》2018 年第 1 期。

② 李明华、范绍佳、王宝民、吴兑、祝薇、刘吉：《秋季珠江口地区海风对城市群空气污染的影响》，《中山大学学报（自然科学版）》2008 年第 4 期。

③ 阮晨、汪小琦、胡林、黄庆：《基于大气环境箱式模型对成都平原城市群主要城市空间发展的评价分析》，《四川环境》2008 年第 1 期。

城市或者一个城市群能够根本解决的问题①。鉴于此，要想切实提高空气污染治理的效率，则需要树立各城市政府间合作的理念，建立空气污染跨区域治理机制，构建跨区域性的多元主体共同参与大气污染的联防联控，做到协同治理，这样才能提高大气污染治理实效。首先，需建立城市群内空气污染协同治理机构以及城市群间空气污染协同治理机构，例如建立滇中城市群空气污染协同治理机构，以及以滇中、黔中、北部湾、成渝城市群组成的西南城市群空气污染协同治理机构。空气污染协同治理机构负责区域内空气污染监测、预警、信息交流与共享等工作，作为城市、城市群、区域联动一体的空气污染治理平台。其次，构建城市群空气污染协同治理的利益协调和补偿机制。国内外治理大气污染的成功经验表明，单个城市空气污染防控模式效果不佳，只有各方共同参与、一致行动，遵循互利共赢和成本共担原则才能克服空气污染的外部性，防止搭便车行为的发生。例如，建立滇中城市群空气污染协同治理基金，对空气污染治理成效较好的城市予以奖励，对空气污染治理不达标的城市进行处罚等。再次，构建多部门协同减排的空气污染治理机制。空气污染治理涉及政府的多个部门，明确空气污染来源分类是空气污染重点治理、多元治理和科学治理的重要前提。改善空气环境要从有效降低空气污染物排放源头抓起，这决定了我们必须实行针对多种污染物来源的多个部门协同减排，建立与建设、能源、交通等多领域结合的大气污染治理模式。例如，将空气污染治理工作与土地利用、城市规划、煤炭能源的使用、交通规划等工作充分相结合，从根本上实现经济发展与大气污染治理齐头并进。最后，创新空气污染协同治理过程中的强制执行机制。空气污染区

---

① 马雁军、刘宁微、王扬锋：《辽宁中部城市群大气污染分布及与气象因子的相关分析》，《气象科技》2005年第6期。

域协同治理的实现需要各城市和城市群默认遵守规则。尽管各城市均追求蓝天白云，但当良好的空气环境与城市地方利益相冲突时，不排除个别城市采取机会主义行为，导致协同治理名存实亡。因此，滇中城市群空气污染协同治理须受到外部强制实施机制的制约，包括强制性约束和非强制性约束。强制性约束为地方拒不履行协调意见，或者履行义务时违反空气污染区域合作治理协议规定的，必须承担事先约定的政治、经济或法律责任。非强制性约束为一方违约时，其处罚可能不是严格意义上的制裁，却是某种合作的停止、某种优惠的取消；换而言之，违约方因为不履行义务而不能享受其权利，或者因为不履行义务而被其他地方政府所孤立。

4. 增强社会公众参与度，重视媒体舆论引导。

前文研究表明，滇中城市群空气污染表现出显著的日内波动规律，为了创造美好的大气环境，建议居民在高污染时段减少开车出行时间，改变煎炒油炸的烹饪习惯，雾炮车则应在空气污染较重的时间段内增加工作强度和循环频率。此外，国内外空气污染治理经验表明，公民、企业和媒体的参与是大气污染政府治理与市场诱导的有效补充，空气污染的治理不仅需要政策调控和经济刺激，还需要公民的主动参与，需要公民社会内部的合作与协调，需要在民间与政府、企业之间进行协调合作。例如，对于居民而言，倡导居民绿色出行，降低私家车的使用频率，减少烧烤的消费次数，改变消费习惯，倡导低碳生活；对于企业而言，推动技术创新、减少污染排放，遵守工地管理并接受公众监督；对于政府而言，削减燃煤总量，推进煤改气工程，积极推广使用新能源汽车。此外，特别应重视媒体在大气污染防治中的角色定位与功能发挥。继环保部门、社会企业、非政府组织之后，新闻媒体成为保护生态环境的"第四种力量"。作为一个独立的社会公共机构，新闻媒体承担着信息传递、舆论引导、监督社会其他组织部门的责任。在空气污染治理问题上，新闻媒体应大力宣传大气污染防治模范企业和市民，抨击偷排污染物、焚烧垃圾等污染大气环境的行为，有效监督企业和居民的行为，引导企业和居民绿色生产与生活，还广大居民以清洁空气。

第七章　黔中城市群空气污染规律挖掘及治污减霾对策设计

　　空气污染危害人类身体健康乃至生命，危害经济可持续发展及社会稳定。近几年，雾霾天在我国多个城市群频繁出现，李克强总理在中华人民共和国全国人民代表大会第五次会议上提出，要坚决打好蓝天保卫战，说明党中央对大气污染治理的决心。城市作为国家经济发展的核心力量，其生产经营活动对空气质量的影响至关重要。在城市的空间范围内，人类将生产资料通过劳动转化成商品和服务，并在生产过程中排放出大量废气，当废气的排放速率超过环境自身的净化速率后就会形成城市空气污染。改革开放以来，我国城市建设取得了一定成就，同时城市化进程中城市化效率总体偏低的现状使得城市空气污染问题逐渐突显①。城市群作为推进城市化的主体形态，其集聚效应无形中造成了更高风险的污染威胁②。2017 年，蓝天保卫战的成效显著，空气质量达标的城市比例和达标天数都有一定幅度的增加，但是持续较长的重度灰霾天气尚未得到改善。2018 年 5 月，全国生态环境保护大

---

① 高吉喜、张惠远：《构建城市生态安全格局——从源头防控区域大气污染》，《环境保护》2013 年第 10 期。

② 李茜、宋金平、张建辉、于伟、胡昊：《中国城市化对环境空气质量影响的演化规律研究》，《环境科学学报》2013 年第 5 期。

会在北京召开，会上习近平总书记再次强调要"坚决打好污染防治攻坚战"，"坚决打赢蓝天保卫战是重中之重"。

第一节　研究区域及数据介绍

一、研究区域

黔中城市群作为贵州最具发展条件的重点城市化区域和经济实力最强的板块，是带动贵州经济持续快速增长、促进区域协调发展的重要平台，也是贵州建设国家生态文明试验区、大数据综合试验区和内陆开放型经济试验区的重要支撑。

（一）黔中城市群概述

黔中城市群位于贵州省中部地区，是国家实施新型城镇化战略、长江经济带战略和新一轮西部大开发战略的重点区域，也是贵州省实施工业强省和城镇化带动主战略的重要支撑①。规划范围具体包括：贵阳市、贵安新区，遵义市红花岗区、汇川区、播州区、绥阳县、仁怀市，安顺市西秀区、平坝区、普定县、镇宁县，毕节市七星关区、大方县、黔西县、金沙县、织金县，黔东南州凯里市、麻江县，黔南州都匀市、福泉市、贵定县、瓮安县、长顺县、龙里县、惠水县，共计 33 个县（市、区），总面积 5.38 万平方公里。黔中城市群具体的行政区划如图 7-1 所示。2015 年黔中城市群常住人口 1643.47 万人，实现地区生产总值 7111.28 亿元，分别占贵州省的 46.56%、67.71%，占西部地区的 4.42%、4.88%。黔中城市群是中央深入

---

① 秦川：《黔中经济区工业化与城镇化良性互动研究》，贵州财经大学 2014 年硕士学位论文。

实施西部大开发战略提出的重点培育的贵州省域重要增长极，是贵州省的核心经济区域，具有明显的区位和地缘优势，环境承载力较强、发展空间和潜力很大①。

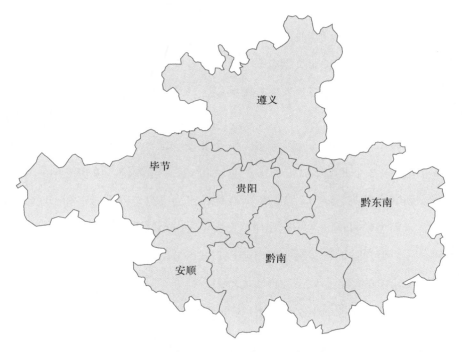

图 7-1　黔中城市群主要城市行政区划图

（二）黔中城市群发展现状

1. 产业经济发展现状

黔中城市群是贵州经济实力最强的区域，也是西部地区迅速成长的经济板块。2015 年，黔中城市群地区生产总值占贵州和西部地区比重分别比 2010 年提高了 8.87 和 1.56 个百分点。随着新兴行业快速发展、优势要素聚

---

① 肖郎平：《黔中城市群速度略领先滇中》，《经济信息时报》2016 年第 3 期。

集、海关实现通关一体化、区域知名度的提升，黔中城市群已成为引领贵州转型跨越发展和全方位对外开放的领头羊①。然而，黔中城市群经济发展方式整体较为粗放，增长质量和效益不高，经济总量小，人均水平低，2015年人均地区生产总值44171.39元，仅相当于全国平均水平的89.50%②。产业结构层次偏低，传统产业比重较大，去库存、去产能任务较重。新兴产业规模较小，对经济增长的贡献有限，吸纳就业能力不强③。科技投入相对不足，人才结构不合理。城乡发展差距明显，二元结构矛盾突出。

2. 城镇化发展现状

黔中城市群含1个Ⅰ型大城市、1个Ⅱ型大城市、2个中等城市、2个Ⅰ型小城市、3个Ⅱ型小城市、16个县城和197个建制镇，以贵阳中心城区和贵安新区为龙头，以市、州政府所在地城市为支撑，以小城市和小城镇为基础，以新型农村社区为补充，初步形成了大中小城市和小城镇协调发展的城镇体系。但总体而言，黔中城市群核心城市带动力弱，贵阳作为省会城市和黔中城市群的核心，城市综合实力不强，尚处于以聚集为主的城镇化发展阶段，辐射效应不明显④。市（州）中心城市规模普遍较小，中等城市数量较少。小城市和小城镇规模普遍偏小，基础设施和公共服务配套欠佳，人口和产业集聚能力较弱。贵阳与其他地州中心城市之间的联系较弱，与周边小城市和小城镇的合作层次不高。

---

① 朱志鹏、张志英：《黔中城市群空间范围界定和空间结构研究》，《地域研究与开发》2015年第5期。

② 许璟、安裕伦、胡锋、马良瑞：《基于植被覆盖与生产力视角的亚喀斯特区域生态环境特征研究——以黔中部分地区为例》，《地理研究》2015年第4期。

③ 白明、王孝平：《黔中经济区现状、问题与对策》，《贵州财经学院学报》2011年第5期。

④ 郭丹：《黔中城市圈生态环境与经济协调发展研究》，贵州财经大学2016年硕士学位论文。

3. 基础设施现状

黔中城市群以贵阳为枢纽，贵阳至广州、贵阳至长沙高铁开通，实现县县通高速、市州有机场，内外综合交通网络初具雏形[①]。水利建设空前加快，建成和开工黔中水利枢纽、夹岩水利枢纽等一批大中型水利工程，增强了区域水资源配置能力。"缅气入黔"工程实施，贵州进入"管道天然气时代"。通信基础设施实现升级换代，贵阳、遵义、安顺实现通信同城化。城镇基础设施建设力度不断加大，综合承载能力进一步提升。尽管如此，黔中城市群基础设施建设依旧存在待完善的地方，例如部分城市干道与高速公路、国省干线的快速连接通道不畅，交通枢纽与产业园区、景区之间衔接存在障碍，城际间交通网络建设仍待加强。贵阳核心城市基础设施和公共服务供给不能满足人口迅速增长的需要，"大城市病"等问题显现。区域能源、水利和信息等基础设施保障水平有待提升。

4. 资源环境现状

黔中城市群位于中国西南部高原山地，境内地势西高东低，平均海拔在1100米左右，属于亚热带湿润季风气候，气温变化小，冬暖夏凉，气候宜人。黔中城市群矿产资源丰富，汞、重晶石、磷、铝土矿、稀土、镁、锰、煤、锑、金、硫铁矿等矿产资源储量排在全国前列[②][③]。然而在发展过程中，黔中城市群逐渐凸显出水资源丰富与工程性缺水并存，可开发建设用地少与城镇土地利用效率低并存，能矿资源开发粗放与新能源开发利用不足并存。贵阳等城市大气污染防治压力加大，水污染防治任务重，局部地区水土流失

---

① 李锦宏、张思雪、潘飞：《推动黔中经济区发展的体制机制创新研究》，《贵州大学学报（社会科学版）》2012 年第 3 期。

② 杨毅：《新常态下黔中城市群协调发展规划策略》，《新常态：传承与变革——2015 中国城市规划年会论文集（12 区域规划与城市经济）》2015 年第 13 期。

③ 邹婷：《黔中经济区工业优势与发展路径研究》，《特区经济》2011 年第 10 期。

和石漠化等生态问题，生态系统退化和自然灾害风险大。

二、样本城市与数据来源

由于生态环境部在不同城市设立空气质量监测点的时间不同，因此不同城市的空气质量数据的起始时间有差异。考虑到样本城市的代表性以及地理空间上的连续性，本节采集了黔中城市群贵阳市、遵义市、安顺市、毕节市、黔东南州和黔南州共 6 个地级市（州）2015 年 1 月 1 日 0 时到 2017 年 12 月 31 日 23 时的 AQI 值与 SO_2、CO、NO_2、O_3、$PM_{2.5}$ 和 PM_{10} 六项污染物的浓度分时数据。数据来源于国家环保部空气质量数据的实时更新以及中国环境监测总站城市空气质量实时发布平台的历史监测数据。其中，对于少数缺失数据，通过试算比较几种常用的插值方法，最终选用误差最小的三次插值法补全。

第二节　黔中城市群空气污染规律统计分析

一、黔中城市群空气质量概况

（一）基于 AQI 时序图的分析

1. 黔中城市群主要城市 AQI 等级分布

表 7-1 描述了黔中城市群各样本城市各级空气质量的占比情况和空气质量达标率。图 7-2 描述了黔中城市群各样本城市 2015 年 1 月 1 日至 2017 年 12 月 31 日共计 26304 个小时的 AQI 分时波动情况。

表 7-1　黔中城市群各样本城市各级空气质量的占比情况

城　市	各级空气质量所占比重（%）				空气质量达标率
	优	良	轻度污染	中度及以上污染	
贵　阳	44	50.8	4.5	0.7	94.8
遵　义	38.7	52.1	7.5	1.7	90.8
安　顺	62.5	33.8	3	0.7	96.3
毕　节	58.7	35.4	4.5	1.4	94.1
黔东南州	60.5	35	3.7	0.8	95.5
黔南州	61.6	35.6	2.3	0.5	97.2

　　由表 7-1 可知，黔中城市群空气质量为优的频率最高，平均为 54.3%，空气质量为良的频率为平均 40.45%，轻度污染出现的频率平均为 4.25%，中度及以上污染出现的频率平均为 1%，说明黔中城市群空气质量整体较好。总体看，黔中城市群各样本城市空气质量达到优良的比例均达到 90% 以上，说明黔中城市群空气质量较好，空气污染程度较轻。在 6 个样本城市中，黔南州和安顺市的空气污染程度最轻，遵义市和毕节市的空气污染程度相对较高，贵阳市和黔东南州空气污染程度居中。

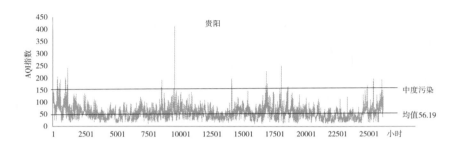

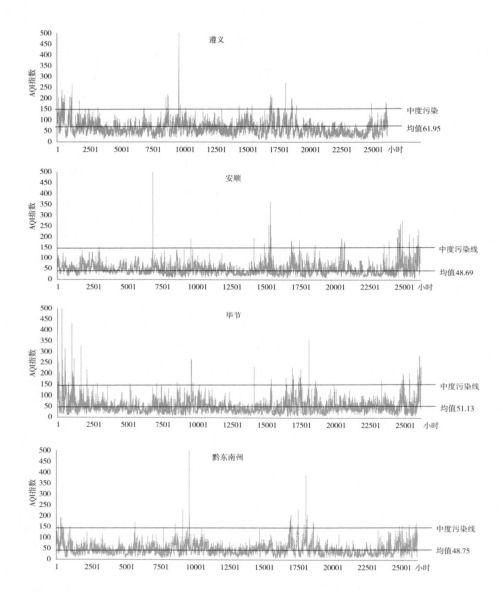

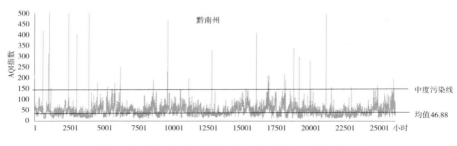

图7-2　黔中城市群各样本城市 AQI 分时波动情况

由图7-2可知，黔中城市群6个城市的 AQI 均值分布在46—62之间，各城市 AQI 均值相差不大，均值水平处于空气质量的优良两个等级，并且6个城市的 AQI 值超过"中度污染线"的频次很低，进一步说明黔中城市群整体空气质量较好，空气污染程度较轻。

综上所述，黔中城市群整体空气质量较好，空气污染程度较轻，各城市空气质量达标比例均超过90%，但城市群内各城市之间空气污染状况呈现出明显的差异性，黔南州和安顺市的空气污染程度最轻，遵义市和毕节市的空气污染程度相对较重，贵阳市和黔东南州空气污染程度居中。

2. 黔中城市群空气污染的日历效应

图7-3为2015年1月至2017年12月黔中城市群各样本城市各月平均 AQI 指数的折线图，由图7-3可知，统计期内黔中城市群各样本城市月平均 AQI 指数呈现出上下波动的规律，整体表现出两个以上的波峰和波谷。通过分析波峰和波谷出现的时段发现，AQI 值较高的时段多发生在春季（3月、4月、5月）和冬季（12月、1月、2月），AQI 曲线的波峰出现在春冬两季的频率较高，夏季（6月、7月、8月）和秋季（9月、10月、11月）AQI 值相对较低，AQI 曲线的波谷出现在夏秋两季的频率较高，且夏季的波谷低于秋季的波谷。说明黔中城市群春冬两季空气污染程度相对较重，夏秋两季空气污染程

度相对较轻，其中夏季的污染程度与秋季的污染程度相比更低，夏季为四季中空气污染程度最轻、空气质量最好的季节，黔中城市群空气污染呈现出明显的"季节效应"。此外，结合图7-2可知，优级空气质量或污染级空气质量会在某一时间段内连续出现，说明黔中城市群空气污染的波动呈现出"集簇性"。

通过研究各城市 AQI 指数的变化情况发现，各城市 AQI 指数在每年的元旦、国庆节、春节前后均呈现较大幅度的波动，显现出"节日效应"特征，并且节后的空气质量显著优于节日期间和节日前的空气质量，这与陈欣（2014）[①]、胡秋灵（2016）[②] 的研究结果一致。

3. 黔中城市群空气污染关联性

通过对图7-2中6个城市超过中度污染线的时段分析发现，在第9528小时到第9789之间、第17002小时到18621之间、第26040小时到第26243之间，6个城市都共同出现了持续时间不等的中度空气污染，呈现出空气污染波动上的相似性，从一个侧面说明6个城市之间存在空气污染的关联性。

从图7-3可知，黔中城市群6个样本城市月平均的 AQI 指数曲线上升段和下降段出现时间相近、波峰波谷出现的时间和频率也近似相同，整体表现出同上同下、协同波动的规律，从另一个侧面反映出黔中城市群各样本城市空气污染波动上的相似性及城市间空气污染的关联性。

（二）基于首要污染物的分析

根据环境空气质量指数技术规定（HJ633-2012）中的定义，首要污染物为 AQI 大于50时 IAQI 最大的空气污染物。接下来，本节将从各样本城市空气污染首要污染物的占比和各首要污染物的季节分布情况来讨论黔中城市

---

① 陈欣、刘喆、吴佩林：《中国城市空气质量的"春节效应"分析——来自31个重点城市的经验证据》，《统计与信息论坛》2014年第12期。

② 胡秋灵、李雅静：《基于 AQI 的滇中、黔中和北部湾城市群空气污染统计规律比较研究》，《生态经济》2016年第5期。

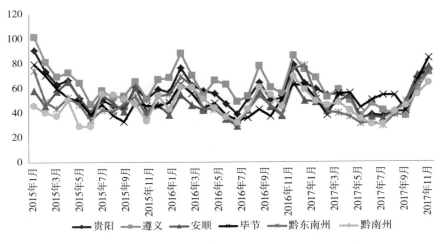

图 7-3　黔中城市群各样本城市 AQI 指数月平均变动情况

群空气污染规律。

1. 各城市首要污染物占比

表 7-2 列出了黔中城市群 6 个样本城市统计期内共 26304 个小时的首要污染物情况的统计结果。由表 7-2 可知，黔中城市群各城市全年出现次数最多的首要污染物为 $PM_{2.5}$，出现次数次多的首要污染物为 PM_{10}。此外，O_3 为首要污染物的情况在各城市均有出现，但出现次数普遍较少，NO_2 和 CO 为首要污染物的情况仅在黔南州出现过，SO_2 为首要污染物的情况仅在安顺市、毕节市、黔东南州和黔南州少次出现过。值得注意的是，黔南州作为黔中城市群样本城市中空气质量表现较好的城市，SO_2 为首要污染物出现的频次却比其他城市出现的频次要高出许多。

表 7-2　各城市首要污染物占比

项　目	贵　阳	遵　义	安　顺	毕　节	黔东南州	黔南州
O_3	0.5%	0.2%	0.2%	0.3%	0.1%	0.5%
$PM_{2.5}$	52.5%	54%	65.2%	67%	72.6%	55.2%
PM_{10}	47%	45.8%	34.2%	32.6%	27.3%	39.8%

2. 各城市首要污染物季节分布情况

表 7-3　各城市"AQI<50"及首要污染物季节分布情况

项　　目	城　市	春　季	夏　季	秋　季	冬　季
AQI<50	贵　阳	20.9%	38.7%	25.9%	14.5%
	遵　义	20.2%	34.4%	28.2%	17.2%
	安　顺	24.3%	31.7%	24.4%	19.6%
	毕　节	24.8%	30.9%	25.7%	18.6%
	黔东南州	26%	35.1%	23.5%	15.4%
	黔南州	25.6%	31.7%	23.5%	19.2%
	平　均	23.24%	34.16%	25.54%	17.06%
O_3	贵　阳	38%	56.4%	5.6%	—
	遵　义	—	100%	—	—
	安　顺	37.5%	50%	12.5%	—
	毕　节	69.2%	19.2%	11.6%	—
	黔东南州	50%	33%	17%	—
	黔南州	36.7%	20.4%	38.8%	4.1%
	平　均	48.68%	51.72%	11.68%	—

续表

项　目	城　市	春　季	夏　季	秋　季	冬　季
PM$_{2.5}$	贵　阳	22.8%	5.3%	22.2%	49.7%
	遵　义	27.8%	6.5%	18.9%	46.8%
	安　顺	25%	6.6%	25.5%	42.9%
	毕　节	23.5%	4.7%	23.8%	48%
	黔东南州	21.2%	5.9%	25.2%	47.7%
	黔南州	18.8%	9.8%	24.7%	46.7%
	平　均	24.06%	5.80%	23.12%	47.02%
PM$_{10}$	贵　阳	35.1%	23.4%	26.5%	15%
	遵　义	29.1%	34.2%	27.4%	9.3%
	安　顺	30.5%	24.3%	26.8%	18.4%
	毕　节	29.7%	39.8%	23.4%	7.1%
	黔东南州	30.8%	19.9%	31.9%	17.4%
	黔南州	29.2%	20.2%	31.3%	19.3%
	平　均	31.04%	28.32%	27.20%	13.44%

　　表7-3是对各样本城市"AQI<50"及各首要污染物出现时所处季节的占比情况的统计，以贵阳市O$_3$为首要污染物的春季占比的计算为例，是以O$_3$为首要污染物出现在春季的频次除以O$_3$为首要污染物在全年出现的总频次再乘以100%所得；表中平均值为城市群的平均情况，是通过城市群六个城市的O$_3$为首要污染物春季占比所计算的算术平均数。从表7-3中可以发现，各城市"AQI<50"多发生在夏季和秋季，春季和冬季发生的频率较低，从一个侧面反映出黔中城市群夏秋两季空气污染轻、春冬两季空气污染重，即空气污染存在明显的"季节效应"；O$_3$为首要污染物在贵阳市、黔南州发生相对较多，且多发生在贵阳市、遵义市和安顺市的夏季、毕节市和黔东南州的春季以及黔南州的春季和秋季；各城市PM$_{2.5}$和PM$_{10}$为首要污染物主要

出现在春、秋、冬季，说明黔中城市群春、秋、冬季的空气质量相对较差，空气污染相对较严重，夏季空气质量相对较好，空气污染相对较轻，反映出黔中城市群空气污染的"季节效应"。

二、黔中城市群空气污染日内波动规律

（一）AQI 小时指数的构建

季节指数用来反映某季度的变量水平与总平均值之间的比较稳定的关系，绘制季节指数图有助于更清晰地总结月度变迁对研究变量的影响，本节类似地定义 AQI 小时指数，用来反映一个季节内某一时点的 AQI 水平与季节平均水平之间的关系。其构建过程见本书第三章第二节。

（二）黔中城市群空气污染日内波动规律分析

此部分以贵阳市为例进行规律分析，首先分别计算出贵阳市每个季节的 24 小时 AQI 指数值，然后通过观察四季 AQI 小时指数图分析贵阳市不同季节空气污染的日内变化规律。贵阳市四季 AQI 小时指数变化情况见图 7-4。通过图 7-4 可以发现，春、夏、秋、冬四季的小时指数曲线在形状上具有高度相似性，即四个季节有较一致的日内空气污染相对变化。具体表现为：自 18 时开始至次日凌晨 4 时基本都处于大于 1 的状态，其中在 22 时左右达到一个较大的峰值，此时的空气质量为全天最差；在 6 时至 11 时和 14 时至 15 时之间 AQI 小时指数普遍小于 1，最小值出现在 8 时左右，此时空气质量全天最优。

通过其他 5 个城市四季 AQI 小时指数的分别考察可以得到类似上述的空气污染日内变化规律，限于篇幅，在此不再赘述。

三、小结

通过对黔中城市群各样本城市 AQI 指数、首要污染物、AQI 小时指数的

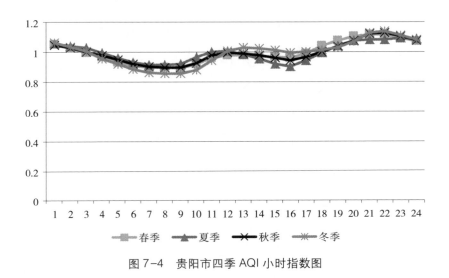

图 7-4 贵阳市四季 AQI 小时指数图

统计分析，总结了黔中城市群空气污染的总体情况、空气污染及首要污染物的统计规律和日内分时波动规律，得出以下结论：

1. 黔中城市群整体的空气质量较好，但各城市空气污染状况存在差异性。

研究表明，黔中城市群整体的空气质量较好，空气污染程度较轻，各城市空气质量达标比例普遍较高，但城市群内各城市之间空气污染状况呈现出明显的差异性，黔南州和安顺市的空气污染程度最轻，遵义市和毕节市的空气污染程度相对较重，贵阳市和黔东南州空气污染程度居中。分析其原因可能在于黔中城市群第二产业占比相对较低，地处云贵高原，且属于亚热带湿润季风气候，全年降水量丰富，工业废气排放量低，污染扩散快。其中，贵阳市空气污染较重的主要原因可能在于过高的城市人口密度以及城镇化水平，遵义市空气质量较差的主要原因则是其丰富的煤炭资源，毕节市则是国家"西电东送"的重要能源基地。此外，贵阳市、遵义市和安顺市气压偏低，逆温层、静风出现频率偏高，结合当地高相对湿度条件，导致空气中的污染物不宜扩散，使得空气污染加剧。

2. 黔中城市群空气污染出现明显的"季节效应"和"集簇性"。

研究表明，黔中城市群春冬两季空气污染程度相对较重，夏秋两季空气污染程度相对较轻，总体表现为冬季污染最重，夏季污染最轻，呈现出明显的"季节效应"，并且优级空气质量或污染级空气质量会在某一时间段内连续出现，说明黔中城市群空气污染的波动呈现出"集簇性"。此外，黔中城市群空气污染在节假日前后波动明显，显现出"节日效应"特征，并且节后的空气质量显著优于节日期间和节日前的空气质量。分析黔中城市群冬季污染较重的原因可能在于黔中城市群气压较低，而冬季主要为下沉气流，不利于污染物的扩散，且冬季容易受到内陆地区的冷空气影响，可能存在承接内陆污染的可能。

3. 黔中城市群空气污染存在关联性。

研究表明，黔中城市群各城市空气污染波动上呈现出相似性，说明各城市间空气污染存在关联性，初步表明黔中城市群各城市空气污染之间存在相互影响的关系，在治理城市群空气污染时建议建立区域大气污染联防联控协同治理机制。

4. 黔中城市群空气污染的首要污染物主要为 $PM_{2.5}$。

研究表明，黔中城市群空气污染的首要污染物以 $PM_{2.5}$ 和 PM_{10} 为主，且 $PM_{2.5}$ 为首要污染物出现的频次更高，并且两种首要污染物多出现在春冬两季。SO_2、CO 为首要污染物在各城市出现的频次相对较少，其中 SO_2 为首要污染物的情况在黔南州市发生频次较高。黔中城市群以丰富的铝土矿产资源和煤炭资源而著名，其第二产业占比虽然不高，但支柱产业主要为矿产开采及加工、煤炭开采和洗选以及电力热力供应等污染系数较高的产业，这有可

能是其 $PM_{2.5}$ 为首要污染物出现的频次最高的原因。

5. 黔中城市群空气污染的日内呈现一定的规律性。

黔中城市群空气污染的日内波动规律主要表现为，自 20 时至 24 时空气污染较严重、空气质量较差，22 时空气质量最差，在 7 时至 9 时空气污染较轻、空气质量较好，且四个季节表现出的日内波动规律具有相似性。这一结论可以为居民出行时间和活动时间、雾炮车的工作时间提供参考。

第三节　基于 VAR 模型的黔中城市群空气污染关联规律分析

本部分使用 VAR 模型来研究黔中城市群内 6 个样本城市空气污染的关联规律。在前文研究中发现，黔中城市群的各样本城市分时首要污染物全年占比居于前两位的分别是 PM_{10} 和 $PM_{2.5}$。由于 $PM_{2.5}$ 既是雾霾的主要成分，同时对人体也有很大的危害，特别是 $PM_{2.5}$ 是黔中城市群最主要的污染物，因此本部分选取 $PM_{2.5}$ 浓度指数来衡量黔中城市群的空气污染程度，并利用样本城市 2015 年 1 月 1 日 0 时至 2017 年 12 月 31 日 23 时 $PM_{2.5}$ 的分时监测数据来建模分析黔中城市群空气污染的关联规律。

一、数据序列的平稳性检验

建立 VAR 模型时，各参与建模的数据序列必须满足平稳性要求。本部分采用 ADF 检验法对黔中城市群各样本城市的 $PM_{2.5}$ 数据序列的平稳性进行检验，检验结果见表 7-4。由表 7-4 可知，黔中城市群 6 个样本城市的 $PM_{2.5}$ 数据序列在 99% 的置信水平下都是平稳的，可以直接建立 VAR 模型。

表 7-4　数据序列的·ADF 检验结果

城市（变量名）	ADF 统计量	临界值（1%）	伴随概率 P	结　论
贵阳（GY）	-13.10968	-3.430428	0.0000	平稳
遵义（ZY）	-10.38263	-3.430428	0.0000	平稳
安顺（AS）	-17.15471	-3.430428	0.0000	平稳
毕节（BJ）	-15.50639	-3.430428	0.0000	平稳
黔东南州（QDNZ）	-13.35637	-3.430428	0.0000	平稳
黔南州（QNZ）	-14.05553	-3.430428	0.0000	平稳

二、VAR 模型的建立

根据本部分的研究目的，建立 VAR 模型，VAR 模型的表达式如（7.1）所示。

$$y_t = \Phi_1 y_{t-1} + \cdots + \Phi_p y_{t-p} + \mu_t \quad t = 1, \ 2 \cdots T \tag{7.1}$$

其中，y_t 是 6 维内生变量列向量；p 是滞后阶数；T 是样本个数。6×6 维矩阵 Φ_1，$\cdots$，Φ_p 是待估计的系数矩阵，μ_t 是 6 维扰动列向量，也被称为脉冲值。本部分选用贵阳市、遵义市、安顺市、毕节市、黔东南州和黔南州 6 个城市的 2015 年 1 月 1 日 0 时至 2017 年 12 月 31 日 23 时 $PM_{2.5}$ 时间序列数据进行建模分析。

（一）滞后期 p 的确定

滞后阶数的确定是 VAR 模型中的一个重要问题。在选择滞后阶数 p 时，一方面希望滞后阶数足够大，以便能完整反映黔中城市群空气污染的动态特征；但是另一方面，滞后阶数越大，需要估计的参数也就越多，模型的自由度就减少。因此，本部分运用 LR 检验法、AIC 信息准则、SC 信息准则、HQ 信息准则等方法来确定 VAR 模型的滞后阶数，检验结果见表 7-5。通过

表 7-5 中各种检验方法的对比，考虑从简原则，最终以施瓦兹（SC）准则确定的 VAR 模型的滞后期为准，即确定 VAR 模型的滞后阶数为 3。

表 7-5　VAR 模型滞后阶数确定结果

Lag	LogL	LR	FPE	AIC	SC	HQ
0	−680938.1	NA	1.25e+15	51.79070	51.79256	51.79130
1	−518927.6	323934.8	5.59e+09	39.47137	39.48443	39.47559
2	−512264.0	13320.47	3.38e+09	38.96730	38.99155	38.97513
3	−511478.2	1570.575	3.19e+09	38.91027	38.94572*	38.92171
4	−511312.7	330.7071	3.16e+09	38.90042	38.94706	38.91548
5	−511162.5	299.9077	3.13e+09	38.89174	38.94957	38.91041
6	−510953.8	416.8004	3.09e+09	38.87860	38.94764	38.90089
7	−510775.9	355.2453	3.06e+09	38.86781	38.94804	38.89371
8	−510660.3	230.9204*	3.04e+09*	38.86175*	38.95317	38.89127*

（二）VAR 模型的平稳性检验

实证结果显示，VAR 模型中 6 个方程的所有参数均通过了显著性检验，并且各方程的拟合优度都在 0.934 以上，同时，结合图 7-5 可知，模型特征方程所有根的倒数都在单位圆之内，表明模型结构稳定，是一个平稳系统，可以根据模型进行脉冲响应分析等。

三、格兰杰因果检验

格兰杰（Granger）因果检验可以判断一个变量的变化是否是另一个变量变化的 Granger 原因，本部分利用 Granger 因果检验来研究黔中城市群空气污染的溢出效应，即黔中城市群各城市空气污染之间是否会相互影响，特别是哪个城市是空气污染传播的源头或城市间是否互为空气污染传播源头。

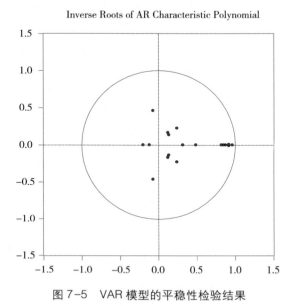

图 7-5　VAR 模型的平稳性检验结果

　　Granger 因果检验的原假设 H_0 为：变量 x 不能 Granger 引起变量 y；备择假设 H_1 为：变量 x 能 Granger 引起变量 y。在 5% 的显著水平下，若 p 值小于 0.05 则拒绝原假设，说明 x 是 y 的 Granger 原因。在黔中城市群各城市空气污染的 Granger 因果检验中，若 p 值小于 0.05 则说明一个城市空气污染是另一个城市空气污染的 Granger 原因，空气污染会从一个城市传播到另一个城市，从而降低另一个城市的空气质量。Granger 因果检验的结果见表 7-6。

表 7-6　Granger 因果检验结果

Null Hypothesis：	Obs	F-Statistic	Prob.
ZY does not Granger Cause GY	26294	27. 2993	2E-52
GY does not Granger Cause ZY		56. 2096	4E-113

续表

Null Hypothesis:	Obs	F-Statistic	Prob.
AS does not Granger Cause GY	26294	94. 7133	2E−193
GY does not Granger Cause AS		33. 5609	1E−65
BJ does not Granger Cause GY	26294	93. 0671	4E−190
GY does not Granger Cause BJ		32. 2272	8E−63
QDNZ does not Granger Cause GY	26294	85. 2449	8E−174
GY does not Granger Cause QDNZ		52. 8520	4E−106
QNZ does not Granger Cause GY	26294	12. 3053	1E−21
GY does not Granger Cause QNZ		110. 829	6E−227
AS does not Granger Cause ZY	26294	42. 6986	9E−85
ZY does not Granger Cause AS		15. 6471	2E−28
BJ does not Granger Cause ZY	26294	91. 2664	2E−186
ZY does not Granger Cause BJ		25. 7138	3E−49
QDNZ does not Granger Cause ZY	26294	93. 6968	2E−191
ZY does not Granger Cause QDNZ		13. 0161	5E−23
QNZ does not Granger Cause ZY	26294	7. 11890	3E−11
ZY does not Granger Cause QNZ		53. 0786	2E−106
BJ does not Granger Cause AS	26294	22. 1826	7E−42
AS does not Granger Cause BJ		23. 7650	4E−45
QDNZ does not Granger Cause AS	26294	15. 2246	2E−27
AS does not Granger Cause QDNZ		31. 4427	3E−61
QNZ does not Granger Cause AS	26294	9. 90839	9E−17
AS does not Granger Cause QNZ		40. 8243	7E−81
QDNZ does not Granger Cause BJ	26294	14. 3526	9E−26
BJ does not Granger Cause QDNZ		21. 6025	1E−40

续表

Null Hypothesis：	Obs	F-Statistic	Prob.
QNZ does not Granger Cause BJ	26294	8. 02388	5E-13
BJ does not Granger Cause QNZ		33. 6882	7E-66
QNZ does not Granger Cause QDNZ	26294	17. 7529	1E-32
QDNZ does not Granger Cause QNZ		159. 250	0. 0000

由表7-6可知，黔中城市群6个城市两两城市间的格兰杰因果检验的结果都为拒绝原假设，说明黔中城市群各城市间的空气污染相互传播，互为传播源，各城市空气污染存在溢出效应。以贵阳市和遵义市的格兰杰因果检验结果为例：原假设为贵阳 $PM_{2.5}$ 浓度不是遵义 $PM_{2.5}$ 浓度的 Granger 原因，检验结果显示伴随概率为4E-113，远远低于5%，说明原假设被拒绝，即贵阳市的空气污染是遵义市空气污染的 Granger 原因；原假设为遵义 $PM_{2.5}$ 浓度不是贵阳 $PM_{2.5}$ 浓度的 Granger 原因，检验结果显示伴随概率为2E-52，远远低于5%，说明原假设被拒绝，即遵义市的空气污染是贵阳市空气污染的 Granger 原因，这表明贵阳市和遵义市的空气污染会相互传播，互为影响，两城市的空气污染具有显著的溢出效应。

四、脉冲响应分析

Granger 因果检验只是说明两个城市的空气污染是否互为传播源，是否互为影响，但无法反映空气污染相互影响的大小以及影响的持续时间。基于 VAR 模型的脉冲响应函数可以分析 VAR 模型系统的每一内生变量施加的冲击对模型系统中其他所有内生变量产生的影响，还可以依靠 VAR 模型系统的动态性，反映影响的持续时间。因此，下面进一步利用基于 VAR 模型的脉冲响应函数，分析黔中城市群每一城市空气污染对其他城市空气污染影响的大小及持续时间。

接下来，分别以黔中城市群中贵阳市、黔南州和黔东南州为冲击元，进行脉冲响应分析，分析结果如图 7-6、图 7-7、图 7-8 所示。图 7-6、图 7-7、图 7-8 中，横坐标表示的是脉冲响应的时长，纵坐标反映的是响应元城市对冲击元城市空气污染的一个标准差冲击的响应程度。脉冲响应的响应程度越大表明一个城市的空气污染对另一个城市空气污染的影响越大，脉冲响应持续时间越长表明一个城市的空气污染对另一个城市空气污染的影响越久。除以上三个城市外，对遵义市、安顺市和毕节市的脉冲响应函数分析可以得到与贵阳市相似的规律，由于篇幅的限制，本部分未列出相应的脉冲相应函数图。

（一）贵阳市空气污染对黔中城市群内其他城市的影响

以贵阳市 $PM_{2.5}$ 浓度为冲击元，用脉冲响应函数来检验贵阳市空气污染对黔中城市群内其他城市的影响，脉冲响应函数的结果如图 7-6 所示，从图 7-6 中可知：

首先，贵阳市 $PM_{2.5}$ 的浓度变化对其他五个城市的影响都是正向的，即黔中城市群其他城市的 $PM_{2.5}$ 浓度会随着贵阳市 $PM_{2.5}$ 浓度的升高而升高。

其次，贵阳市 $PM_{2.5}$ 浓度的变化对黔中城市群其他城市的影响有相似的变化趋势，随时间的推移，该影响都是先迅速增大，达到峰值，然后逐渐衰减趋零。

再次，贵阳市 $PM_{2.5}$ 浓度的变化对其他五个城市的影响的峰值都出现在冲击后的一天（24 小时）之内，表明空气污染传播的迅速性，但向每个城市传播的快慢各有不同，具体表现为：空气污染从贵阳市向遵义市传播达到峰值需要 5 小时，为简单起见，记为遵义（5 小时），空气污染从贵阳市向其他几个城市传播达到峰值需要的时间分别为：黔南州（6 小时）、黔东南州（7 小时）、安顺市（10 小时）、毕节市（12 小时），结合黔中城市群的地图可以发现，贵阳市空气污染向其他几个城市传播达到峰值所需时间随空间距离的增加而增加，即空气污染传播达到峰值所需时间与空间距离成正比。

最后，贵阳市 $PM_{2.5}$ 浓度的变化对其他五个城市影响的峰值相对大小也有差异，具体表现为：贵阳市一个标准差的空气污染对遵义市空气污染影响的峰值为 2.19，同样为了简单明了起见，简记为遵义市（2.19），对其他城市影响的峰值分别为：黔南州（1.88）、黔东南州（1.6）、安顺市（1.246）、毕节市（0.59），可以看出，随空间距离的增加，影响的峰值大小逐步减小。也就是说，影响的大小随空间距离的增加而减小。

（二）黔东南州空气污染对黔中城市群内其他城市的影响

以黔东南州 $PM_{2.5}$ 浓度为冲击元，用脉冲响应函数来检验黔东南州空气污染对黔中城市群内其他城市的影响，脉冲响应函数的结果如图 7-7 所示，从图 7-7 可知：

首先，黔东南州 $PM_{2.5}$ 的浓度变化对其他五个城市的影响都是正向的，即黔中城市群其他城市 $PM_{2.5}$ 浓度会随着黔东南州 $PM_{2.5}$ 浓度的升高而升高。

其次，黔东南州 $PM_{2.5}$ 浓度的变化对黔中城市群其他城市的影响有相似的变化趋势，随时间的推移，该影响都是先迅速增大，达到峰值，然后逐渐衰减到零。

再次，黔东南州 $PM_{2.5}$ 浓度变化对其他五个城市影响的峰值都出现在冲击后的一天（24 小时）之内，但每个城市达到峰值所需时间各有不同，具体表现为遵义市（8 小时）、黔南州（4 小时）、贵阳市（5 小时）、安顺市（21 小时）、毕节市（5 小时），与贵阳市 $PM_{2.5}$ 浓度的变化冲击影响不同，

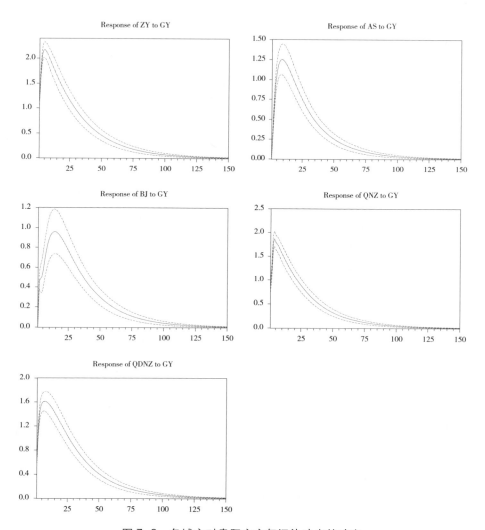

图 7-6　各城市对贵阳市空气污染冲击的响应

黔东南州 $PM_{2.5}$ 浓度对其他城市 $PM_{2.5}$ 浓度影响的峰值未在空间距离上表现出明确的规律性。

最后，黔东南州 $PM_{2.5}$ 浓度变化对其他五个城市影响的峰值大小也有差

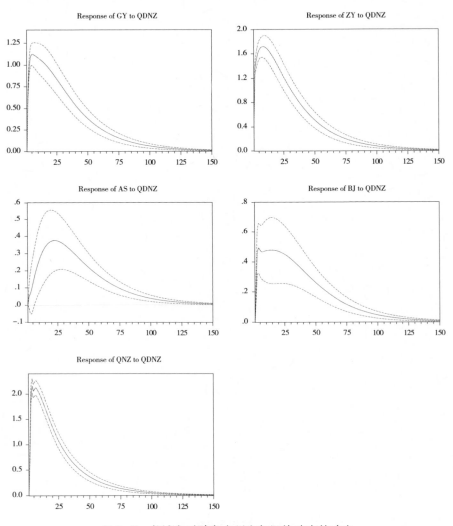

图 7-7　各城市对黔东南州空气污染冲击的响应

异，具体表现为黔南州（2.16）、遵义市（1.72）、贵阳市（1.109）、安顺市（0.37）、毕节市（0.48），结合黔中城市群行政地图可以发现，随空间距离的递增，冲击后影响峰值大小逐步递减，这一点与贵阳市相同。

（三）黔南州空气污染对黔中城市群内其他城市的影响

以黔南州$PM_{2.5}$浓度为冲击元，用脉冲响应函数来检验黔南州空气污染对黔中城市群内其他城市的影响，脉冲响应函数的结果如图7-8所示，从图7-8可知：

首先，黔南州$PM_{2.5}$浓度变化对贵阳市、安顺市和黔东南州的影响都是正向的，即这三个城市$PM_{2.5}$浓度会随着黔南州$PM_{2.5}$浓度的升高而升高；但黔南州$PM_{2.5}$浓度变化对遵义市和毕节市的影响则在达到正的影响峰值后，在向零衰减的过程中有短时间的负影响，总体影响为正。

其次，黔南州$PM_{2.5}$浓度的变化对贵阳市、安顺市和黔东南州的影响有相似的变化趋势，随时间的推移，该影响都先迅速增大，达到峰值，然后逐渐衰减趋零；黔南州$PM_{2.5}$浓度变化对遵义市的影响先表现为达到正的峰值，然后逐渐衰减，之后表现出增大的负向影响，然后达到负向影响的峰值后开始减小，同时正向影响开始增大，达到正向影响的峰值后逐渐衰减趋零；黔南州$PM_{2.5}$浓度变化对毕节市的影响则是先表现出短时间内负向影响的增加，达到峰值，随后负向影响减小至零并表现出较小的正向影响，后随着时间推移逐渐趋零。这个独特的现象能否解释为黔南州空气污染根本无法传播到毕节市和遵义市？有待进一步基于气象学、地理学知识等阐释或证实。

再次，黔南州$PM_{2.5}$浓度变化对贵阳市、安顺市和黔东南州正向影响的峰值都出现在冲击后的一天（24小时）之内，但每个城市达到峰值所需要的时间各有不同，具体表现为黔南州（6小时）、贵阳市（9小时）、安顺市（11小时），表现出随着空间距离的递增而递增的规律；黔南州$PM_{2.5}$浓度变化对遵义市负向影响的峰值出现在第10小时；黔南州$PM_{2.5}$浓度变化对毕节市负向影响的峰值出现在第9小时。

最后，黔南州 $PM_{2.5}$ 浓度变化对黔东南、贵阳、安顺影响的峰值大小也有差异，具体表现为黔东南州（0.67）、贵阳市（0.46）、安顺市（0.27），表现出随着空间距离的增加而减小的规律。

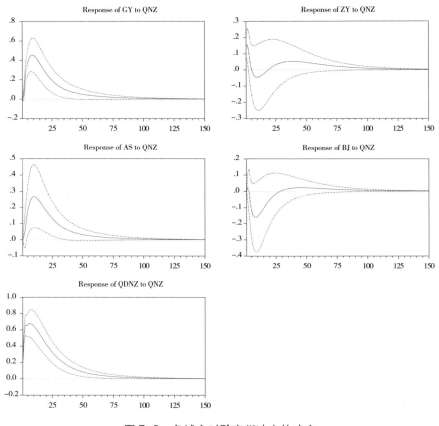

图 7-8　各城市对黔南州冲击的响应

五、小结

本部分通过 VAR 模型、Granger 因果检验和脉冲响应函数分析来研究黔中城市群内 6 个样本城市空气污染的关联规律。通过实证研究的结果发现，黔中城市群内各城市空气污染存在明显的关联规律。Granger 因果检验的结果表明黔中城市群各城市空气污染之间存在显著的 Granger 因果关系，说明黔中城市群各城市间的空气污染互相传播、互相影响，各城市的空气污染存在显著的溢出效应。脉冲响应函数分析结果表明黔中城市群中各城市的空气污染会相互冲击，且大都表现为一个城市的空气污染会给其他城市带来正向的污染影响，影响的峰值会在 24 小时之内出现，且该影响会随着空间和时间尺度的增加而逐步衰减。

第四节　基于数据挖掘方法的黔中城市群空气污染关联规律分析

前文通过黔中城市群空气污染的描述性统计分析对黔中城市群空气污染的概况和黔中城市群空气污染的统计规律进行了总结，并进一步通过 Granger 因果检验和脉冲响应函数对黔中城市群各样本城市空气污染的传染规律和溢出效应进行了分析。为了深度挖掘黔中城市群空气污染的关联规律，本节运用数据挖掘方法对黔中城市群空气污染指标的关联规则进行研究，从而发现黔中城市群更深层次的空气污染关联规律。

一、关联规则方案设计

本节利用收集到的黔中城市群六个主要城市的 AQI 分时数据，按照大气污染物浓度限值标准对 $PM_{2.5}$、PM_{10}、SO_2、NO_2、CO 和 O_3 六种污染物进行了分级，基于 R 语言中的 arules 程序包中的 Apriori 算法进行关联规则的发现。在进行关联规则发现过程中，需要预先设置支持度和置信度，支持度和置信度恰当阈值的确定需要在研究过程中不断尝试和组合。在阈值确定之后，挖掘出所有污染物之间的关联规则总库，评估出污染物之间的强关联规则。

由前文分析可知，黔中城市群的首要污染物主要为 $PM_{2.5}$，因此，本节选择 $PM_{2.5}$ 进行挖掘，希望在黔中城市群空气污染物关联规则总库中识别出 $PM_{2.5}$ 规则总库，并评估出其他污染物与 $PM_{2.5}$ 的强关联规则。

二、数据挖掘结果

（一）$PM_{2.5}$ 关联规则总库

由数据挖掘得到的黔中城市群 $PM_{2.5}$ 关联规则总库可知，黔中城市群空气污染的关联规则主要体现在 $PM_{2.5}$ 为一级和 $PM_{2.5}$ 为二级，主要原因在于黔中城市群空气污染程度整体较低，空气质量整体较好，中度及重度污染发生的频率较低。总体上来看，$PM_{2.5}$ 等级为一级的支持度普遍较高，提升度相对较低；$PM_{2.5}$ 等级为二级的支持度相对较低，提升度相对较高。

（二）不同等级的 $PM_{2.5}$ 的关联规则

表 7-7 和表 7-8 分别为黔中城市群 $PM_{2.5}$ 为一级的关联规则和 $PM_{2.5}$ 为二级的关联规则结果，表 7-7 和表 7-8 中由上至下是按照提升度（Lift）由大到小依次排列。由表 7-7 可知，黔中城市群 $PM_{2.5}$ 为一级的支持度（Support）普遍高于 0.5，置信度（Confidence）普遍高于 0.6，提升度（Lift）则普遍低于 1.5。由表 7-8 可知，黔中城市群 $PM_{2.5}$ 为二级的支持度介于 0.29 至 0.3 之间，普遍低于 $PM_{2.5}$ 为一级的支持度；置信度则维持在 0.7 左右，普遍低于 $PM_{2.5}$ 为一级的置信度；提升度维持在 2.27 左右，普遍高于 $PM_{2.5}$ 为一级的提升度。

表 7-7　$PM_{2.5}$ 为一级的关联规则

lhs　　　　　rhs	support	confidence	lift
1 $\{PM_{10}=1\}$ => $\{PM_{2.5}=1\}$	0.554681	0.967915	1.507385
2 $\{PM_{10}=1,\ NO_2=1\}$ => $\{PM_{2.5}=1\}$	0.554681	0.967915	1.507385
3 $\{PM_{10}=1,\ CO=1\}$ => $\{PM_{2.5}=1\}$	0.554681	0.967915	1.507385
4 $\{PM_{10}=1,\ CO=1,\ NO_2=1\}$ => $\{PM_{2.5}=1\}$	0.554681	0.967915	1.507385
5 $\{PM_{10}=1,\ SO_2=1\}$ => $\{PM_{2.5}=1\}$	0.55462	0.967911	1.50738
6 $\{PM_{10}=1,\ SO_2=1,\ NO_2=1\}$ => $\{PM_{2.5}=1\}$	0.55462	0.967911	1.50738
7 $\{PM_{10}=1,\ SO_2=1,\ CO=1\}$ => $\{PM_{2.5}=1\}$	0.55462	0.967911	1.50738
8 $\{PM_{10}=1,\ SO_2=1,\ CO=1,\ NO_2=1\}$ => $\{PM_{2.5}=1\}$	0.55462	0.967911	1.50738
9 $\{PM_{10}=1,\ O_3=1\}$ => $\{PM_{2.5}=1\}$	0.554086	0.967881	1.507333
10 $\{PM_{10}=1,\ NO_2=1,\ O_3=1\}$ => $\{PM_{2.5}=1\}$	0.554086	0.967881	1.507333
11 $\{PM_{10}=1,\ CO=1,\ O_3=1\}$ => $\{PM_{2.5}=1\}$	0.554086	0.967881	1.507333
12 $\{PM_{10}=1,\ CO=1,\ NO_2=1,\ O_3=1\}$ => $\{PM_{2.5}=1\}$	0.554086	0.967881	1.507333
13 $\{PM_{10}=1,\ SO_2=1,\ O_3=1\}$ => $\{PM_{2.5}=1\}$	0.554025	0.967878	1.507328
14 $\{PM_{10}=1,\ SO_2=1,\ NO_2=1,\ O_3=1\}$ => $\{PM_{2.5}=1\}$	0.554025	0.967878	1.507328
15 $\{PM_{10}=1,\ SO_2=1,\ CO=1,\ O_3=1\}$ => $\{PM_{2.5}=1\}$	0.554025	0.967878	1.507328
16 $\{PM_{10}=1,\ SO_2=1,\ CO=1,\ NO_2=1,\ O_3=1\}$ => $\{PM_{2.5}=1\}$	0.554025	0.967878	1.507328
17 $\{SO_2=1,\ CO=1,\ NO_2=1,\ O_3=1\}$ => $\{PM_{2.5}=1\}$	0.640742	0.642428	1.000487
18 $\{CO=1,\ NO_2=1,\ O_3=1\}$ => $\{PM_{2.5}=1\}$	0.640803	0.642371	1.000399
19 $\{SO_2=1,\ NO_2=1,\ O_3=1\}$ => $\{PM_{2.5}=1\}$	0.640742	0.642369	1.000395
20 $\{SO_2=1,\ CO=1,\ O_3=1\}$ => $\{PM_{2.5}=1\}$	0.640742	0.642349	1.000365

	lhs　　　　rhs	support	confidence	lift
21	$\{NO_2=1,\ O_3=1\}\ =>\ \{PM_{2.5}=1\}$	0.640803	0.642312	1.000307
22	$\{SO_2=1,\ CO=1,\ NO_2=1\}\ =>\ \{PM_{2.5}=1\}$	0.642054	0.642309	1.000302
23	$\{CO=1,\ O_3=1\}\ =>\ \{PM_{2.5}=1\}$	0.640803	0.642292	1.000276
24	$\{SO_2=1,\ O_3=1\}\ =>\ \{PM_{2.5}=1\}$	0.640742	0.64229	1.000273
25	$\{CO=1,\ NO_2=1\}\ =>\ \{PM_{2.5}=1\}$	0.642115	0.642252	1.000214
26	$\{SO_2=1,\ NO_2=1\}\ =>\ \{PM_{2.5}=1\}$	0.642054	0.64225	1.00021
27	$\{O_3=1\}\ =>\ \{PM_{2.5}=1\}$	0.640803	0.642233	1.000185
28	$\{SO_2=1,\ CO=1\}\ =>\ \{PM_{2.5}=1\}$	0.642054	0.64223	1.00018
29	$\{NO_2=1\}\ =>\ \{PM_{2.5}=1\}$	0.642115	0.642193	1.000122
30	$\{CO=1\}\ =>\ \{PM_{2.5}=1\}$	0.642115	0.642174	1.000092
31	$\{SO_2=1\}\ =>\ \{PM_{2.5}=1\}$	0.642054	0.642172	1.000088

表 7-8　$PM_{2.5}$ 为二级的关联规则

	lhs　　　　rhs	support	confidence	lift
1	$\{PM_{10}=2,\ CO=1,\ NO_2=1,\ O_3=1\}\ =>\ \{PM_{2.5}=2\}$	0.289509	0.706629	2.276519
2	$\{PM_{10}=2,\ CO=1,\ O_3=1\}\ =>\ \{PM_{2.5}=2\}$	0.28954	0.706625	2.276505
3	$\{PM_{10}=2,\ SO_2=1,\ CO=1,\ NO_2=1,\ O_3=1\}\ =>\ \{PM_{2.5}=2\}$	0.289479	0.706608	2.276449
4	$\{PM_{10}=2,\ SO_2=1,\ CO=1,\ O_3=1\}\ =>\ \{PM_{2.5}=2\}$	0.289509	0.706603	2.276435
5	$\{PM_{10}=2,\ NO_2=1,\ O_3=1\}\ =>\ \{PM_{2.5}=2\}$	0.289509	0.706524	2.27618
6	$\{PM_{10}=2,\ O_3=1\}\ =>\ \{PM_{2.5}=2\}$	0.28954	0.70652	2.276166
7	$\{PM_{10}=2,\ SO_2=1,\ NO_2=1,\ O_3=1\}\ =>\ \{PM_{2.5}=2\}$	0.289479	0.706502	2.27611
8	$\{PM_{10}=2,\ SO_2=1,\ O_3=1\}\ =>\ \{PM_{2.5}=2\}$	0.289509	0.706498	2.276096

续表

	lhs　　　　　rhs	support	confidence	lift
9	$\{PM_{10}=2$, $CO=1$, $NO_2=1\}$ => $\{PM_{2.5}=2\}$	0.29041	0.706013	2.274534
10	$\{PM_{10}=2$, $CO=1\}$ => $\{PM_{2.5}=2\}$	0.29044	0.706009	2.27452
11	$\{PM_{10}=2$, $SO_2=1$, $CO=1$, $NO_2=1\}$ => $\{PM_{2.5}=2\}$	0.290379	0.705992	2.274464
12	$\{PM_{10}=2$, $SO_2=1$, $CO=1\}$ => $\{PM_{2.5}=2\}$	0.29041	0.705987	2.27445
13	$\{PM_{10}=2$, $NO_2=1\}$ => $\{PM_{2.5}=2\}$	0.29041	0.705909	2.274197
14	$\{PM_{10}=2\}$ => $\{PM_{2.5}=2\}$	0.29044	0.705904	2.274183
15	$\{PM_{10}=2$, $SO_2=1$, $NO_2=1\}$ => $\{PM_{2.5}=2\}$	0.290379	0.705887	2.274127
16	$\{PM_{10}=2$, $SO_2=1\}$ => $\{PM_{2.5}=2\}$	0.29041	0.705882	2.274113

三、数据挖掘结果分析

$PM_{2.5}$ 等级为一级的支持度普遍较高，说明 $PM_{2.5}$ 发生一级与 PM_{10}、SO_2、CO 等污染物发生一级同时出现的概率较高，污染物之间存在一定的关联性；而 $PM_{2.5}$ 等级为一级的提升度大于 1 小于 1.5，且规则 17 至规则 31 的提升度近似等于 1，说明污染物之间的关联性较弱，规则 17 至规则 31 甚至表现出无关联性存在，且污染物之间无排斥现象。

与 $PM_{2.5}$ 等级为一级的情况相比，$PM_{2.5}$ 等级为二级时关联规则的提升度较高，但其支持度相对较低，这说明当空气质量下降时，黔中城市群各污染物之间的关联性变弱，各污染物之间不存在强关联规则。

四、小结

从本节的分析结果来看，黔中城市群各空气污染物之间的关联性表现不强，无强关联规则出现。出现此种情况的原因主要在于黔中城市群空气质量水平整体较高，空气污染程度较轻，当空气污染程度低时污染物浓度普遍不高，因此污染物之间的相互影响的关联性也相对较弱。

第五节 研究结论及治污减霾建议

一、研究结论

通过统计方法、VAR 模型方法、数据挖掘方法对黔中城市群空气污染规律的分析，得出以下主要结论：

1. 黔中城市群整体的空气质量较好，但各城市空气污染状况存在差异性。

统计分析表明，黔中城市群整体空气质量较好，空气污染程度较轻，各城市空气质量达标比例普遍较高，但城市群内各城市之间空气污染状况呈现出明显的差异性，黔南州和安顺市的空气污染程度最轻，遵义市和毕节市的空气污染程度相对较重，贵阳市和黔东南州空气污染程度居中。

2. 黔中城市群空气污染出现明显的"季节效应"和"集簇性"，空气污染的首要污染物主要为 $PM_{2.5}$。

统计分析表明，黔中城市群春冬两季空气污染程度相对较重，夏秋两季空气污染程度相对较轻，其中冬季空气污染最严重，夏季空气质量最好，呈现出明显的"季节效应"。优良级或污染级空气质量均会在某一时间段内连续出现，呈现出明显的"集簇性"。黔中城市群空气污染的首要污染物以 $PM_{2.5}$ 和 PM_{10} 为主，且 $PM_{2.5}$ 为首要污染物出现的频次最高。

3. 黔中城市群空气污染存在关联性。

三种研究方法研究结果均表明，黔中城市群各城市间空气污染存在关联性，各城市空气污染之间互相传播、互相影响，为城市群空气污染的联防联控提供了有力的实证研究依据。

4. 黔中城市群空气污染的相互影响程度与空间距离成反比。

基于 VAR 模型的脉冲响应函数分析结果表明黔中城市群中各城市的空气污染会相互冲击，且大都表现为一个城市的空气污染会给其他城市带来正向的污染影响，影响的峰值会在 24 小时内出现，且影响程度会随着空间距离的增加而减少。

二、治污减霾建议

本章通过统计方法、VAR 模型方法、数据挖掘方法，从不同视角对黔中城市群空气污染的规律进行了分析，发现了一些明确的规律，下文将根据这些规律为黔中城市群空气污染的治理提出相应的对策建议。

1. 提高空气污染治理效率，从根源控制污染加剧。

空气污染是经济高速增长过程中出现的负面效应，投资拉动、资源拉动的粗放式经济增长导致城市居民很难看到"蓝天"，城镇化快速发展的同时，城市环境也承受了巨大的压力。居民的生活与城市环境的好坏息息相关，空气污染问题是经济发展中人民群众关心的民生大事。[①] 因此，空气污染的防治问题不仅仅是一个环保课题，也是民生问题，甚至是国家问题。深究空气污染产生的源头发现，空气污染与产业结构、经济发展方式是分不开的，因此优化产业结构，由粗放式发展转向集约式发展可以从根源上减少空

---

① 任洪岩、李元实：《以质量管理为核心强化大气污染防治》，《环境保护》2014 年第 5 期。

气污染，防止空气污染继续加剧。[①] 由黔中城市群空气污染统计分析的结果来看，尽管与其他城市群相比，黔中城市群空气污染程度相对较轻，但空气污染依然存在，且城市群内各城市污染物以 $PM_{2.5}$ 出现的频次最高，黔南州 SO_2 为污染物的情况比城市群内其他城市严峻，说明黔中城市群空气污染来源具有多元化特征，城市群内各城市间导致空气污染的源头存在一定的差异性。与其他城市群一样，黔中城市群空气污染的产生主要是由于经济增长对化石燃料的依赖，因此要想提高空气污染治理的效率，提高空气质量，真正实现经济的可持续发展，就要摒弃粗放的经济增长方式，鼓励技术创新，以绿色能源逐步替代化石能源，减少生产过程中污染气体的排放。尽管黔中城市群空气污染程度不高，但依旧不能放松污染防治。在承接发达地区产业转移时，各城市应有选择地进行，优先承接和支持污染系数低的产业来黔中发展，并且限制污染系数高的产业过快发展，同时帮助高污染高耗能企业转型，实现经济发展与空气质量双赢。与此同时，黔中城市群中的各城市应采取技术创新，积极提高化石能源利用效率，发展清洁能源，实现城市群各城市协同发展的同时减轻或者避免给城市群环境带来负面效应。

2. 完善空气污染治理绩效考核指标体系，实行城际差异化考核办法。

如前分析所述，黔中城市群中大多数城市空气污染的首要污染物主要为 $PM_{2.5}$，这与我国自 2014 年开始实施的《大气污染防治行动实施情况考核办法》中的规定存在偏差。按照该考核办法的规定，黔中城市群应将 PM_{10} 的年均浓度下降比例作为空气质量改善的考核指标。很明显，考核办法与黔中

---

① 朱军、林珲、林文实、徐丙立：《用于大气污染扩散模拟的虚拟地理环境构建研究》，《系统仿真学报》2018 年第 1 期。

城市群空气污染的实际情况不符，如果不改变该考核办法，就会出现考核达标而空气质量不达标的情况，因此，考核办法应因地制宜，建立准确刻画各地空气污染特征的考核办法，也就是说，考核办法应针对城市群内各城市具体情况细化，不能一刀切。例如，依托空气质量实时监测系统，对各城市空气污染特征进行阶段性总结，将出现频次最高的污染物浓度指标作为该城市空气污染治理绩效指标或空气质量改善的考核指标，对于频次最高的污染物出现两种或两种以上的情况，可以根据实际统计比例赋予相应的权重来计算综合考核指标。同时，建立立体化空气污染治理绩效，在考虑污染治理前期投入、首要污染物减排、减排目标情况的同时，充分考虑历史因素和地区差异，建立信息全面、统一协调、分类指导的空气污染治理绩效评价体系。此外，以空气污染的治理效果作为评价地方政府主体的环保实绩以及作为地方政府的目标考核依据，分阶段考核地方政府的污染治理目标完成情况，并适时公布阶段性考核结果，对完成情况较好的城市进行鼓励，对完成情况较差的城市勒令限期整改甚至约谈相关负责人。制定差异化动态化的空气污染指标，并将其治理效果纳入环保实绩考核中，对于各城市空气污染的治理具有重大的现实指导意义，有利于黔中城市群空气质量的整体提高。

3. 建立城市群联防联控机构，实现空气污染城际协作治理。

通过黔中城市群空气污染的统计分析、VAR 模型分析等发现，黔中城市群内各城市空气污染存在关联性，同时由于空气具有流动性和扩散性，导致单个城市治理空气污染无法起到应有的效果。因此，依靠单个城市的大气污染防治模式对城市空气污染的治理效果已经大打折扣，采取跨城市的城市群大气污染共同治理措施，注重城市间的联防联治才能真正有效解决空气污染问题。目前，联合防治理念已在空气污染治理过程中得以普及，但在实施过程中缺少专门机构系统开展大气污染联防联治工作。因此，建立城市群内空气污染协同治理机构以及城市群间空气污染协同治理机构是当前的首要任务。一方面，城市群内空气污染协同治理机构可以在城市群内建立空气质量信息共享平台，促进各城市之间环境信息交流和共享，同时形成相互监督机制，促使政府、企业和居民为本地更好更优空气质量而努力；城市群内空气污染协同治理机构还可以针对地方实际情况进行政策创新或措施创新，对成功措施进行推广，对失败措施进行总结，形成城市、城市群与中央政府之间的良性互动。另一方面，黔中城市群空气污染协同治理机构还应与周边城市群或城市合作，建立泛黔中城市群空气污染协同治理机构，负责监测评价城市群空气复合污染、城市群间相互影响、协调和监督城市群空气污染控制等问题，并且负责根据相关受益大小对空气污染治理有贡献的城市进行生态补偿，根据相关责任大小对拒不履行治理义务的城市进行相应处罚等。

（4）实行政府主导、部门履职、公众参与的空气污染治理模式。

与其他所有城市群一样，黔中空气污染治理涉及方方面面的问题，从来不是单纯的政府治理就可以解决的，必须实行政府主导、部门履职、公众参与的治理模式。空气污染治理涉及政府的多个部门，明确空气污染来源分类是空气污染重点治理、多元治理和科学治理的重要前提。改善大气环境要从有效降低空气污染物排放源头抓起，建立发展改革行政部门负责经济发展方式转变和能源结构调整，工业行政部门负责调整、优化产业结构和推动工业企业技术升级改造，公安交通部门对机动车污染排放实施监督管理，农业、交通运输等部门对机动车船、非道路移动机械污染实施监督管理，住房城乡建设、城市管理等部门对扬尘污染实施监督管理，农业行政部门负责防止焚烧秸秆等的多部门协同减排的大气污染治理模式。此外，国内外空气污染治理经验表明，公民、企业和媒体的参与是政府治理与市场诱导的有效补充。黔中城市群空气污染治理绩效的提高不仅需要各城市政府的政策调控和经济刺激，还需要公民的主动参与，需要公民社会内部的合作与协调，需要在民间与政府、企业之间进行协调合作。例如，对于居民而言，倡导居民绿色出行，降低私家车的使用频率，减少烧烤的消费次数，改变消费习惯，倡导低碳生活；对于企业而言，推动技术创新、减少污染排放，遵守工地管理并接受公众监督；对于政府而言，削减燃煤总量，推进煤改气工程，积极推广使用新能源汽车。

（5）结合污染日间规律，科学规划雾炮车工作时间。

前文研究表明，黔中城市群空气污染表现出显著的日内波动规律，雾炮车应在空气污染较重的时间段内增加工作强度和循环频率，在空气质量好的时间段内取消工作，以节约资源，提供工作效果。例如，黔中城市群空气污染程度在夜晚比白昼严重，其中 22 时空气质量最差，是否有一些高污染企业夜间作业？如果是，环保部门就应采取夜间监督检查模式，加大对偷排企业的处罚力度，加大这些企业的违法成本。此外，建立空气质量推送的公众号或手机 APP，适时向城市居民推送城市内污染较严重、空气质量较差的位置坐标，提醒外出居民绿色出行，共同创造与维护美好的大气环境。

第四部分

空气污染规律分析及治理政策效果评估

第八章　关中城市群空气污染规律
分析及治理政策效果评估

　　空气是地球上动植物生存的必要条件，它为地球表面的生物提供直接的生命支撑，并且直接影响着地球与外太空的能量交换。[①] 良好的空气质量一方面是动植物生存和繁衍的保障，另一方面也是人类社会可持续发展的重要标志。然而各种空气污染物的过度排放会使大气环境遭受污染。[②] 空气污染，除了由类似火山喷发、森林火灾等一系列自然因素导致之外，更多则是由人类社会活动引起的，人类的众多生产、生活活动都会直接或间接地产生污染排放，影响大气环境。[③④] 过去的两百多年时间里，人类社会的快速工业化和城镇化，在创造出大量物质财富以及优质生活环境的同时，也对自然

　　① 漆威：《城市空气污染问题研究——以兰州市机动车污染源为例》，兰州大学 2015 年博士学位论文。

　　② Xu, X., Li, B., Huang, H., "Air Pollution and Unscheduled Hospital Outpatient and Emergency Room Visits", *Environ Health Perspect*, Vol.103, No.3, 1995, pp. 286−289.

　　③ Quinn, P.K., Bates, T.S., "North American, Asian, and Indian Gaze Similar Region Impacts on Climate", *Geophysical Research Letters*, Vol.30, No.11, 2003, pp. 1558−1559.

　　④ Stein D. C., Swap R. J., Greco S, et al., "Haze Layer Characterization and Associated Meteorological Control Along the Eastern Coastal Region of Southern Africa", *Journal of Geophysical Research*, Vol.108, No.13, 2003, p. 8506.

环境造成了极大的负面影响。① 特别是 20 世纪中叶，西方发达国家发生一连串由大气污染导致的环境惨案，例如比利时马斯河谷烟雾惨案、美国宾夕法尼亚州多诺拉镇河谷事件、伦敦烟雾事件等，其中又以 1952 年伦敦烟雾事件最为严重，该事件导致伦敦居民短时间内相关疾病的发病率和死亡率急增，统计数据显示，伦敦大雾持续了 5 天，这期间有 5000 多人丧生，此后两个月内陆续有 8000 多人死亡。② 上述发生在 20 世纪的系列大气污染事件给人类社会敲响了警钟。

自改革开放政策实施以来，中国的经济发展速度全球瞩目，与此同时，中国也正成为能源生产和消费大国。③ 当前，中国正处于全面建成小康社会的攻坚阶段，工业化和城镇化的稳步推进、常住人口数量的增长、化石燃料消耗增加等诸多因素共同导致了中国目前比较严峻的大气污染形势。同时，城市化效率总体偏低的现状使得城市空气污染问题更加突出。而城市群作为空间相对紧凑、经济联系紧密、并最终实现同城化和高度一体化的城市群体④，其所具有的集聚效应无形中带来了更高风险的城市空气污染威胁。近年来，我国多个城市群雾霾事件频发，中东部地区连续数年出现持续时间长的重度雾霾天气，持续的雾霾天气严重影响了居民的生产生活和身体健康⑤，并且造成了一系列不良的社会影响，我国的空气污染形

---

① 常杜秋、王灵菇、潘小川：《北京市大气污染物与儿科门急诊就诊人次关系的研究》，《中国校医》2003 年第 4 期。
② 蔡岚：《空气污染整体治理：英国实践及借鉴》，《华中师范大学学报（人文社会科学版）》2014 年第 2 期。
③ 卢静：《我国地方政府空气污染跨域合作治理研究》，《南京大学》2015 年硕士学位论文。
④ 万庆、吴传清、曾菊新：《中国城市群城市化效率及影响因素研究》，《中国人口·资源与环境》2015 年第 2 期。
⑤ 程念亮、李云婷、张大伟等：《2014 年 10 月北京市 4 次典型空气重污染过程成因分析》，《环境科学研究》2015 年第 2 期。

势已经非常严峻，开展有关空气污染的深入研究及有效治理工作已迫在眉睫。

2013 年至 2016 年，关中地区的空气污染呈现出不断加重的趋势，部分城市全年空气质量指数均值超出全国平均水平的情况时有发生。作为《大气污染防治行动计划》第一阶段的最后一年，2017 年同样是完成"十三五"环保规划的重要年份。为切实改善陕西省空气质量，陕西省委及省政府将2017 年的大气治理列为首要的环保工作，要求采取强有力的措施推进，并于 2017 年 3 月 3 日发布了《陕西省 2017 年铁腕治霾"1+9"行动方案》（简称《"1+9"行动方案》），明确了 2017 年大气治理的目标、工作任务、方法和具体要求等。

环保部 2012 年发布了新《空气质量标准》，2012 年至 2014 年，全国地级及以上城市分批次实现了新空气质量标准的实施。2014 年年末，338 个地级及以上城市全部依据新空气质量标准开展监测工作，并自 2015 年 1 月 1日起实时发布所有 338 个城市的监测数据。这样，我国大气环境自动监测将积累海量的大气环境数据。高频空气质量数据资源的产生，将为我们充分了解并深层次挖掘大气污染科学规律提供重要支持，更为大气污染的治理工作提供新的科学依据；同时，高频空气质量数据的产生也对数据处理及空气污染规律的研究方法提出了新的要求。

第一节　国内外研究现状分析

一、空气污染规律研究现状

空气污染的复杂性使得研究者从多个角度开展对空气污染的研究。

近年来，在我国多个城市群，区域性灰霾天气频繁发生，持续较长的重度灰霾天气引起公众恐慌，给正常生产生活带来严重影响。研究者们已从多个视角对空气污染的特征和原因做了解读，如薛文博等使用 CAMx 模型的颗粒物来源跟踪技术定量分析了中国 PM$_{2.5}$ 及其组成成分的跨地区传输规律[1]；张建忠等详细分析了雾霾天气产生的原因及特点，提出从根本治理大气污染、改善空气质量需要在制度上实现保障，从源头上进行防治，建立长效的协同治理的联动机制。[2] 包振虎等通过研究揭示了环境空气质量在季节上的周期性，与降水、气压、温度的相关性，以及 AQI 在地域上南低北高、在垂直方向上呈递减趋势，且随高度的增加，变化趋势逐渐减慢的空间格局。[3] Kassomenos 等研究了 3 个欧洲城市空气微颗粒污染物的来源和其分布的季节规律[4]；Kimbrough 等研究了美国拉斯维加斯市城市交通污染排放的季节特征与空气质量波动之间的关系[5]；Zhou 等研究了包头市空气微颗粒污染物在重污染时期的分布规律[6]；Xu 等分析了宁波市气空气溶胶成分及其

---

① 薛文博、付飞、王金南等：《中国 PM$_{2.5}$ 跨区域传输特征数值模拟研究》，《中国环境科学》2014 年第 6 期。

② 张建忠、孙瑾、缪宇鹏：《雾霾天气成因分析及应对思考》，《中国应急管理》2014 年第 8 期。

③ 包振虎、刘涛、骆继花：《我国环境空气质量时空分布特征分析》，《地理信息世界》2014 年第 6 期。

④ Kassomenos P., Vardoulakis S., Chaloulakou A.et al., "Levels, Sources and Seasonality of Coarse Particles(PM$_{10}$ - PM$_{2.5}$) in Three European Capitals-Implications for Particulate Pollution Control", *Atmospheric Encironment*, No.54, 2012, pp. 338-347.

⑤ Kimbrough Sue, Baldauf Richard W., Hagler Gayle S. W. etal., "Long-term Continuous Measurement of Near-road Air Pollution in Las Vegas: Seasonal Variability in Traffic Emissions Impact on Local Air Quality", *Air Quality Atmosphere and Health*, No.1, 2013, pp. 298-305.

⑥ Zhou H.J., He J., Zhao B.Y.et al., "The Distribution of PM$_{10}$ and PM$_{2.5}$ Carbonaceous Aerosol in Baotou, China", *Atmospheric Research*, No.178, 2016, pp. 108-113.

产生机制在不同污染时期的规律。①

分时 AQI 数据的产生使空气污染科学规律分析方法由传统的统计方法转向神经网络、数据挖掘等多学科方法的综合运用。

地理信息系统及空气质量模型的发展，使空气质量实时监测成为可能，由此产生的海量实时数据，使数据挖掘等海量信息处理方法在大气环境科学领域获得应用。由于数据资源限制，早期有关空气污染特征及来源的研究主要基于传统的统计方法，如描述性统计、相关分析、主成分分析、多元统计分析、经典计量经济学模型方法等，如 Azid 等通过主成分分析对空气污染的级别进行了预测分析②；Assareh 等使用描述性统计方法分析了泰国东部自 1997 年到 2012 年间空气湿度较低季节的臭氧污染情况。③ 另外，人工神经网络、模糊数学方法、金融计量经济学模型也都被不少学者应用。如 Bai 等使用反向传播神经网络模型研究了大气污染物浓度的波动规律，艾洪福等使用 BP 神经网络对雾霾天气做了预测研究④；Kaburlasos 等使用模糊推理方法研究了环境中 O_3 浓度的变化规律等；另外，伴随分时 AQI 及污染物浓度数据的出现，部分学者已经尝试使用数据挖掘方法研究不同空气污染物之间的相互影响规律，如马艳琴论述了改进的灰色聚类关联分析法在大气质量评

---

① Xu, J.S., Xu H.H., Xiao H.et al., "Aerosol Composition and Sources During High and Low Pollution Periods in Ningbo, China", *Atmospheric Research*, No.178, 2016, pp. 559–569.

② Azid, A., Juahir H., Toriman M.E.et al., "Prediction of the Level of Air Pollution Using Principal Component Analysis and Artificial Neural Network Techniques: A Case Study in Malaysia", *Water Air and Soil Pollution*, Vol.225, No.8, 2014, pp. 18–20.

③ Assareh, N., Prabamroong T., Manomaiphiboon K.etal., "Analysis of Observed Surface Ozone in the Dry Season over Eastern Thailand During 1998–2012", *Atmospheric Research*, No.178, 2016, pp. 18–30.

④ Bai, Y., Li, Y., Wang X.X.et al., "Air Pollutants Concentrations Forecasting Using Back Propagation Neural Network Based on Wavelet Decomposition with Meteorological Conditions", *Atmospheric Pollution Research*, Vol.7, No.3, 2016, pp. 558–566.

价中的应用①；贾瑾通过数据挖掘研究了大气复合污染的时空变化规律。②上述研究工作为基于分时 AQI 及污染物浓度数据的关中城市群空气污染相关规律挖掘提供了方法参考。

二、治污减霾政策及政策效果评估研究现状

空气污染的流动性、融资约束等使污染治理由单地治理转向区域联防联治，由行政命令机制转向市场导向机制。

空气污染具有公共产品特性和负外部性，使污染治理具有"搭便车"行为，李雪松等研究发现，早起对空气污染的治理多由政府采取行政命令方式进行③；然而，空气污染的流动性使区域大气污染问题日益严重，王金南等研究发现，区域联防联治策略近些年来备受推崇，并取得较好效果④；此外，由于受融资约束，政府主导型空气污染治理机制逐渐转向市场导向机制，并在碳金融交易领域获得广泛应用，Bohringer 及 Fraas 研究发现，自 2005 年始，欧盟、瑞士、新西兰、澳大利亚、韩国、哈萨克斯坦等先后建立了碳金融交易⑤⑥，我国也在多地试点碳金融交易。Schreifels 等研究发现，

---

① Kaburlasos V.G., Athanasiadis I.N., Mitkas P.A., "Fuzzy Lattice Reasoning(FLR) Classifier and Its Application for Ambient Ozone Estimation", *International Journal of Approximate Reasoning*, Vol.45, No.1, 2007, pp. 158–188.

② 贾瑾：《基于空气质量数据解析大气符合污染时空特征及过程序列》，浙江大学 2014 年硕士学位论文。

③ 李雪松、衣保中、郭晓立：《区域环境合作联盟：规模与稳定性分析》，《商业研究》2014 年第 6 期。

④ 王金南、宁淼、孙亚梅：《区域大气污染联防联控的理论与方法分析》，《环境与可持续发展》2012 年第 5 期。

⑤ Boehringer, Christoph., "Two Eecades of European Climate Policy: a Critical Appraisal", *Review of Environmental Economics and Policy*, Vol.8, No.1, 2014, pp. 8–17.

⑥ Fraas, Lutter., "Efficient Pollution Regulation: Getting the Prices Right: Comment", *American Economic Review*, Vol.102, No.1, 2012, pp. 608–607.

美国的酸雨计划和区域 NO_x 预算交易计划分别使 2008 年 SO_2 和 NO_x 排放降低了 56%（基年 1980 年）和 43%（基年 2003 年）。基于 AQI 的关中城市群治污减霾对策将从这些理论探讨与实践经验中汲取精华。

政策效果的评估主要分为定性和定量两种途径，其中又以各种定量方法的使用较为普遍，在定量方法中，双重差分法是目前国内外学者使用较多的一种。

在政策效果评估理论的相关研究中，Lasswell 认为，政策评估工作是对政策因果关系的事实性陈述，同时有必要在研究中结合科学分析方法，以期实现对政策的科学评估。[1] Dye 表示，政策的评估即考察政府政策项目有没有实现预期目标，另外，评估工作不只要关注短期效果，长期效应同样值得研究。[2] 郭孝芝同时采用定性和定量方法，分析评估了山西省科技创新政策的效果。余静文等采用断点回归法分析了城市群产生的集聚效应与辐射效应，考察两个效应对不同地区收入差异的具体影响。彭曦、陈仲常使用双重差分法（DID）对西部大开发的政策效应做了分项评估。杨莎莉、张平竺在企业微观视角下使用双重差分法评估了增值税转型的政策效应。此外，倾向匹配法（PSM）在政策效果评估中也有使用，李佳路通过分析 S 省三十个国家开发重点县的相关贫困监测数据，评估了该省 2009 年扶贫政策的实施效果。[3] 上述各种政策效果评估的方法中，以双重差分法的使用居多，同时，已开始有少量文献利用双重差分法检验公共政策对环境污染的作用效果，如

———————

① Lasswell H.D., "The Immediate Future of Research Policy and Method in Political Science", A-merican Political Science Review, Vol.45, No.1, 1951, pp. 138–142.

② Dye T. R., "Public Entrepreneurs: Agents for Change in American Government", *American Political Science Review*, Vol.89, No.4, 1995, p. 1036.

③ 李佳路：《扶贫项目的减贫效果评估：对 30 个国家扶贫开发重点县调查》，《改革》2018 年第 8 期。

杨骞等、张生玲和李跃、杜雯翠等使用该方法分别评估了济南市、京津冀等地区各自的相关政策实施对当地空气质量改善的具体效果。①②③

三、研究现状分析

综上所述，国内外研究者已经从雾霾污染的来源、影响因素、传播途径及形式、具体污染物的分布特征等多角度分析了空气污染的相关规律；在规律发掘方面，由于分时 AQI 数据的出现，研究者们所使用方法也由传统的统计方法转向神经网络、数据挖掘等多学科方法的结合，在众多研究者中，使用计量经济学方法对空气污染展开规律挖掘的并不多见；在空气污染的治理方面，由于空气污染的流动性、融资约束等问题，使得污染治理由单地治理转向区域联防联治、由行政命令机制转向市场导向机制；在政策效果评估方面，现存的研究主要使用断点回归、双重差分和倾向匹配等定量分析方法，但是，使用这些方法开展关于空气污染治理的政策效果评估的研究目前仍为少数。

对于关中城市群而言，相关研究主要集中在污染的来源、构成以及分布特征等方面；基于高频分时数据的空气污染规律挖掘的研究却并不多见，在此基础上采用计量经济学方法分析者更少；此外，在现存的研究中，尚未发现基于高频空气质量数据的 2017 年治污减霾政策的评估分析。

经过对现有研究的整理分析，同时结合已掌握的资料，本章试图基于高

---

① 杨骞、王弘儒、刘华军：《区域大气污染联防联控是否取得了预期效果？——来自山东省会城市群的经验证据》，《城市与环境研究》2016 年第 4 期。

② 张生玲、李跃：《雾霾社会舆论爆发前后地方政府减排策略差异——存在舆论漠视或舆论政策效应吗？》，《经济社会体制比较》2016 年第 3 期。

③ 杜雯翠、夏永妹：《京津冀区域雾霾协同治理措施奏效了吗？——基于双重差分模型的分析》，《当代经济管理》2017 年第 4 期。

频分时空气质量数据分析关中城市群空气污染规律、评估治污减霾政策效果。因此，希望进行以下两方面的工作：

一方面，分析关中城市群空气污染规律。首先使用传统描述性统计方法分析各城市空气污染规律，然后应用计量经济学模型对关中城市群各城市空气污染关联规律进行建模分析。

另一方面，结合分析所得的污染规律，使用定量分析方法评估关中城市群各城市《"1+9"行动方案》的实施效果。

第二节　概念界定及理论基础

一、概念界定及数据来源

图 8-1　关中城市群示意图

（一）关中城市群

关中城市群位于陕西省关中平原地区，是我国已规划的 11 个国家级城市群之一，其主要包括西安、咸阳、铜川、宝鸡及渭南五个城市，关中城市群所在的关中平原是由渭河、泾河和洛河冲积而成，是一个由断陷作用形成的槽形地堑，海拔在 400m—500m 之间，北部的北山以及南部和西部的秦岭构成了天然的屏障，其地势北高南低，西高东低。

这种独特的地形特征使关中城市群形成了一个在环境上相对封闭且城市之间容易相互影响的系统。在面对成规模的空气污染时，系统内的空气污染难以向外扩散，这就导致了在容易出现空气污染的季节，系统内空气污染容易集聚，空气污染范围广、程度深、持续时间长。[①] 2013 年到 2016 的数年间，关中地区的空气污染呈现不断加重的趋势，空气污染形势一度非常严峻，随着 2017 年年初陕西省出台并实施一系列治污减霾政策，关中城市群的空气质量在总体上已有所改观。

（二）数据来源及预处理

本节使用了关中城市群包括西安、咸阳、铜川、宝鸡、渭南五个城市 2015 年 1 月 1 日 0 时到 2017 年 12 月 31 日 23 时三年（25900 多小时）的 AQI 及六项空气污染物（ SO_2 、CO、 NO_2 、 O_3 、 $PM_{2.5}$ 和 PM_{10} ）浓度的分时数据。数据源自 http：//www. pm25. in 网站发布的生态环境部空气质量数据的实时更新。其中，对于少部分缺失数据，本书实验了几种常用的插值方法，通过误差比较分析，最终使用误差较小的三次插值法补全。此外，本节

---

① 胡秋灵、杨哲：《基于高频 AQI 数据的关中城市群空气污染规律探索》，《中国环境管理》2017 年第 2 期。

中春季为 8—5 月，夏季为 6—8 月，秋季为 9—11 月，冬季为 1、2 和 12 月。[①]

二、相关理论及陕西省空气污染治理方案

（一）空气流域理论

在地理学中，河流流经的区域被称为流域，流域之间的分水地带是分水岭。跟水一样，空气也是流体，因此，在空气污染治理的相关研究推动下，空气流域理论便应运而生。只是，空气动力学因素的复杂性决定了空气流域要比水流域更加复杂。

从理论上来讲，大气层中并不存在阻碍空气流通的界限。但是，从某一区域排放的空气污染物在一定时期内不会迅速融入整个大气层环境，一般只会波及局部的空气。类似水流域，空气中仿佛同样存在无形的"分水岭"（shed），这些空气分水岭将大气环境分割成很多彼此相对独立的气团，气团覆盖下的区域就被称为"空气流域"（Airshed 或 Air Basin）。

"城市空气流域"（Urban Airshed）是最易理解的一种空气流域。在一定的气象（如逆温、静风）和地理因素的综合作用下，很容易观测到城市空气流域的存在，"热岛效应"就是城市空气流域存在的典型例证。

空气分水岭的形成与存在，不仅被气象因素作用，更受类似于山脉、盆地、峡谷等独特地形左右，在这些地貌环境下更容易形成限制空气自由扩散的界面，形成较大范围的空气流域。相对而言，城市空气流域的生命周期较短，往往温度波动，光照强度变化，都会导致其融入更大的空气流域中，也

---

　　① 王振波、方创琳、许光等：《2014 年中国城市 PM$_{2.5}$浓度的时空变化规律》，《地理学报》2015 年第 11 期。

即，一定区域内的城市空气流域是相通的。所以，在大的空气流域中，城市
间存在空气流动的相互影响，在空气污染的治理中，每个城市不可能仅治理
自己空域的污染，置流域中的其他城市于不顾。因此，相对于城市空气流
域，多数情况下，根据地形地貌确定的大区域空气流域在城市空气污染及其
治理的分析工作中具有更高的研究价值。[①]

　　本节正是以上述基础理论为支撑，对关中城市群的空气污染展开一系列
分析研究。

（二）《"1+9"行动方案》

　　《陕西省 2017 年铁腕治霾 "1+9" 行动方案》即 "铁腕治霾·保卫蓝天
2017 年工作方案" + 联防联治专项行动方案、关中地区煤炭削减专项行动
方案、秸秆等生物质综合利用专项行动方案、"散乱污" 企业清理取缔专项
行动方案、低速及载货柴油汽车污染治理专项行动方案、挥发性有机物污染
整治专项行动方案、涉气重点污染源环境监察执法专项行动方案、燃煤锅炉
拆改专项行动方案、扬尘治理专项行动方案 9 个专项行动方案。

　　《"1+9"行动方案》于 2017 年 3 月 3 日发布并实施。该行动方案是陕
西省 2017 年大气治理的年度工作方案，该方案涉及范围广，陕西省 2017 所
实施的空气污染治理具体措施基本都源于该方案。因此，在 2017 年除了该
方案之外，没有其他大的空气治理政策实施，也即，同一时期内不存在其他
政策干扰，这为本章第五节中使用双重差分模型分析《"1+9"行动方案》
的政策效果提供了前提支撑。

[①]　蒋家文：《空气流域管理——城市空气质量达标战略的新视角》，《中国环境监测》2004
年第 6 期。

第三节　关中城市群各城市空气污染规律分析

在逐一分析关中五城市各自的空气污染规律之前，有必要先从总体上简单了解整个关中地区近年来空气污染的总体情况。以关中城市群各城市空气质量指数日数据为研究对象，利用时序图和统计表等工具对关中城市群空气污染的总体规律进行分析。以下将从关中城市群空气质量总体情况和季节规律两方面作简要概括：

其一，关中城市群空气质量总体情况分析。

图 8-2 为关中城市群五个城市 AQI 分时数据时序图，依次描述了西安、咸阳、铜川、宝鸡和渭南五城市 2015 年至 2016 年两年 17544 小时各自的空气质量波动情况，图中直线为"中度污染线"，该线对应的 AQI 值为 150，AQI 日均值超过该线则表示当天的空气质量状况为中度或中度以上污染。

表 8-1 为关中城市群各城市 2015 年及 2016 年各季节及全年 AQI 均值统计表，分别统计了两年内五个城市各季节及全年的 AQI 平均水平。在表 8-1 的数据单元格中，左侧对应 2015 年，右侧对应 2016 年，这样的表格设置便于比较分析两年间各城市 AQI 水平波动的大体情况。

表 8-1　各城市 2015 年及 2016 年各时期 AQI 均值

	春季		夏季		秋季		冬季		全年	
	2015	2016	2015	2016	2015	2016	2015	2016	2015	2016
西安	84	103	77	69	88	112	131	162	95	111
咸阳	83	115	65	78	87	127	133	164	92	121
铜川	83	91	65	64	74	90	131	120	88	91
宝鸡	78	85	67	60	81	83	128	146	88	93
渭南	84	113	67	78	80	121	140	153	92	116

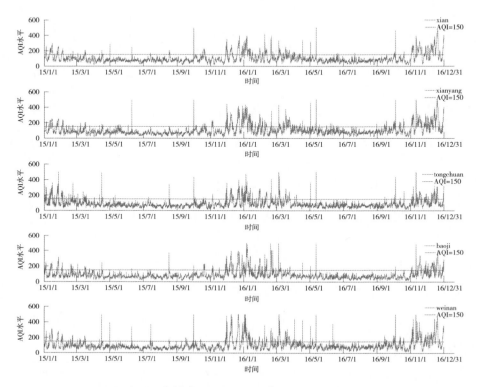

图 8-2　各城市 2018—2016 年 AQI 日均时序图

通过分析图 8-2，并结合表 8-1 及表 8-2，可得到两年内有关关中城市群空气质量总体情况的以下统计规律：

（1）2015 年五个城市的全年 AQI 均值分布在 88 到 95 之间，总体相差不大，但都高于全国平均水平 79；2016 年五个城市全年 AQI 均值分布在 91 到 121 之间，同样都高于同期全国平均水平 75；此外，与 2015 年相比，关中城市群五城市 2016 年全年 AQI 平均水平以及污染天数均有不同程度的提高。上述三点表明，关中城市群整体空气质量状况较差，并且从全年平均水平来看，关中城市群的空气污染状况趋于恶化。

（2）关中城市群五个城市的 AQI 日均值时序图呈现出高度的波动相似

性；表明五个城市的空气质量状况高度相关。具体表现为五个城市的 AQI 日均值几乎总在相同的时期处于较高或较低水平，这一规律在污染较严重的时期表现更加明显，例如在 2015 年 11 月至 2016 年 1 月三个月内，五个城市都先后出现了五次时间上较一致的重污染天气。时序图波动的相似性也从一个侧面反映了五个城市的空气污染存在关联规律。

（3）关中城市群五城市的污染存在明显的集簇性和日历效应。五个城市的重污染天气都会在某一时期内同时集中出现，空气污染呈现出明显的"集簇性"，具体而言，11 月为关中城市群空气质量由好转差的转折月份，进入 11 月后，中度及以上污染天气会频繁出现，这一现象在 12 月及 1 月份表现最为强烈，值得注意的是，观察时序图可以发现，2016 年的高污染天气出现时间有向前推移的趋势，这与关中城市群空气污染总体趋于恶化是一致的。

表 8-2　各城市 2015 及 2016 年各时期污染天数 　　（单位：天）

	中度及以上污染天数										全年（轻度及以上）污染天数	
	春季		夏季		秋季		冬季		全年			
	2015	2016	2015	2016	2015	2016	2015	2016	2015	2016	2015	2016
西安	3	11	1	0	7	20	26	44	37	75	104	147
咸阳	1	17	0	0	7	31	27	44	35	92	93	176
铜川	2	11	0	0	2	8	25	25	29	44	93	103
宝鸡	1	4	1	0	5	6	28	31	35	41	80	101
渭南	3	11	0	0	4	27	29	36	36	74	87	163

其二，关中城市群空气质量季节规律分析。

表 8-2 为关中城市群各城市 2015 及 2016 年各时期污染天数情况统计表，分别统计了两年内五个城市各季节及全年不同程度的污染天数。类似于

表 8-1，表 8-4 的数据单元格中，左侧为 2015 年该时期相应的污染天数，右侧为 2016 年的污染天数。综合分析表 8-1 及表 8-2，可以得到关中城市群五个城市空气污染的以下季节规律：

冬季是空气污染最为严重的季节。具体表现为，两年内五个城市冬季的空气质量指数平均值均显著高于其他季节；此外，2015 年五个城市中度及以上的污染天气都至少有 75% 出现在冬季，2016 年这一比例有所下降，但仍不低于 48%。

春秋两季的空气污染程度相当，且仅次于冬季。五个城市春秋两季的空气质量指数平均值都明显低于冬季，中度及以上污染天数也明显少于冬季。

夏季是全年空气质量最佳的季节。五个城市夏季的空气质量指数平均值为四季最小，并且，两年内中度及以上污染天气几乎没有在夏季出现（仅有 2015 年夏季出现了两次中度污染天气）。

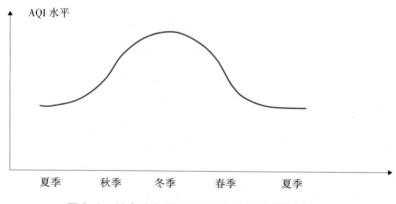

图 8-3　关中城市群四季空气污染变化简化示意图

综合以上三点，可以得到图 8-3 所示的空气污染程度的季节波动简化示意图。如图 8-3 所示，随着季节交替，关中城市群空气污染呈现出高低起伏的规律波动，从夏季到冬季空气质量逐渐下降，在冬季达到最差，由冬季到夏季空气质量逐步趋于良好，在夏季达到最佳水平；此外，空气质量的季节变化大体是连续的，也即，在四季交替中 AQI 总体水平是逐渐增长或降低的，而不是在季节交替的某一天突然抬升或降低到另一水平。

一、西安市空气污染规律分析

西安市位于关中平原的中部偏南，毗邻咸阳市和渭南市，市区南侧即为秦岭山脉，常住人口的增加，城市规模的扩大以及关中平原独特的地理及气候特征等因素，导致西安市近几年的空气污染问题日益突出。

该部分以 SO_2、CO、NO_2、O_3、$PM_{2.5}$ 和 PM_{10} 六项污染物的分时浓度数据为研究对象，从各污染物总体分布规律、首要污染物日内波动规律以及主要气态污染物对 $PM_{2.5}$ 生成的贡献度三个方面，分析西安市空气污染物的各层次分布规律。

（一）各污染物分布规律的描述性统计分析

该小节主要通过绘制西安市 6 种空气污染物 2015 至 2016 两年的日均浓度时序图，以及统计（依据分时数据的）各污染物在各季节及全年的超标情况两方面，来对西安市的空气污染物做描述性统计分析。

图 8-4 为西安市 2015 至 2016 两年内 6 种空气污染物日均浓度波动时序图。为了便于观察各种污染物浓度的波动规律，把 6 种污染物的时序图分别呈现在两个坐标系中，其中 SO_2、NO_2、$PM_{2.5}$ 和 PM_{10} 在第一个坐标系，O_3 和 CO 在第二个坐标系中呈现。

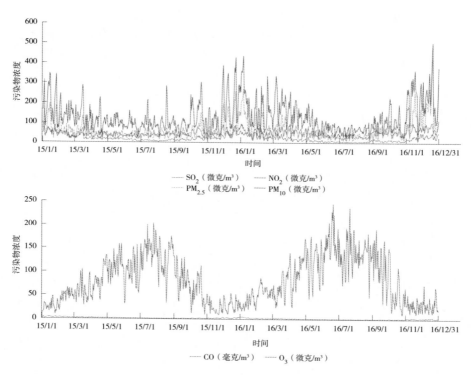

图 8-4　西安市 2015 及 2016 年各空气污染物浓度时序图

表 8-3　西安市 2015 及 2016 年各污染物超标情况

	超标时数										全年超标率（%）	
	春季		夏季		秋季		冬季		全年			
	2015	2016	2015	2016	2015	2016	2015	2016	2015	2016	2015	2016
SO₂	0	0	0	0	0	0	0	0	0	0	0.00	0.00
CO	0	0	0	0	0	0	0	0	0	0	0.00	0.00
NO₂	0	0	0	0	0	0	0	0	0	0	0.00	0.00
O₃	0	3	24	71	0	12	0	0	24	86	0.27	0.98

续表

	超标时数										全年超标率 (%)	
	春季		夏季		秋季		冬季		全年			
	2015	2016	2015	2016	2015	2016	2015	2016	2015	2016	2015	2016
$PM_{2.5}$	222	556	81	19	442	853	1054	1316	1799	2744	20.54	31.32
PM_{10}	390	848	171	15	533	746	1194	1334	2288	2943	26.12	33.60

表 8-3 为西安市各污染物的超标情况统计表，该表详细统计了 2015 及 2016 两年内 6 种污染物在各个季节以及全年的超标小时数，以及全年的总超标率。该表的数据单元格中，左侧为 2015 年的数据，右侧为 2016 年的数据。

综合分析图 8-4 及表 8-3 可知：

其一，西安市空气污染物浓度变化有明显的季节特征。从图 8-4 可以看出，空气污染物 SO_2、NO_2、$PM_{2.5}$、PM_{10} 和 O_3 的浓度均呈现出随季节交替而高低变化的状态。前 4 种污染物的浓度在夏季相对最低，在冬季相对最高，春秋两季介于夏季和冬季这两个极端之间，其中 $PM_{2.5}$ 和 PM_{10} 的这一特征最为明显，而 SO_2 和 NO_2 由于整体浓度水平较低，该特征表现较弱；O_3 则相反，其浓度在夏季相对最高，在冬季相对最低。这与表 8-3 中污染物超标情况的反映是一致的。

其二，从超标情况来看，O_3、$PM_{2.5}$ 和 PM_{10} 是西安市主要的空气污染物。SO_2、CO 和 NO_2 在研究期内所有监测时段都没有出现超标情况，O_3 超标虽少，但夏季比较集中；$PM_{2.5}$ 和 PM_{10} 超标情况最为严重，2016 年全年有三分之一左右时间处于超标状态。

其三，空气污染有加剧的趋势。比较表 8-3 中数据可以看出，3 种首要污染物的超标时间数及超标率大都有所增加。其中 O_3 在春季和秋季的超标时间从 0 分别增加到 3 和 12 小时，在主要超标季节夏季的增加更加明显，全年的超标率从 2015 年的 0.27% 增加到 2016 年的 0.98%；而空气微颗粒物 $PM_{2.5}$ 和 PM_{10} 的浓度超标除在夏季有所降低外，其他三个季节均有大幅增长，部分增幅达到甚至超过 100%。

（二）主要超标污染物日内浓度波动规律分析

为了充分发挥分时数据的优势，充分发掘其更有价值的深层次信息，本小节通过计算小时指数、绘制小时指数图的方法研究主要超标污染物的日内波动规律，以期对污染治理和防护提供有价值的参考。

小时指数方法见第三章第二节。

污染物浓度超标意味着该污染物对空气污染是有贡献的，即该污染物会对人体健康造成伤害。因此，对于污染治理和污染防护而言，研究超标污染物在其重污染时期的浓度日内波动规律更有意义。同时，考虑到 $PM_{2.5}$ 对人体的危害性比 PM_{10} 更强，另外，经过数据实验发现两者的波动规律基本一致，因此，在两类微颗粒污染物中，此处只选择 $PM_{2.5}$ 加以分析，结合图 8-4，最终确定 O_3 和 $PM_{2.5}$ 为该部分的研究对象，研究时期分别确定为 2015 及 2016 年 6、7、8、9 月和 2015 及 2016 年 1、2、3、10、11、12 月。

计算出 O_3 及 $PM_{2.5}$ 在各研究月份的浓度小时指数后，分别绘制出两者在其对应研究时期的小时指数图如图 8-5 及图 8-6 所示。观察上述两图，并结合小时指数的定义和其实际意义发现如下规律：

2015 及 2016 两年时间里，O_3 在其浓度较高的几个月份，即 6、7、8、9 月的日内浓度相对波动规律基本一致。从图 8-5 可以看出，其浓度的小时指数曲线大致可以分为两个区段，第一段从 8 时到 16 时单调递增，第二段从 16 时到次日 8 时单调递减，其增减速度因具体时间而异。概括来讲，O_3 的浓度在夜间普遍低于白天，一般在早上 8 时浓度最低，转而上升，到了下午 4 时左右其浓度达到一天中的最大值，继而下降。

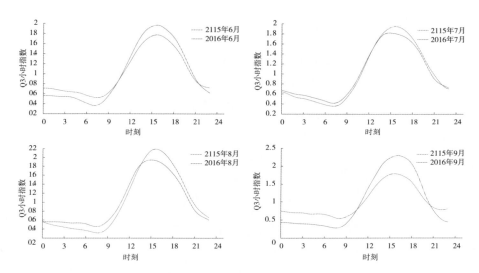

图 8-5　西安市 2015 及 2016 年部分月份 O₃浓度小时指数图

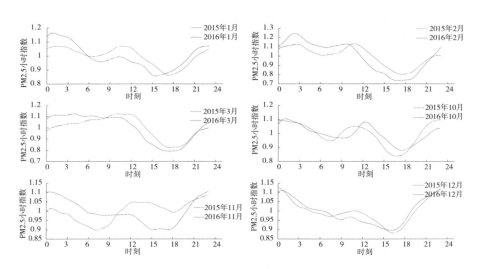

图 8-6　西安市 2015 及 2016 年部分月份 PM₂.₅浓度小时指数图

　　另外不难发现，温度和光照是影响 O_3 浓度的重要因素，温度高、光照强可以促进近地面 O_3 的生成。首先，关中地区夏季的温度全年最高、光照最强，冬季最低最弱，年度温度和光照波动与图 8-5 中 O_3 浓度的波动是基本一致的；其次，从早上到正午，光照增强，温度升高，也就导致了 O_3 不断积累，其浓度在下午 16 时左右达到峰值，所以，日内温度和光照波动与 O_3 浓度变化同样相符。

　　$PM_{2.5}$ 在其浓度较高的月份中，不同月份日内浓度相对波动不尽相同，但相同月份的日内波动基本一致。从图 8-6 中各月份小时指数图来看，曲线一般会出现两个波峰分别位于凌晨 1 时左右和上午 11 时左右，出现一个波谷位于 17 时左右，具体情况因月份变化稍有不同。所以，概括来讲，下午（14 时到 20 时）是 $PM_{2.5}$ 浓度在一天中较低的时段，其中在下午 17 时左右浓度最低，之后缓慢上升，到夜间 1 时左右一般会达到其浓度峰值，之后下降，然后在上午 11 时左右又会达到一次小的浓度高峰，然后下降。同时，每个月份的 $PM_{2.5}$ 日内浓度波动规律又各有细节方面的差异。

　　与 O_3 相反，低温有利于促进 $PM_{2.5}$ 的生成[1]。正因如此，图 8-4 中反映出冬季的 $PM_{2.5}$ 浓度一年中相对最高，图 8-6 中夜间和上午的 $PM_{2.5}$ 浓度普遍高于下午。

（三）部分污染物浓度相关性分析

　　研究表明，中国的 $PM_{2.5}$ 以硫酸盐、硝酸盐和铵盐构成的无机盐（SNA）、有机物（OM）以及粉尘为主要成分。在西安及其周边地区，$PM_{2.5}$

---

　　[1]　艾子贞：《不同季节 $PM_{2.5}$ 和 PM_{10} 浓度对地面气象因素的响应分析》，《环境与发展》2017 年第 6 期。

中有机物占到30%—48%，同时，SO_2、NO_x和挥发性有机物（VOC_s）经过化学转化形成的二次组分也是$PM_{2.5}$的主要成分[1]。因此，SO_2、NO_2的浓度与$PM_{2.5}$浓度之间必然存在不同程度的相关关系。

为验证上述观点，该部分使用西安市2015及2016两年以来的SO_2、NO_2及$PM_{2.5}$的分时浓度数据，计算上述前两项污染物浓度与当期及滞后期$PM_{2.5}$浓度之间的相关系数。表8-4为西安市SO_2和NO_2两种空气污染物浓度分别与当期、t+1期、t+2期和t+3期的$PM_{2.5}$浓度之间的相关系数表。

表8-4 西安6市SO_2、NO_2浓度与各期$PM_{2.5}$浓度相关系数

	$PM_{2.5}$浓度	$PM_{2.5}$浓度$_{t+1}$	$PM_{2.5}$浓度$_{t+2}$	$PM_{2.5}$浓度$_{t+3}$
SO_2浓度	0.607306	0.607456	0.601931	0.595377
NO_2浓度	0.597905	0.613786	0.619998	0.619363

两种气态污染物和表中各期$PM_{2.5}$浓度之间都是正相关的，这一方面可能因为人类活动在产生上述气态污染物的同时也产生了$PM_{2.5}$，另一方面是因为部分气态污染物又参与了$PM_{2.5}$再生成的化学反应。根据表8-4中数据，SO_2与t+1期（1小时）的$PM_{2.5}$浓度相关系数最大，NO_2浓度与t+2期的$PM_{2.5}$浓度间的相关性最强，同时考虑这两种气态污染物的比较活泼的化学性质，在$PM_{2.5}$生成的化学反应中SO_2和NO_2均有较高的贡献度，这与相关学者的研究结论基本一致[2]。该结论也为$PM_{2.5}$等微颗粒污染物的治理提供了思路。

另外，对除西安外的其他四个城市的这项分析所得到规律与此处虽略有

---

[1] Jun, J.C., Shen, Z.X., Judith C., Chow, et al., "Winter and Summer $PM_{2.5}$ Chemical Compositions in Fourteen Chinese Cities", *Journal of the Air & Waste Management Association*, Vol. 62, No. 10, 2012, pp. 1218–1226.

[2] Cao, J.J., Shen, Z.X., Judith, C., Chow, et al., "Winter and Summer $PM_{2.5}$ Chemical Compositions in Fourteen Chinese Cities", *Journal of the Air & Waste Management Association*, Vol. 62, No. 10, 2012, pp. 1218–1226.

差异，但基本保持一致，因此，在本章后续 4 个小节中不再一一重复叙述该项分析。

二、咸阳市空气污染规律分析

咸阳市地处关中平原腹地，与东侧的西安市距离最近，西咸一体化的发展带动其常住人口增加、城市规模不断扩大，另外，关中平原独特的地理及气候特征以及其与西安市毗邻等因素，导致咸阳市近几年的空气质量下降严重，甚至在空气污染方面有在关中城市群中"领头"的趋势。

该部分以 SO_2、CO、NO_2、O_3、$PM_{2.5}$ 和 PM_{10} 六项污染物的分时浓度数据为研究对象，从各污染物宏观分布规律、首要污染物浓度波动的微观规律两方面分析咸阳市空气污染物的各层次分布规律。

（一）各污染物分布规律的描述性统计分析

通过绘制 2015 至 2016 两年内 6 种空气污染物日均浓度时序图，以及统计各污染物在各季节及全年的超标情况两方面，来对咸阳市的空气污染物做宏观的描述性统计分析。

为了便于观察各种污染物浓度的波动规律，分别置咸阳市 6 种污染物的时序图于两个坐标系中，如图 8-7 所示，其中 SO_2、NO_2、$PM_{2.5}$ 和 PM_{10} 在第一个坐标系中，O_3 和 CO 在第二个坐标系中呈现。

表 8-5　咸阳市 2015 及 2016 年各污染物超标情况

	超标时数										全年超标率（%）	
	春季		夏季		秋季		冬季		全年			
	2015	2016	2015	2016	2015	2016	2015	2016	2015	2016	2015	2016
SO_2	0	0	0	0	0	0	0	0	0	0	0.00	0.00
CO	0	0	0	0	0	0	0	0	0	0	0.00	0.00

续表

| | 超标时数 | | | | | | | | | | 全年超标率（%） | |
| | 春季 | | 夏季 | | 秋季 | | 冬季 | | 全年 | | | |
	2015	2016	2015	2016	2015	2016	2015	2016	2015	2016	2015	2016
NO$_2$	0	0	0	0	0	0	0	0	0	0	0.00	0.00
O$_3$	0	21	5	95	0	15	0	0	5	131	0.06	1.50
PM$_{2.5}$	279	850	26	109	501	1038	1031	1329	1837	3326	20.97	37.97
PM$_{10}$	403	938	79	105	453	909	934	1195	1869	3147	26.12	35.92

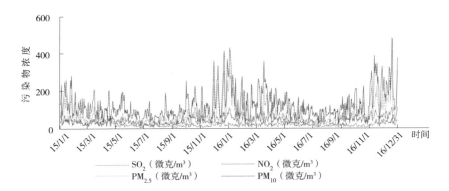

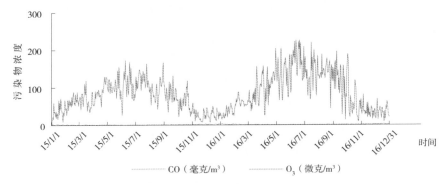

图 8-7　咸阳市 2015 年及 2016 年各空气污染物浓度变化时序图

表 8-5 为基于分时浓度数据的咸阳市各污染物的超标情况统计，该表详细统计了咸阳市 2015 及 2016 两年内 6 种污染物在各个季节以及全年的超标小时数，以及全年的总超标率。该表的数据单元格中，左侧为 2015 年的数据，右侧为 2016 年的数据。

综合分析图 8-7 及表 8-5 可发现关于咸阳市空气污染物的以下规律：

其一，咸阳市空气污染物浓度变化有明显的季节特征。除 CO 波动微弱外，其他五种空气污染物的浓度均随季节交替呈现出有规律的高低起伏。其中 SO_2、NO_2、$PM_{2.5}$ 和 PM_{10} 四种污染物的浓度在夏季相对最低，在冬季相对最高，春秋两季介于夏季和冬季两个极端之间；O_3 则相反，其浓度在夏季相对最高，在冬季相对最低。这与表 8-5 所反映的污染物超标情况相吻合。总的来说，咸阳市各空气污染物的季节特征与西安市基本一致。

其二，从超标情况来看，O_3、$PM_{2.5}$ 和 PM_{10} 是咸阳市主要的空气污染物。SO_2、CO、和 NO_2 在研究期内超标率为零；O_3 污染较轻，但上升态势明显，同样应该引起重视；$PM_{2.5}$ 和 PM_{10} 是超标最严重的两种污染物，研究期内其超标率已经普遍超过了 35%。

其三，咸阳市空气污染有加剧的趋势。比较表 8-5 中数据可以看出，与 2015 年相比，2016 年咸阳市 3 种首要污染物的超标时间数及超标率都有所增加。其中 O_3 在春季和秋季的超标时间从 0 小时分别增加到 21 和 15 小时，在其主要超标季节夏季则从 5 小时增加到 95 小时，增幅更大，全年的超标率从 2015 年的 0.06% 增加到 2016 年的 1.50%；而空气微颗粒物 $PM_{2.5}$ 和 PM_{10} 浓度的超标时间在四个季节均有不同程度的增加，部分增幅达到甚至超过 100%，其中以春秋两季最为明显。

（二）主要超标污染物日内浓度波动规律分析

类似于对西安市重要污染物的分析，同时结合图 8-7，最终选择该部分

的研究对象为 O_3 和 $PM_{2.5}$，研究时期分别为 2015 及 2016 年 6、7、8、9 月和 2015 及 2016 年 1、2、3、10、11、12 月。

计算出咸阳市 O_3 及 $PM_{2.5}$ 在各研究月份的浓度小时指数后，分别绘制出两者在其对应研究时期的小时指数图如图 8-8 及图 8-9 所示。观察两图，并结合小时指数的定义和实际意义，发现如下规律：

2015 及 2016 两年时间里，O_3 在其浓度较高的几个月份，即 6、7、8、9 月的日内浓度相对波动规律基本一致。从图 8-8 可以看出，其浓度的小时指数曲线大致可以分为两个区段，第一段从 8 时到 16 时单调递增，第二段从 16 时到次日 8 时单调递减，其增减速度因具体时间而异。也就是说 O_3 的浓度在夜间普遍低于白天，一般在早上 8 时左右浓度最低，转而上升，到了下午 4 时左右其浓度达到一天中的最大值，继而下降。

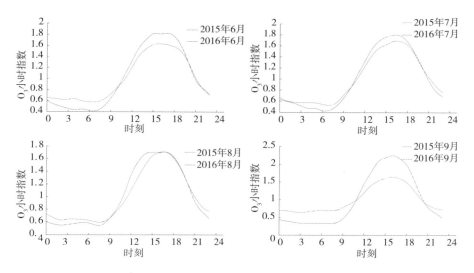

图 8-8　咸阳市 2015 及 2016 年部分月份 O_3 浓度小时指数图

类似于西安市，咸阳市的 $PM_{2.5}$ 在其浓度较高的月份中，不同月份日内浓度相对波动不尽相同，但相同月份的日内波动基本一致。从图 8-9 中各月份小时指数图来看，曲线一般会出现两个波峰，分别位于夜间 1 时左右和白天 11 时左右，出现一个波谷位于 17 时左右，具体情况因月份变化而异。所以，概括来讲，下午（16 时到 20 时）是 $PM_{2.5}$ 浓度在一天中较低的时段，其中在下午 17 时左右浓度最低，之后缓慢上升，到夜间 1 时左右一般会达到其浓度峰值，之后下降，然后在上午 11 时左右又会达到一次小的浓度高峰，然后下降。同样类似于西安市，咸阳市的 $PM_{2.5}$ 浓度在 2015 年 11 月的日内波动也明显例外于上述的一般规律，但这也侧面反映了西安和咸阳两城市空气污染可能存在关联性。

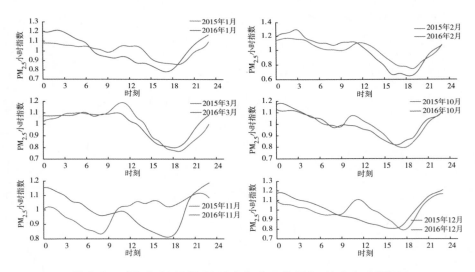

图 8-9　咸阳市 2015 及 2016 年部分月份 $PM_{2.5}$ 浓度小时指数图

三、铜川市空气污染规律分析

铜川市位于关中平原北部，地处关中平原和陕北高原的交接地带，其北侧为北山，与其他城市距离稍远，查阅陕西省统计年鉴的历史数据发现，从常住人口数量和经济体量来看，铜川市是关中地区规模较小的城市。虽然上述原因使铜川市的空气质量优于西安、咸阳等城市（表8-1可以反映），但是为了系统考察关中城市群的空气污染规律，铜川市依然值得分析。

该部分以 SO$_2$、CO、NO$_2$、O$_3$、PM$_{2.5}$ 和 PM$_{10}$ 六项污染物的分时浓度数据为研究对象，从各污染物宏观分布规律、首要污染物浓度波动的微观规律两方面分析铜川市空气污染物的各层次分布规律。

（一）各污染物分布规律的描述性统计分析

该部分主要通过绘制 2015 至 2016 年铜川市 6 种空气污染物的日均浓度时序图，以及统计各污染物在各季节及全年的超标情况，来对铜川市的空气污染物做宏观的描述性统计分析。

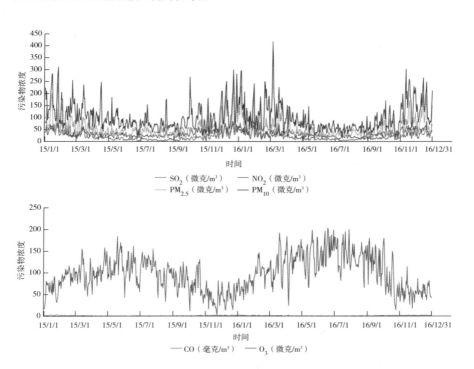

图 8-10　铜川市 2015 及 2016 年各空气污染物浓度变化时序图

表 8-6　铜川市 2015 及 2016 年各污染物超标情况

| | 超标时数 | | | | | | | | | | 全年超标率（%） | |
| | 春季 | | 夏季 | | 秋季 | | 冬季 | | 全年 | | | |
	2015	2016	2015	2016	2015	2016	2015	2016	2015	2016	2015	2016
SO_2	0	0	0	0	0	0	0	0	0	0	0.00	0.00
CO	0	0	0	0	0	0	0	0	0	0	0.00	0.00
NO_2	0	0	0	0	0	0	0	0	0	0	0.00	0.00
O_3	2	11	0	34	0	2	0	0	2	47	0.02	0.54
$PM_{2.5}$	275	416	76	11	256	535	1085	954	1692	1916	19.32	21.87
PM_{10}	351	361	56	2	232	464	887	737	1526	1564	17.42	17.85

　　为了方便观察各种污染物浓度的波动规律，将铜川市 6 种污染物的时序图分别呈现在两个坐标系中，如图 8-10 所示，其中 SO_2、NO_2、$PM_{2.5}$ 和 PM_{10} 在第一个坐标系中，O_3 和 CO 在第二个坐标系中呈现。

　　表 8-6 为铜川市各污染物的超标情况统计表，该表详细统计了铜川市 2015 及 2016 两年内 6 种污染物在各个季节以及全年的超标小时数，以及全年的总超标率。该表的数据单元格中，左侧为 2015 年的数据，右侧为 2016 年的数据。

　　综合分析图 8-10 及表 8-6 可得到以下规律：

　　其一，铜川市空气污染物浓度变化季节特征明显。除 CO 外，其他五种空气污染物的浓度均随季节变化呈现出有规律的浓度波动。空气污染物季节特征的具体表现与西安、咸阳两市基本一致，此处不再重复叙述。

　　其二，从超标情况来看，$PM_{2.5}$ 和 PM_{10} 是铜川市主要的空气污染物。SO_2、CO、和 NO_2 在研究期内的所有监测时段都没有出现超标情况；O_3 超标虽略有增长，但总体仍处于较低水平；$PM_{2.5}$ 超标最为突出，PM_{10} 紧随其后。

其三，铜川市空气污染形势趋于平稳。比较表 8-6 中的数据可以看出，与 2015 年相比，2016 年铜川市 3 种首要污染物在各个季节的超标时间数有增有减，增长居多，但增幅不大。O_3 全年的超标率从 2015 年的 0.02% 增加到 2016 年的 0.54%，虽然增幅明显，但是 O_3 的总体超标情况并不严重。空气微颗粒物 $PM_{2.5}$ 和 PM_{10} 浓度的超标时间在夏季有所下降，其他三个季节均有小幅增长，从全年超标情况来看，颗粒物污染略有增加，但总体平稳。

（二）主要超标污染物日内浓度波动规律分析

该部分选择 O_3 和 $PM_{2.5}$ 为研究对象，研究时期分别确定为 2015 及 2016 年 6、7、8、9 月和 2015 及 2016 年 1、2、3、10、11、12 月。

计算出铜川市 O_3 及 $PM_{2.5}$ 在各研究月份的浓度小时指数后，分别绘制出两者在其对应研究时期的小时指数图，如图 8-11 及图 8-12 所示。观察两图，结合小时指数的定义和其实际意义，发现有关铜川市 O_3 及 $PM_{2.5}$ 污染的如下规律：

2015 及 2016 两年时间里，O_3 在其浓度较高的几个月份，即 6、7、8、9 月的日内浓度相对波动规律基本一致。从图 8-11 可以看出，其浓度的小时指数曲线大致可以分为两个区段，第一段从 8 时到 16 时单调递增，第二段从 16 时到次日 8 时单调递减，白天的变化速率明显大于夜间。由小时指数图可知，夜间的 O_3 浓度普遍低于白天，一般在早上 8 时左右浓度最低，转而上升，到了 16 时左右其浓度达到一天中的最大值，继而下降。

图 8-12 所示的 2015 及 2016 年的 6 个月份中，铜川市的 $PM_{2.5}$ 日内浓度相对波动大体相似，其中，相同月份的 $PM_{2.5}$ 日内相对浓度波动相似度更高。从图 8-12 中各月份小时指数图来看，曲线一般会出现两个波峰，分别位于白天 10 时左右和夜间 21 时左右，其中第一个波峰较小，在部分月份

（如 11 月）甚至不太明显，波谷则位于上午 6 时左右，具体情况因月份变化而异。概括来讲，在所有分析月份中，铜川市白天（4 时到 16 时）的 $PM_{2.5}$ 在一天中较低，之后缓慢上升，17 时以后其浓度会明显增长，到夜间 21 时左右会达到浓度峰值，之后下降，然后在上午 6 时左右到达浓度最低点，然后缓慢上升。这明显异于西安和咸阳两个城市。

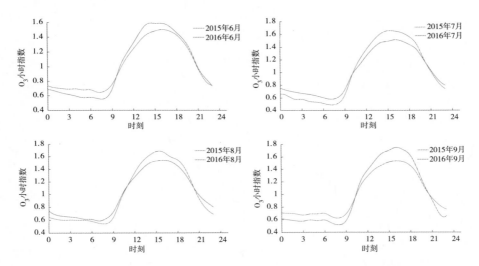

图 8-11　铜川市 2015 年及 2016 年部分月份 O_3 浓度小时指数图

四、宝鸡市空气污染规律分析

宝鸡市位于关中平原的最西端，南西北三面环山，其距离西安、咸阳所在的关中平原中心区域距离相对较远，2016 年统计年鉴反映，其常住人口数量排在关中五城市中的第四位。根据表 8-1 的信息反映，宝鸡市同样存在明显的空气污染现象。

本部分从宏观和微观两个层面分析宝鸡市各空气污染物的分布规律。

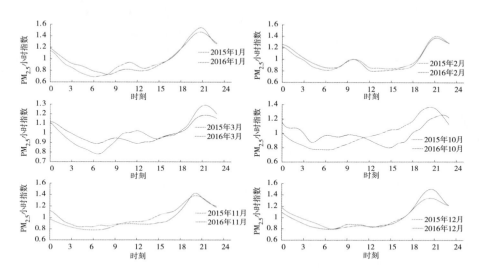

图 8-12　铜川市 2015 年及 2016 年部分月份 PM$_{2.5}$浓度小时指数图

（一）各污染物分布规律的描述性统计分析

通过绘制 2015 至 2016 年宝鸡市 SO$_2$、CO、NO$_2$、O$_3$、PM$_{2.5}$ 和 PM$_{10}$ 六种空气污染物的日均浓度时序图，以及统计各污染物在各季节及全年的超标情况两方面，来对宝鸡市的空气污染物做宏观层面的描述性统计分析。

对六种空气污染物日均浓度时序图的设置与前三个城市一致，具体的浓度波动情况如图 8-13 所示。

表 8-7 为宝鸡市各污染物的超标情况统计表，该表详细统计了宝鸡市 2015 及 2016 两年内 6 种污染物在各个季节以及全年的超标小时数，以及全年的总超标率。该表的数据单元格中，左侧为 2015 年的数据，右侧为 2016 年的数据。

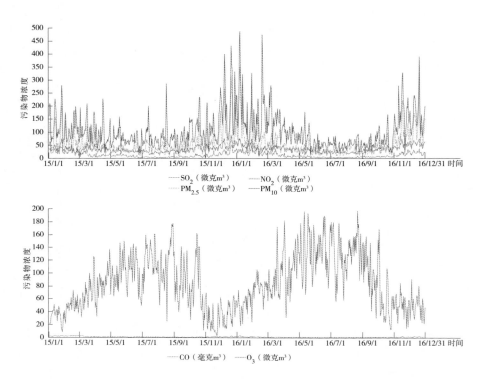

图 8-13 宝鸡市 2015 年及 2016 年各空气污染物浓度变化时序图

表 8-7 宝鸡市 2015 及 2016 年各污染物超标情况统计

	超标时数										全年超标率（%）	
	春季		夏季		秋季		冬季		全年			
	2015	2016	2015	2016	2015	2016	2015	2016	2015	2016	2015	2016
SO$_2$	0	0	0	0	0	0	0	0	0	0	0.00	0.00
CO	0	0	0	0	0	0	0	0	0	0	0.00	0.00
NO$_2$	0	0	0	0	0	0	0	0	0	0	0.00	0.00
O$_3$	0	9	3	7	2	2	0	0	5	16	0.06	0.18
PM$_{2.5}$	280	262	95	23	380	483	955	1236	1710	2004	19.52	22.88
PM$_{10}$	275	387	105	0	343	394	824	1048	1548	1829	17.67	20.88

综合图 8-13 及表 8-7，可得到以下信息：

其一，宝鸡市空气污染物浓度变化季节特征明显。其各空气污染物季节特征的具体表现与本章前三个城市基本一致。

其二，$PM_{2.5}$ 和 PM_{10} 是宝鸡市主要的空气污染物。SO_2、CO、和 NO_2 在研究期内的所有监测时段都没有出现超标情况；O_3 污染程度轻，超标时数很少；而 $PM_{2.5}$ 和 PM_{10} 两种空气微颗粒污染物的超标情况与铜川市类似。

其三，宝鸡市空气污染形势趋于平稳。比较表 8-7 中的数据可以看出，3 种主要超标污染物的超标时数除少部分有所降低外，都有略有增加，但增幅很小。其中 O_3 在春季的超标时间由 0 小时增加到 9 小时，在夏季从 3 小时增加到 7 小时，秋季则维持 2 小时不变，全年的超标率从 2015 年的 0.06% 增加到 2016 年的 0.18%，虽然增幅明显，但是 O_3 的总体超标情况并不严重；空气微颗粒物 $PM_{2.5}$ 和 PM_{10} 浓度的超标时间在夏季有明显下降，其他三个季节均有小幅增长，从全年超标情况来看，颗粒物污染略有增加，但总体平稳。可以看出，在研究期内宝鸡市的空气污染状况得到了有效控制。

（二）主要超标污染物日内浓度波动规律分析

本部分选择 O_3 和 $PM_{2.5}$ 为研究对象，对应的研究时期分别为 2015 及 2016 年 6、7、8、9 月和 2015 及 2016 年 1、2、3、10、11、12 月。

计算出 O_3 及 $PM_{2.5}$ 在各研究月份的浓度小时指数后，分别绘制两者在其对应研究时期的小时指数图，如图 8-14 及图 8-15 所示。观察两图，可得到如下规律：

O_3 在其浓度较高的几个月份的日内浓度相对波动规律基本一致，具体表现为，白天高，晚间低，8 时是一天中浓度最低点，16 时其浓度达到峰值，浓度变化速率同样是白天高于夜间。从图 8-14 可以看出，其浓度的小时指数曲线大致可以分为两个区段，第一段从 8 时到 16 时单调递增，第二

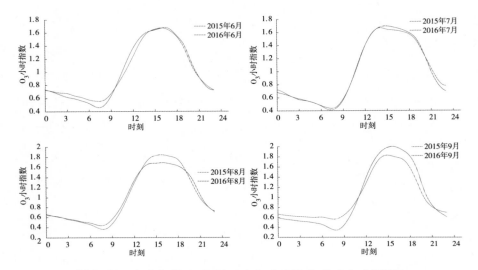

图 8-14 宝鸡市 2015 及 2016 年部分月份 O_3 浓度小时指数图

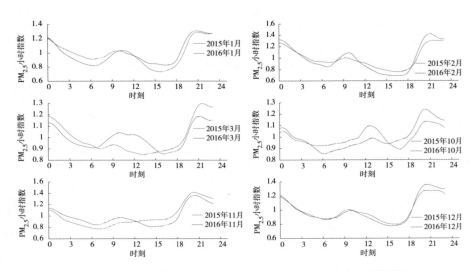

图 8-15 宝鸡市 2015 及 2016 年部分月份 $PM_{2.5}$ 浓度小时指数图

段从 16 时到次日 8 时单调递减。

宝鸡市的 $PM_{2.5}$ 日内浓度相对波动规律在研究期内大体相似，相同月份的波动情况相似度更高。各月份小时指数曲线一般会出现两个波峰，分别位于白天 10 时左右和夜间 21 时左右，其中第一个波峰较小，在部分月份（如 11 月）甚至不太明显，波谷则位于上午 6 时和 16 时左右，具体情况因月份变化而异。概括来讲，在所有分析月份中，宝鸡市白天（4 时到 16 时）的 $PM_{2.5}$ 在一天中较低，之后缓慢上升，17 时以后其浓度会明显增长，到夜间 21 时左右会达到浓度峰值，之后下降，然后在上午 6 时左右到达浓度最低点，然后缓慢上升。

五、渭南市空气污染规律分析

渭南市位于关中平原的最东端，是关中平原的门户所在，由于关中平原北西南三面环山，所以，渭南市所在的关中平原东侧地区最有可能成为关中地区空气污染物的排泄出口，或者说渭南市处于空气污染的传输通道上，加之渭南城市规模的不断扩大等因素，导致渭南市同样面临较严重的空气污染威胁。

本部分从宏观和微观两个层面分析渭南市各空气污染物的分布规律。

（一）各污染物分布规律的描述性统计分析

该部分主要通过绘制 2015 至 2016 年渭南市 SO_2、CO、NO_2、O_3、$PM_{2.5}$ 和 PM_{10} 六种空气污染物的日均浓度时序图，以及统计各污染物在各季节及全年的超标情况，来对渭南市的空气污染物做宏观的描述性统计分析。

如图 8-16 为各污染物日均浓度时序图，其中 SO_2、NO_2、$PM_{2.5}$ 和 PM_{10} 在第一个坐标系中，O_3 和 CO 在第二个坐标系中呈现。

表 8-8 详细统计了渭南市 2015 及 2016 两年内 6 种污染物在各个季节以

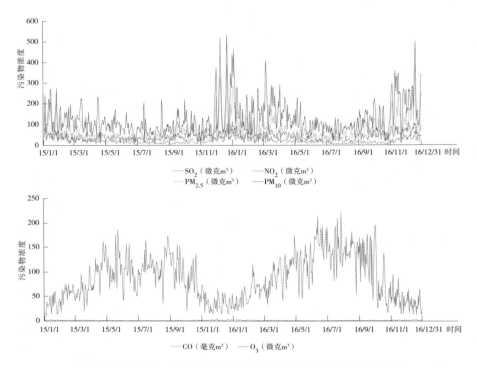

图 8-16 渭南市 2015 及 2016 年各空气污染物浓度变化时序图

及全年的超标时数，以及全年的总超标率。该表的数据单元格中，左侧为 2015 年的数据，右侧为 2016 年的数据。

表 8-8 渭南市 2015 及 2016 年各污染物超标情况

	超标时数										全年超标率（%）	
	春季		夏季		秋季		冬季		全年			
	2015	2016	2015	2016	2015	2016	2015	2016	2015	2016	2015	2016
SO₂	0	0	0	0	0	0	0	0	0	0	0.00	0.00
CO	0	0	0	0	0	0	0	0	0	0	0.00	0.00
NO₂	0	0	0	0	0	1	0	1	0	2	0.00	0.02

续表

	超标时数										全年超标率（%）	
	春季		夏季		秋季		冬季		全年			
	2015	2016	2015	2016	2015	2016	2015	2016	2015	2016	2015	2016
O_3	1	2	4	35	0	20	0	0	5	57	0.06	0.65
$PM_{2.5}$	240	697	34	108	454	1020	1077	1185	1805	3010	20.61	34.36
PM_{10}	395	916	103	93	276	900	963	1178	1737	3087	19.83	35.24

分析图 8-16 及表 8-8 得到以下规律：

其一，渭南市空气污染物浓度变化季节特征明显。除 CO 波动微弱外，其他五种空气污染物的浓度均随季节交替呈现出有规律的高低起伏。其中 SO_2、NO_2、$PM_{2.5}$ 和 PM_{10} 四种污染物的浓度在夏季相对最低，在冬季相对最高，春秋两季介于夏季和冬季两个极端之间；O_3 则相反，其浓度在夏季相对最高，在冬季相对最低。这些季节特征同样与前述四城市相一致。

其二，从超标情况来看，O_3、$PM_{2.5}$ 和 PM_{10} 是渭南市主要的空气污染物。SO_2 和 CO 在研究期内的所有监测时段都没有出现超标情况；NO_2 仅在 2016 年的秋季和冬季各出现了 1 次超标记录；从全年的超标率来看，O_3 污染较轻；所有污染物中，$PM_{2.5}$ 和 PM_{10} 两种空气微颗粒污染物超标最为突出。

其三，渭南市空气污染有加重的趋势。与表 8-8 中的数据比较可以看出，3 种主要超标污染物的超标小时数及超标率都有不同程度的增加。其中 O_3 的超标时数在夏季和秋季增幅明显；除 PM_{10} 在夏季的浓度超标时数略有下降外，另一种空气微颗粒物浓度的超标时数在其他统计时期均有明显增长，部分时期的增幅甚至超过了 200%。

（二）主要超标污染物日内浓度波动规律分析

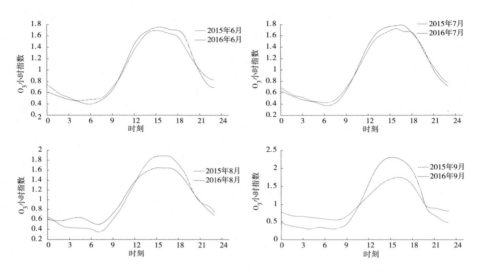

图 8-17　渭南市 2015 及 2016 年部分月份浓 O_3 度小时指数

该部分选择 O_3 和 $PM_{2.5}$ 为研究对象，研究时期分别为 2015 及 2016 年 6、7、8、9 月和 2015 及 2016 年 1、2、3、10、11、12 月。

计算渭南市研究期内 O_3 及 $PM_{2.5}$ 在各月份的浓度小时指数，然后分别绘制对应的小时指数图，如图 8-17 及图 8-18 所示。观察两图，并结合小时指数的定义和实际意义，得到如下规律：

O_3 在研究期各月份的日内浓度相对波动规律基本一致。从图 8-17 可以看出，其浓度的小时指数曲线大致可以分为两个区段，从 7 时左右开始单调递增至 16 时左右，然后递减到次日 7 时左右。也就是说渭南市的 O_3 的浓度在夜间普遍低于白天，一般在早上 7 时左右浓度最低，转而上升，到了 16 时左右其浓度达到一天中的最大值，继而下降。

研究期的各月份内，渭南市 $PM_{2.5}$ 日内浓度相对波动大体相似，相同月

份的 $PM_{2.5}$ 日内浓度波动相似度更高。小时指数曲线一般会出现两个波峰，分别位于 13 时左右和 22 时左右，波谷则位于上午 7 时左右和 17 时左右，具体情况因月份变化而异。概括来讲，在所有分析月份中，渭南市一天中 $PM_{2.5}$ 浓度较低的时段分别是 7 时附近和 17 时附近，17 时以后其浓度会明显增大，到 22 时左右会达到浓度峰值。

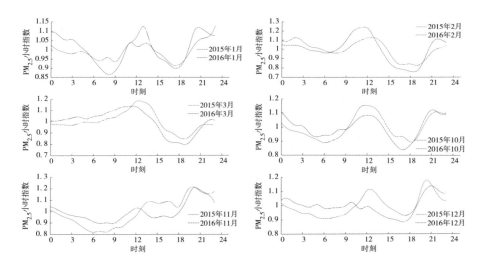

图 8-18 渭南市 2015 及 2016 年部分月份 $PM_{2.5}$ 浓度小时指数图

第四节 关中城市群城市间空气污染关联规律分析

第三节以城市为单位分析了其各自的空气污染规律，那么各城市的空气污染是否存在相互影响，若存在，程度如何？为了解决这些问题，本节用向量自回归模型定量分析城市间空气污染的关联规律。在关联分析之前，有必要先对各城市的空气污染规律进行比较分析，以期对各城市空气污染的共性和个性有大致的把握，服务于后续分析工作。

一、各城市空气污染规律的比较分析

第三节已经重点分析了关中城市群空气污染总体规律，以及各城市空气污染物的多方面分布规律，该部分主要总结关中城市群五个城市在空气污染规律方面所表现出的共性及个性。

（一）城市间空气污染趋同性规律比较分析

五个城市的空气污染存在明显的趋同性规律，具体表现在以下四点：

第一，五个城市空气质量波动状况整体相似。首先，图 8-1 中的五条时序曲线形状非常相似，各城市的空气质量指数总是在相同的时期达到较高或较低水平。其次，五个城市空气质量指数年平均值相差不大，并且研究期内都有上涨的趋势。另外，五个城市的空气污染都有明显地集簇性和日历效应。

第二，各城市污染物分布规律有明显的相似性。在研究期内，五个城市的 SO_2、CO 和 NO_2 三种污染物基本都没有出现成规模的超标情况。各城市的 $PM_{2.5}$、PM_{10} 和 O_3 污染都有明显的季节特征，$PM_{2.5}$ 和 PM_{10} 污染在冬季最为严重，夏季最轻，O_3 则恰好相反。$PM_{2.5}$ 和 PM_{10} 都是各城市占比最高的首要污染物。

第三，主要超标污染物日内浓度波动规律相似。$PM_{2.5}$ 和 O_3 两种主要超标污染物在各城市呈现出相似的日内浓度波动规律。夜间的 $PM_{2.5}$ 浓度要明显高于白天，研究期内，五个城市都会在 17 时左右迎来其 $PM_{2.5}$ 浓度在一天内的最低点。白天的 O_3 浓度要普遍高于夜间，五个城市的 O_3 几乎都会在 16 时左右达到其一天中的浓度峰值。

第四，SO_2 和 NO_2 浓度都与 $PM_{2.5}$ 当期及其 t+1 期、t+2 期浓度有较高的相关性，这在一定程度上说明，各城市的 SO_2 和 NO_2 两种污染物都参与了

$PM_{2.5}$ 的生成。

五个城市在空气污染方面表现出的高度相似性，一方面是因为五个城市同处关中平原地区，各城市的气象因素有较高的相似度。而气温、湿度、光照和风速等气象条件又是影响 $PM_{2.5}$ 和 O_3 等污染物产生及积累的重要因素，因此，相似的气象条件导致了空气污染整体上较高的相似度；另一方面，城市间空气污染可能存在关联性。五个城市距离较近，处在同一个空气流域内，流域内不同城市的空气会相互流动，也即空气污染物会在城市之间互相传播扩散，造成城市间空气污染特征上的趋同性。

(二) 城市间空气污染差异性规律比较分析

各城市空气污染规律同样存在差异，差异性主要表现在以下两点：

第一，城市空气质量的总体表现上存在差异。观察表 8-1、8-2 以及各城市污染物的数据，同时结合各城市的空气污染程度和空气污染的发展趋势可以发现，一方面，铜川和宝鸡两市的空气质量要明显优于西安、咸阳和渭南三个城市，另一方面，若无政策干预，后者的空气污染有明显的加重趋势，前者则不太明显。据此两方面，可以把关中城市群的 5 个城市分为两类，第一类为西安、咸阳和渭南三市，第二类为铜川和宝鸡两市。

第二，污染物分布规律的细节方面各城市间同样存在差异。五个城市中，咸阳市的 O_3 污染最为严重，其次为西安市，再次为渭南市，宝鸡市的 O_3 污染最轻；空气颗粒物污染同样是咸阳市最为严重，渭南市次之，再次为西安市，铜川市最轻；此外，在污染物的日内波动规律和各污染物间的相关性规律方面各城市同样存在细节差异。

造成城市间空气污染状况差异有三方面的原因。其一，五个城市所处的具体地理环境有差异。虽然都处于关中平原地区，但是具体环境不同，铜川市位于最北部，宝鸡市位于最西部，其他三市则位于关中平原中东部（具

体如图 8-1 所示）。城市分布的集中程度也有所不同，比如铜川和宝鸡两市
离西安市和咸阳市所在的关中平原中心区域距离稍远，同时，又由于受北高
南低和西高东低的地势、南侧的秦岭屏障以及冬季盛行的西北季风影响，整
个关中地区的空气污染物更易在靠近南部的西安、咸阳和渭南三市积累；其
二，各城市的常住人口数量和森林覆盖率等具体情况各有差异。这两项指
标，一个可以反映城市制造污染的规模，另一个可以衡量城市对空气污染的
承载（或吸收净化）能力。本书统计了五个城市截至 2016 年末的这两项指
标来加以分析。表 8-9 中，西安市的常住人口数量最多，铜川市最少，同
时，铜川市和宝鸡市的森林覆盖率都比较高；其三，各城市的第二产业构成
各有差异，比如西安、咸阳和渭南三市都有较多工业企业，其中西安市偏向
于高新制造业，咸阳市则有为数不少的高污染企业存在，渭南市则以冶金和
能源化工为其工业支柱。

表 8-9 截至 2016 年末五城市常住人口数量及森林覆盖率

	西 安	咸 阳	铜 川	宝 鸡	渭 南
常住人口数量（万人）	883.21	498.66	84.72	377.50	537.16
森林覆盖率（%）	48.03	35.95	46.50	55.26	25.50

二、关联规律研究设计与 VAR 模型估计

（一）研究设计

该部分使用向量自回归模型（VAR）研究关中城市群内五个城市空气
污染的关联规律。因为在做污染物分析时，发现五个城市超标最严重的两个
空气污染物分别是 PM_{10} 和 $PM_{2.5}$，同时考虑到 $PM_{2.5}$ 对人体健康较强的危害

性，该部分选择 $PM_{2.5}$ 作为城市间空气污染关联规律分析的研究对象，同时，确定研究时期范围为 2015 至 2017 年，也即，该部分选用西安、咸阳、铜川、宝鸡和渭南 5 个城市 2015 至 2017 年的分时 $PM_{2.5}$ 时间序列数据进行建模分析。

VAR 模型中的每个内生变量都是模型中所有内生变量滞后值的函数。这种构造使之能够分析多个时间序列间的动态关联关系，并且可以研究随机扰动对时间序列的动态冲击，从而有助于理解冲击对研究变量造成的影响。

（二）向量自回归模型估计

进行 VAR 动态回归模型拟合时，各参与建模的序列必须满足平稳性要求，表 8-10 为 5 个城市的 $PM_{2.5}$ 浓度时间序列的平稳性检验结果。结果显示，5 个城市的 $PM_{2.5}$ 浓度序列在 99% 的置信水平下都是平稳的，满足平稳性要求，可以建立 VAR 模型。

表 8-10　时间序列平稳性检验结果

	t 统计量	临界值（1%）	P 值	结 论
西安（xa）	-8.9261	-3.9591	0.0000	平稳
咸阳（xy）	-7.0522	-3.9591	0.0000	平稳
铜川（tc）	-9.0230	-3.9591	0.0000	平稳
宝鸡（bj）	-8.2466	-3.9591	0.0000	平稳
渭南（wn）	-8.1963	-3.9591	0.0000	平稳

然后，确定模型的滞后阶数。参照表 8-11 中的分析结果，在保证模型科学性的前提下，基于从简原则，最终采用施瓦兹（SC）准则确定的模型的滞后阶数，即 2 期滞后。

表 8-11　模型滞后阶数选择

Lag	LR	AIC	SC	HQ
0	NA	48.86912	48.86912	48.86912
1	116717.2	35.56613	35.56613	35.56613
2	8624.816	34.58782	34.58782*	34.58782
3	289.2821	34.56049*	34.57049	34.56049
4	156.5609	34.55831	34.56831	34.54831

Inverse Roots of AR Characteristic Polynomial

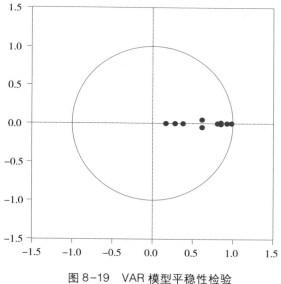

图 8-19　VAR 模型平稳性检验

根据模型拟合结果，VAR 模型中 5 个函数的所有滞后项系数均通过了显著性检验，并且各函数的拟合优度都在 0.97 以上，模型效果良好。同时，结合图 8-19 中模型平稳性检验结果可知，所有特征根的倒数都位于单位圆内，表明 VAR 模型结构稳定，因此可以开展后续的脉冲响应函数分析。

三、基于脉冲响应函数的城市间空气污染关联规律分析

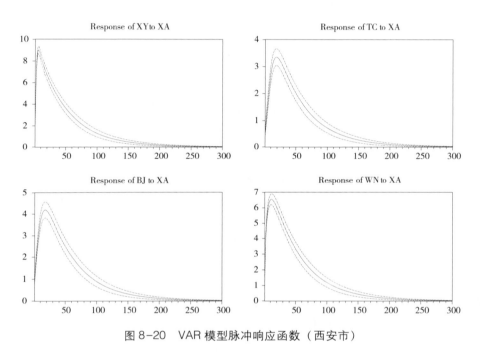

图 8-20 VAR 模型脉冲响应函数（西安市）

（一）西安市脉冲响应函数分析

对于由 5 个城市 $PM_{2.5}$ 浓度序列构建的 VAR 模型，需要重点关注的是系统的动态特征，即利用脉冲响应函数分析对某个内生变量施加冲击会对其他内生变量产生怎样的影响。由于西安为关中城市群中规模最大的城市，并且在 5 个城市中处于相对中间的位置，因此，此处首先以西安市为例，考察其污染冲击对其他 4 个城市的影响，也即，其他 4 个城市对西安市污染冲击的响应。图 8-20 为 VAR 模型脉冲响应函数图，它反映了对西安的 $PM_{2.5}$ 浓度施加冲击后，其他 4 个城市的 $PM_{2.5}$ 浓度所受影响的变化情况。脉冲响应函数考察了冲击施加后 300 期内各城市的反应，也即对西安市 $PM_{2.5}$ 浓度施加

冲击后 300 小时内各城市的 $PM_{2.5}$ 浓度反应。观察图 8-20 可以发现以下四条规律：

第一，西安市 $PM_{2.5}$ 的浓度变化对其他 4 个城市的影响都是正向的。也即，当西安市的 $PM_{2.5}$ 浓度由于不同原因升高时，关中城市群其他 4 个城市的 $PM_{2.5}$ 浓度在一定时间内也会随之升高。

第二，其他四个城市对西安市 $PM_{2.5}$ 浓度变化的响应有相似的变化趋势。图 8-20 显示，随时间推移，西安市 $PM_{2.5}$ 浓度变化对 4 个城市的影响都先迅速增大，继而达到峰值，然后逐渐衰减趋零。同时，影响从零到达峰值所消耗的时间只占整个考察期的很小一部分，表明城市间 $PM_{2.5}$ 污染较快发生相互影响，而影响的消除却需要花费较长时间。

第三，西安市 $PM_{2.5}$ 的浓度变化对其他 4 个城市所产生的影响的峰值出现所需的时间各有不同，具体表现为咸阳（6 小时）、渭南（10 小时）、宝鸡（17 小时）和铜川（18 小时），结合图 8-1 中关中城市群各城市的分布位置可知，影响峰值出现所需的时间随城市间空间距离的增加而变长，也即，城市间距离越远，空气污染在城市间传导所需要的时间就越长。

第四，对其他 4 个城市所产生影响的峰值大小也有差异，峰值大小具体表现为咸阳（8.5）、渭南（7.6）、宝鸡（4.6）和铜川（3.7），结合图 8-1 发现，总体上看，影响峰值的大小随城市间空间距离的增加而减小，也即，城市间距离越近，一个城市的空气污染对另一个城市空气质量的影响程度就越大。

（二）其他四城市脉冲响应函数分析

本节同样分析了咸阳、铜川、宝鸡和渭南四城市脉冲响应函数。分析发现，咸阳和渭南 2 市的脉冲响应函数出现了 3 处有异于上述四点规律的现象，分别是咸阳市的污染波动对宝鸡和铜川两市造成的影响，以及渭南市的污染波动对宝鸡市造成的影响。差异的具体表现为，这三个脉冲响应都首先经历了一个短暂的负值阶段，此三处差异可能是由城市距离较远或者系统误差造成的。而在经历了短暂的负值阶段之后，上述三个脉冲响应波动规律与图 8-20 又迅速恢复一致。因此，总体而言，其他四个城市的脉冲响应函数规律与以上所总结的四点基本一致，此处不再一一详述。

第五节　关中城市群空气污染治理政策效果评估

该部分以关中城市群 5 个城市的分时 AQI 及部分污染物浓度数据为分析对象，分别基于描述性统计分析和双重差分模型，对比分析政策实施前后关中城市群空气质量在各层面是否有所好转，及好转程度，并据此对 2017 年实施的治污减霾政策作出客观的效果评估。

一、基于描述性统计的政策效果总体评估

基于分时 AQI 数据，使用统计图表从总体上呈现关中城市群在 2017 年治污减霾政策实施后的空气质量状况。并结合 2015 和 2016 的对应指标分析政策实施的具体效果。

图 8-21 为关中城市群 5 个城市 2017 年全年分时 AQI 数据时序图，依次描述了西安、咸阳、铜川、宝鸡和渭南五城市 2017 年的空气质量波动情况，图中直线为"中度污染线"。表 8-12 为各城市 2017 年各个季节的 AQI 平均水平统计。

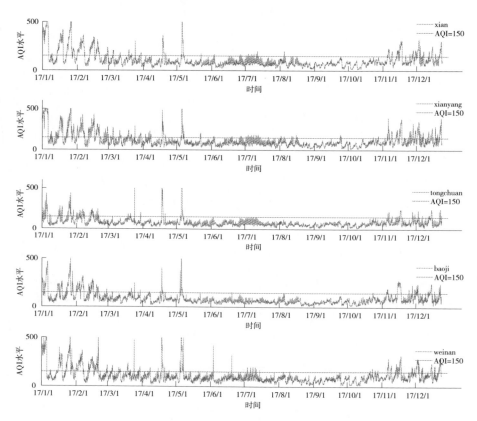

图 8-21　各城市 2017 年 AQI 波动情况

表 8-12　各城市 2017 年各时期 AQI 均值

	春　季	夏　季	秋　季	冬　季	全　年
西安	94	78	92	139	92
咸阳	103	87	98	148	100
铜川	82	68	76	95	77
宝鸡	83	61	81	113	78
渭南	104	81	93	138	96

综合图 8-21 及表 8-12 发现，总体而言，政策实施后关中五城市的空气污染同样表现出明显的集簇性，即高污染天气集聚出现，污染持续的时间较长；同时，污染的季节效应明显，冬季依然是全年空气质量最差的季节，春季次之，紧接着为秋季，夏季的空气质量则最优，这些特征和本章第三节中的分析结果一致。

比较图 8-21 和图 8-2，政策实施对关中各城市空气质量的改善确有效果，但效果比较有限。各城市在污染较严重的冬季和春季依然有较多的中度及以上污染天气出现，这一点与政策实施前的 2015 及 2016 年没有太大差异，另外，重点对比两幅图中的 11 到 12 月份的空气质量情况可以发现，在政策实施后的 2017 年冬季空气质量指数逼近 500 的重污染天气被明显遏制，在该时期，除了咸阳市出现 5 次 AQI 超过 300 的严重污染情况，其他 4 个关中城市的空气质量指数都被严格控制在 300 以下，基本杜绝了严重污染天气的发生；同时，容易发现的是，夏季的空气质量有明显的变差的趋势，在时序图中具体表现为，与上两年相比，2017 年 6 到 8 月份的中度及以上污染天气明显增多。

比较表 8-12 和表 8-1 则能得到更为详细的结论。相比于 2016 年，除了夏季之外的 3 个季节空气质量指数均值均有不同程度的下降，另外根据上文分析，春季、秋季和冬季三个季节的空气污染物主要是 $PM_{2.5}$ 和 PM_{10} 类的细颗粒污染物，与此同时，《"1+9" 行动方案》的重点治理对象即为雾霾，因此，这一比较结果说明该政策的实施确实在一定程度上改善了关中城市群的空气质量，比较全年空气质量指数均值数据的变化，同样能得出这一结论。但是，需要注意的是，夏季的空气污染却 "异军突起"，5 个城市的夏季空气质量指数均值都呈现出连续上升或先降又升的现象，而根据前文分析，夏季的空气污染主要是由 O_3 超标引起的，因此，下面将进一步分析政策实施

前后 O_3 污染的变化情况。

二、基于描述性统计的 O_3 治理政策效果评估

该部分使用各城市 2015 至 2017 年 3 年的 O_3 分时浓度数据，展开如下两方面统计分析：夏季 O_3 污染平均水平分析和全年 O_3 浓度超标情况分析。

（一）夏季 O_3 平均污染水平统计分析

关中城市群五城市 2015 至 2017 年夏季 O_3 平均浓度水平如表 8-13 所示。表中数据为对应城市在对应年份的夏季（6 至 8 月份）的所有分时 O_3 浓度数据均值。

根据表 8-13 可知，5 个城市的夏季 O_3 平均浓度在最近 3 年内均呈持续上升的态势，治理效果不佳。从均值来看，5 个城市中增速最快的是咸阳，平均每年夏季 O_3 浓度上升 $16\mu g/m^3$，渭南、铜川和西安紧随其后，宝鸡市是 5 城市中夏季 O_3 浓度上升最缓慢的城市，平均每年增长 $7.5\mu g/m^3$。

表 8-13   五城市 2018—2017 年夏季 O_3 平均浓度统计

（单位：$\mu g/m^3$）

	西　安	咸　阳	铜　川	宝　鸡	渭　南
2015	71	67	69	68	65
2016	83	88	95	81	90
2017	92	99	95	83	95

由于均值更多地用来反映样本总体的特征，在其计算过程中掩盖个体的特性，所以通过均值统计得到的关中城市群 O_3 污染规律非常有限，因此有必要展开更加细致的统计分析。

（二）全年 O_3 浓度超标情况统计分析

关中城市群五城市 2017 年 O_3 浓度超标情况如表 8-14 所示。该表中轻度及重度污染时数是指 O_3 浓度超过 $200\mu g/m^3$ 和 $300\mu g/m^3$ 的小时数，也即 O_3 浓度构成三级和四级空气污染的小时数。另外，五个城市在 2015 和 2016 年的 O_3 中度污染时数均为 0 小时，在此未予体现。

表 8-14　五城市 2017 年全年 O_3 浓度超标时数

	西 安	咸 阳	铜 川	宝 鸡	渭 南
轻度污染时数	226	289	69	22	186
中度污染时数	4	1	0	0	4

另外，结合本章第三节各小节中对各城市 2015 及 2016 年全年 O_3 超标情况的统计，为了直观反映 3 年以来各城市 O_3 超标（轻度污染及以上）情况的变化，绘制五城市 O_3 超标时数波动图如图 8-22 所示。

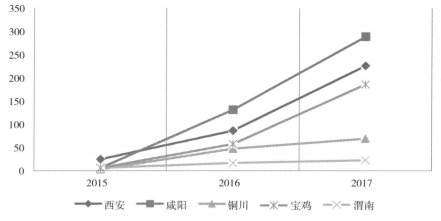

图 8-22　各城市 2015 至 2017 年 O_3 浓度超标时数波动情况

由图 8-22 可以看出，2015 年 5 个城市的全年 O_3 浓度超标时数尚处在较低水平，并且没有明显差距。2015 至 2016 年 5 个城市均有不同程度的增长，其增幅以咸阳最大，宝鸡的增长最为缓慢。由 2016 到 2017 年的变化值得关注。一方面，2017 年为《"1+9" 行动方案》的实施元年，但是 5 个城市的全年 O_3 浓度超标时数均不降反增，这表明 2017 年《"1+9" 行动方案》的实施对 O_3 污染的治理是不成功的；另一方面，根据 2016 到 2017 年的数据变化特征，图 8-22 清晰地将 5 个城市分为两类，即咸阳、西安和渭南为一类，铜川和宝鸡为第二类。第一类城市在 2017 年数据大小和数据增长率两方面都明显高于另一类，同时这一划分印证了本章第四节中对 5 个城市的分类。

2016 到 2017 年，O_3 浓度超标情况之所以呈现出上述两方面的特征，其原因主要有以下三点：

其一，政策细节不够全面。综合有关学者的研究可知，近地面的臭氧，主要是由氮氧化物（NO_x）与挥发性有机物（VOCs）等前体物，在光照条件下通过光化学反应生成，一般情况下，前体污染物浓度越高、光照越强、气温越高，则光化学反应越强烈，臭氧浓度越高[1]。也就是说，控制氮氧化物和挥发性有机物的排放是治理臭氧污染的根本所在。《"1+9" 行动方案》中，至少有 4 项方案涉及对于氮氧化物排放的控制，比较全面，但是对挥发性有机物排放的控制明显不足，其中仅有《挥发性有机物污染整治行动方案》针对 VOCs 治理，并且该方案中具体规划仅涉及城市餐饮油烟的整治。而张桂芹等人的研究表明，城市大气挥发性有机物的人为排放来源主要有汽

---

[1] 张远航、邵可声、唐孝炎等：《中国城市光化学烟雾污染研究》，《北京大学学报（自然科学版）》1998 年第 2 期。

车尾气、燃料挥发和涂料挥发①。对涂料挥发的治理在"行动方案"中也并未涉及，此外，根据张麟、丁德新等人的研究，大量使用涂料的房地产行业对城市空气造成的污染不容小觑②。而陕西省房地产行业在 2016 年止跌回升，参照陕西省发展改革委员会发布的分析报告发现，全省商品房房屋竣工面积增长率在 2016 年扭负为正，达到 44.6%，其中有超过一半的竣工面积是关中城市群贡献的。由于 2016 年新竣工的房屋，会在 2017 年集中进入大量排放 VOCs 的装修期，同时考虑到房地产业对原料开采、加工制造及交通运输等诸多上下游行业的带动作用，也就从一个侧面解释了关中城市群 O_3 污染程度的不降反增。值得注意的是，O_3 污染不同于 $PM_{2.5}$ 等污染能造成直观明显的污染现象，因此不容易被社会大众察觉，而政策制定的不完备很大程度上正是由 O_3 污染的这种"隐蔽性"造成的。

其二，政策实施及效果滞后和政策实施不严格。《"1+9"行动方案》于2017 年 3 月 3 日发布，但是在发布和具体实施之间存在几个月不等的时滞。在涉及氮氧化物排放控制的 4 项"行动方案"中，《低速及载货柴油汽车污染治理行动方案》要求 2017 年 7 月 1 日完成低速汽车的全面更新；《涉气重点污染源环境监察执法行动方案》要求 10 月底关中地区 339 家涉气重点污染源污染物 100% 达标排放；《秸秆等生物质综合利用行动方案》和《燃煤锅炉拆改行动方案》的作用时间明显不在夏季。而臭氧浓度超标主要发生在夏季，因此《"1+9"行动方案》在控制 2017 年 O_3 污染方面所发挥的作用非常有限。除此之外，政策的具体实施不可避免地存在打折扣、执行不力的情况，都会导致政策实施效果被削弱。

---

① 张桂芹、姜德超、李曼等：《城市大气挥发性有机物排放源及来源解析》，《环境科学与技术》2014 年第 37 期。

② 丁德新：《房地产业与城市污染控制》，《国土与自然资源研究》2006 年第 3 期。

其三，城市间的差异性。城市间差异主要表现在两个方面。

一方面，从近地面臭氧生成机制中的三个影响因素切入。其中起根本作用的是 O_3 前体物的排放量（或浓度），而 O_3 前体物的排放量一定程度上可以用城市（人口）规模来反映[1]，在科技水平相当、政策实施基本一致的情况下，城市规模越大，其 O_3 前体物的排放量也就越大。另一个可以实现人为科学干预的因素是温度，相关研究表明，城市森林覆盖率的提高可以显著降低城市夏季的气温[2]。因此，结合表 8-9 中 5 个城市截至 2016 年末的常住人口数量和森林覆盖率情况发现，该表所呈现出的统计规律符合此处的推测。西安等第一类城市在城市规模上明显大于第二类城市，而宝鸡和铜川的平均森林覆盖率要明显高于西安等第一类城市。

另一方面，结合图 8-1，从 5 个城市的空间距离来看，西安、咸阳和渭南三城市互相间距离较近，更容易形成一个小的空气流域，污染在城市间互相传播，难以扩散。而铜川和宝鸡两城市由于距离其他城市较远，从而表现出与第一类城市不同的特征。

综合上述两个方面，两类城市在城市规模、森林覆盖率、空间位置上的显著差异可以很大程度地解释其在 O_3 污染特征及治理效果上的不同。以宝鸡为例，城市规模适中、森林覆盖率高、距离大的城市集群较远三个特征促使其成为两组中夏季空气质量最好的城市，这也为关中城市群城市空气污染的治理提供了参考和思路。

---

① 武俊奎：《城市规模、结构与碳排放》，复旦大学 2012 年博士学位论文。
② 赵仲辉、罗茜、黄志宏等：《长沙城市森林对气温的调节效应》，《中南林业科技大学学》2011 年第 5 期。

三、基于双重差分模型的 PM$_{2.5}$治理政策效果评估

（一）研究设计

为了评估关中城市群 2017 年治污减霾政策的实施效果，可以通过单差分法实现，即比较关中城市群各城市空气污染在实施《"1+9"行动方案》之前和之后的差异，也即比较该地区 2017 年和 2016 年同期的污染水平差异，以此来判断该项政策对空气污染治理的作用，但单差分法得到的结论可能不够科学。因为，在政策实施前后，有很多其他因素会影响关中地区的空气质量，例如社会经济中的人口、产业结构、交通运输量等在短期内有趋势性变化的指标。

上述众多因素的存在会导致关中城市群的空气质量变化存在一定的趋势成分，也即在 2017 年《"1+9"行动方案》政策实施之后，所观测到的该地区空气质量变化（Difference）可以分为两大部分。一部分为趋势成分（Trend），另一部分为真实的政策实施效果（Policy）。

$$Difference = Trend + Policy \tag{8.1}$$

在这种情况下，如果仍然使用单差分法评估政策效果，可能会造成估计结果的偏高或偏低。为此，本节使用双重差分模型（Difference in Difference，DID）评价关中城市群区域治污减霾政策措施的实施效果。另外，如果没有政策干预，不同期之间的趋势变化是一致的，也即空气质量总体上呈线性变化，这符合双重差分模型的平行趋势假设。

双重差分模型通常用来评估政策实施的效果。设目标变量为 y，受政策影响的一组为实验组 T，不受政策影响的为对照组 C。一般而言，在政策实施后，可以通过直接比较受影响的实验组和未受影响的对照组之间的差异实现效果评估，这种方法被称为单差分。单差分所存在的问题是，没有考虑

政策实施之前实验组和对照组之间存在的固有差异。用政策实施后两组的差异减去实施之前的固有差异，就称为倍差或双重差分，如式（8.2）所示，基于这一思想而构造的模型就是双重差分模型，在双重差分模型中习惯称上述"固有差异"为"趋势成分"。该模型的唯一前提假设是平行趋势假设，即政策实施前后实验和对照两组之间的趋势成分（固有差异）是保持不变的。DID 模型的一般形式如下：

$$y = \beta_0 + \delta_0 d2 + \beta_1 dT + \delta_1 d2 \cdot dT + \varepsilon \tag{8.2}$$

其中，y 为目标变量；dT 为组别虚拟变量，等于 1 或 0 分别表示实验组和对照组，或者说是否受到政策影响；$d2$ 为时间虚拟变量，等于 0 或 1 分别表示"处理前"和"处理后"，即政策实施前和实施后；ε 为随机扰动项。

模型的系数变量中，截距项 β_0 代表对照组的目标变量在政策实施前的平均水平。时间虚拟变量 $d2$ 的系数 δ_0 概括了两组结果变量在政策实施前后的总体变化。组别虚拟变量 dT 的系数 β_1 度量了与政策实施无关的组间差异，即趋势成分。交互项 $d2 \cdot dT$ 的系数 δ_1 度量了剔除趋势成分后，政策实施对结果变量造成的真实影响水平。在没有其他因素影响的情况下，δ_1 的估计值 $\hat{\delta_1}$ 即为倍差估计量，式（8.3）中，字母上方横线表示平均，第一个下标表示时间，第二个下标表示组别。本节的分析中将重点关注该系数的估计量。

$$\hat{\delta_1} = (\bar{y}_{2, T} - \bar{y}_{2, C}) - (\bar{y}_{1, T} - \bar{y}_{1, C}) \tag{8.3}$$

该部分的目的即为通过拟合模型（8.2），得到交互项 $d2 \cdot dT$ 的系数 δ_1，由上文可知，δ_1 刻画了剔除趋势成分后真实的政策效果，即式（8.1）中的 *Policy*。如果交互项系数 δ_1 显著为负，则表明《"1+9"行动方案》的实施显著降低了该地区的空气污染水平，改善了大气质量。

（二）数据设置

根据前文的分析，《"1+9"行动方案》的实施对关中城市群秋冬季空气质量的改善有明显效果，接下来需要解决改善效果具体有多大的问题。考虑到 2017 年 3 月份实施的治污减霾政策的效果显现存在一定的滞后性，同时也为了突出重点，本部分的研究时期范围确定为秋冬季污染较为严重的两个月份，即 11 和 12 月份。另外，由于冬季的空气污染主要表现为空气颗粒物污染，同时为了与第四节中的研究保持一致，下面的双重差分模型估计选用 $PM_{2.5}$ 为目标变量。因此，该部分分析使用的数据为关中五城市 2015 至 2017 年每年 11 月和 12 月的 $PM_{2.5}$ 分时浓度数据。

与传统的双重差分模型有所区别的是本书对双重差分模型数据分组的设置[①]。传统的双重差分模型需要两组目标变量数据，一组为对照组，另一组为实验组，在每一组中又有实施前后两期数据，在污染治理政策评估的双差分模型研究中，对照和处理两组往往选择不同的区域。本书现有的数据表面上不满足上述使用场景，紧紧围绕剔除趋势成分这一本质要求（趋势成分是指从对照组到实验组有趋势性的变化），巧妙地重复使用 2016 年的数据便能实现上述传统分组所要实现的分组目的[①]。为了在形式上区分实验和对照两组中的 2016 年数据，前者重命名为 2016a，后者重命名为 2016b，这样，2015 年和 2016a 年的数据构成对照组，2016b 年和 2017 年的数据构成处理组。两组数据对应的虚拟变量 $d2$ 和 dT 的设置如下：对照组中 2015 年的目标变量对应的两个虚拟变量均为 0，2016a 年对应的两虚拟变量分别为 0 和 1；实验组中，2016b 年目标变量分别对应 1 和 0，2017 年数据对应的虚拟变量均为 1。具体设置如表 8-15 所示。

---

① 杨哲：《基于高频 AQI 数据的关中城市群空气污染规律分析及治理政策效果评估》，陕西师范大学 2018 年硕士学位论文。

另外，经过数理推导和代入实验证实，按照这样的分组设置拟合得到的模型（8.2），其交互项系数 $\hat{\delta_1}$ 与真实的 δ_1 是无偏的，即 $E(\hat{\delta_1}) = E(\delta_1)$，其本质意义与式（8-3）是一致的。

表 8-15　DID 模型数据分组及变量设置

	年　份	$d2$	dT
对照组	2015	0	0
	2016a	0	1
实验组	2016b	1	0
	2017	1	1

（三）基于 $PM_{2.5}$ 绝对数的双重差分政策效果评估

由于拟合模型（8.1）使用的是真实的 $PM_{2.5}$ 浓度数据，因此，拟合所得到的系数值就是 $PM_{2.5}$ 的绝对变化量，模型估计结果见表 8-16。

表 8-16　基于 $PM_{2.5}$ 绝对数的 DID 模型估计结果

	Xi'an	Xianyang	Tongchuan	Baoji	Weinan
双重差分项 $d2 \cdot dT$	-110.943 *** (-27.839)	-86.021 *** (-19.883)	-22.454 *** (-8.316)	-23.007 *** (-7.030)	-79.832 *** (-19.164)
趋势虚拟变量 $d2$	65.412 *** (23.213)	49.015 *** (16.022)	5.808 *** (3.042)	5.500 ** (2.377)	38.655 *** (13.123)
常数项	83.002 *** (41.656)	99.220 *** (45.867)	80.516 *** (59.637)	96.664 *** (59.071)	99.115 *** (47.585)
F 值	274.935 ***	136.911 ***	33.791 ***	25.447 ***	122.662 ***
R^2	0.124	0.066	0.017	0.013	0.059
样本量	5856	5856	5856	5856	5856

注：*、**、*** 分别表示估计系数在 10%、5%、1% 的显著性水平下显著，括号中的数字为 T 统计量值。

表 8-16 中从左至右依次检验西安、咸阳、铜川、宝鸡及渭南 5 个城市的治污减霾政策实施效果。其中，双重差分项的系数估计量反映了由政策实施带来的空气质量真实变化，趋势项系数估计量代表在没有政策干预的情况下，短期内关中各城市空气中 $PM_{2.5}$ 浓度逐年变化的趋势效应，常数项则刻画了各城市 2015 年在 11 至 12 月 $PM_{2.5}$ 浓度的平均水平。此外，表中还包含模型检验的 F 统计量值、R^2 和模型估计所使用的样本量三个统计量的详细信息。

由表 8-16 可知，模型估计的效果整体良好。5 个城市的 DID 模型都高度显著，此外，除宝鸡市模型的趋势项系数估计量（在 5% 的显著性水平下显著）外，5 个模型的其他系数都在 1% 的显著性水平下显著。

5 个模型的双重差分项系数都为负数，这表明《"1+9" 行动方案》在五个城市的实施都是有效的，均不同程度地改善了当地的秋冬季空气质量。趋势项系数均为正数，表明若无政策实施，关中五市的秋冬季 $PM_{2.5}$ 污染在短期内均有继续恶化的趋势。但是，模型间又存在明显差异。其中，铜川和宝鸡两城市的上述两系数估计量绝对值明显低于其他 3 个城市，并且这 2 个城市的模型常数项同样居于最小和次小位置。这一数量关系再次印证了第四节及本节前文中对 5 个城市的分类，即西安、咸阳和渭南为一类，铜川和宝鸡为另一类。其中，第二类城市空气质量现状较第一类优良，空气污染加重的趋势较轻。

在双重差分项系数均为负的情况下，其绝对值越大表明政策实施的效果越显著，五城市该系数绝对值由大到小依次为西安（110.943）、咸阳（86.021）、渭南（79.832）、宝鸡（23.007）、铜川（22.454），因此，《"1+9" 行动方案》的实施对西安市空气污染治理的效果最明显，咸阳和渭南次之，而宝鸡和铜川的效果相对最弱。同样的治理政策却导致明显不同的治理效果，造成这种差异的原因应该有以下两个方面。一方面是因为两类城市的趋势效应存在显著差异。在式（8.1）中，由于 *Policy* 和 *Difference* 均为负数，*Trend* 为正数，所以在这种情况下，趋势成分（*Trend*）越大，真实的政策效果（*Policy* 的绝对值）也就越大，简言之，政策让 $PM_{2.5}$ 浓度降低，趋势使 $PM_{2.5}$ 浓度上升，如果要使浓度降低到比原来还低的水平（*Difference* 为负数），那么首先要抵消掉由趋势导致的上升部分。因此，西安、咸阳和渭南空气污染的趋势效应较强，很大程度上解释了其真实的政策效果同样强于宝鸡和铜川。而趋势效应的不同本质上是由各个城市在历史污染状况、社会经济结构及发展状况、地理及气象环境等各方面的差异造成的。另一方面则可能是由于同一政策在不同城市的实施力度不同造成的。西安、咸阳和渭南三城市空气污染的现状及加剧趋势较严重，政府对治污减霾政策的实施力度较大，而宝鸡和铜川两城市由于空气污染压力较小，政策实施力度不及前者。

使用 $PM_{2.5}$ 浓度的绝对变化量来比较政策效果的一个缺点是，没有考虑实施前基数的大小，即便两城市政策实施前后 $PM_{2.5}$ 浓度的绝对变化量相等，也不能说明两者的政策实施有相同的效果，因为它们的浓度基数可能不同。为了克服这一不足，需要将数据稍加变形。

（四）基于 $PM_{2.5}$ 相对数的双重差分政策效果评估

模型（8.2）中使用的因变量 y 为真实的 $PM_{2.5}$ 浓度值，其对应的拟合模型的系数本质上是 $PM_{2.5}$ 的绝对变化量，若在分析中使用 $\log(y)$，便可以得到一系列近似百分比效应的系数估计值，用这种相对变化来衡量各城市 $PM_{2.5}$ 治理的效果将更加科学。此时，基本模型变为：

$$\log(y) = \beta_0 + \delta_0 d2 + \beta_1 dT + \delta_1 d2 \cdot dT + \varepsilon \tag{8.4}$$

在此模型中，$100 \cdot \delta_0$ 表示在没有政策干预的情况下，2017 年的 $PM_{2.5}$ 浓度水平会高出 2016 年的百分数；$100 \cdot \delta_1$ 便是 2017 年《"1+9"行动方案》

的实施使 $PM_{2.5}$ 浓度相对于 2016 年同期下降的百分比。值得注意的是，根据模型（8.2）的估计结果来看，趋势效应和政策效果是反向的，因此，模型中交互项系数实际上是包含趋势成分在内的，这也就导致模型（8.4）中交互项系数 δ_1 有可能大于 1，这种情况在后续分析中将会出现。

类似于模型（8.2）的研究设计和数据设置，基于 $PM_{2.5}$ 相对数的双重差分模型回归结果如表 8-17 所示，由表可知，模型估计效果良好，5 个城市的 DID 模型都显著，所有待估计系数都在 1% 的显著性水平下显著。因为常数项没有实际意义，在该回归结果中，只关注双重差分项系数和趋势项系数。

分析表 8-17 发现，相对数据模型的估计结果与绝对数据模型没有质的变化。如没有治污减霾政策实施，5 个城市的空气污染在短期内同样都有继续加重的趋势，其中西安市的 $PM_{2.5}$ 浓度增大的百分比最大为 66.1%，咸阳和渭南两市的增长率也均超过了 50%，铜川和宝鸡的增长率较小，分别为 16.4% 和 12.5%。包含趋势效应在内的政策效果的强弱同样遵循上述顺序，西安市在实施《"1+9"行动方案》使其 2017 年 11 至 12 月份的 $PM_{2.5}$ 浓度显著下降了 100.6%（大于 100% 的原因上文已有解释），咸阳和渭南均下降 85% 左右，而铜川和宝鸡下降的程度分别为 37.4% 和 30.1%。因此，对 $PM_{2.5}$ 的治理而言，相对数据模型所反映的政策实施效果依然是西安、咸阳和渭南三市优于宝鸡和铜川两市。对于产生这一结果的原因，上一小节中已作出了解释。

表 8-17　基于 $PM_{2.5}$ 相对数的 DID 模型估计结果

	Xi'an	Xianyang	Tongchuan	Baoji	Weinan
双重差分项 $d2 \cdot dT$	-1.006*** (-26.910)	-0.851*** (-21.617)	-0.374*** (-11.199)	-0.301*** (-8.651)	-0.849*** (-21.762)

续表

	Xi' an	Xianyang	Tongchuan	Baoji	Weinan
趋势虚拟变量 d2	0. 661 *** (25. 027)	0. 547 *** (19. 626)	0. 164 *** (6. 946)	0. 125 *** (5. 068)	0. 528 *** (19. 142)
常数项	4. 130 *** (221. 002)	4. 247 *** (215. 629)	4. 120 *** (246. 596)	4. 310 *** (247. 746)	4. 190 *** (214. 912)
F 值	289. 369 ***	180. 883 ***	43. 065 ***	26. 411 ***	176. 647 ***
R^2	0. 129	0. 085	0. 022	0. 013	0. 083
样本量	5856	5856	5856	5856	5856

注：*、**、*** 分别表示估计系数在 10%、5%、1%的水平下显著，括号中的数字为 T 统计量值。

第六节　结论及建议

一、主要研究结论

本部分使用关中城市群 5 个城市 2015 至 2017 三年的分时 AQI 及六项污染物浓度数据，通过统计和建模分析，一方面挖掘了城市群空气污染的总体规律、部分空气污染物分布的具体规律以及城市间空气污染规律；另一方面从污染的整体情况、O_3 污染和 $PM_{2.5}$ 污染三个角度对《"1+9" 行动方案》的实施效果做了评估分析。综合两方面的分析，对于关中城市群的空气污染及治理效果，有以下主要结论：

（1）关中城市群整体空气污染形势严峻，若无政策干预，各城市的空气污染均有继续加剧的趋势，且首要污染物浓度波动均有明显的季节效应和日内规律。比如，$PM_{2.5}$ 污染冬季重于夏季，夜间重于白天，17 时左右其浓度在一天中相对最低，O_3 污染夏季重于冬季，白昼重于夜晚，16 时左右其浓度相对最高。

（2）各城市空气污染存在明显的关联规律。以 $PM_{2.5}$ 污染为例，某一城市的空气污染波动会对城市群内其他城市产生一个同向的污染影响，并且这一影响先迅速增大，达到峰值，然后逐渐衰减趋零。并且，该影响的峰值会随着城市间距离的增加而降低，峰值出现所需的时间会随着城市间距离的增加而变长。

（3）《"1+9"行动方案》的实施明显改善了各城市秋冬季的空气质量。方案的实施对五个城市秋冬季重污染月份 $PM_{2.5}$ 的治理均有显著的效果。西安市的政策效果最强，咸阳和渭南次之，宝鸡和铜川较弱。

（4）《"1+9"行动方案》的实施对各城市 O_3 污染的治理是不成功的。方案实施后，5 个城市的 O_3 污染程度均不降反增，其中又以咸阳、西安和渭南三市的增幅明显。

二、建议

（一）政府方面

第一，继续贯彻落实《"1+9"行动方案》。一方面加快对高污染企业的转型改造，政府应出台相关法规要求排污企业装配治污减排设备，并且，相关部门应严格监督企业对减排设备的使用状况，同时加大对企业非法排污的处罚力度。另一方面，出台法规要求机动车（特别是柴油机车）安装尾气处理设备，从源头上控制机动车氮氧化物排放，以减少空气微颗粒物的二次生成。再一方面，加强对煤炭市场的治理，普及清洁煤的使用，以减少硫化物和粉尘的排放。

第二，建立关中城市群（特别是西安、咸阳和渭南三市）区域联防联治的统一机制，共享数据等信息资源，在重污染时期统一指挥调度，使各城市都能对空气污染作出及时反应，缓解污染在城市间的关联传播。

第三，在下一步的治理工作中，不仅要坚持贯彻对"看得见"的雾霾的治理，同时要对"看不见"的 O_3 污染引起足够重视，并加以治理。一方面向社会宣传 O_3 污染的隐蔽性和危害性；另一方面，在充分分析研究的基础上不断丰富 O_3 治理政策集，并加以落实。

第四，城市规划和发展要兼顾生态环境。适当控制城市扩张速度和规模，另外，基于城市森林对气温的调节作用，政府应合理规划，有序提高城市植被覆盖率，以增强城市生态的"抵抗力"。

（二）企业方面

第一，积极响应政府的环境治理号召。涉污企业的所有者、管理层和员工首先要在思想上重视环境保护，应该充分认识到空气污染的负外部性会导致整个社会所造成的低效率。然后，积极学习政府发布的空气污染治理政策，为贯彻落实打下理论基础。

第二，抓住政策机遇，加大技术创新，改进生产工艺或流程。一方面，可以借助政策中的利好因素，如补贴和技术支持等，促进企业转型升级；另一方面，可以通过政策落实，倒逼企业自身淘汰落后产能，更新技术和工艺。

第三，升级管理系统，实现数字化管理。通过建设数据管理平台，实现各个涉污生产环节的全天候监测，及时分析系统产生的数据，服务于各生产环节的科学优化，以提高资源利用率和企业的整体效率。

（三）居民方面

第一，在治理污染方面，居民应该积极配合响应政府的治污减霾措施，从自身做起使用清洁能源，选择公共交通工具或者自行车出行，切实减少高污染时期二氧化硫及氮氧化物的排放量，减轻城市空气环境负担。

　　第二，在空气污染的防范方面，居民应该根据主要空气污染物在一天内的浓度波动规律，合理选择出行及户外锻炼时间，尽可能降低空气污染对人体造成的伤害。夏季高温天气应尽量避免 16 时左右的室外活动，因为此时室外的 O_3 浓度最高；一天中户外锻炼的时间尽量选择在 17—18 时左右，因为一方面此时环境 O_3 浓度已经处于下降状态，另一方面该时间段内空气中 $PM_{2.5}$ 的浓度相对最低；在当前的污染状况下，秋冬季节 21 时之后尽量不要在户外锻炼。

第五部分

研究总结及区域联防联治
费用结算机制设计

第九章　西部城市群空气污染研究总结

　　本书的前八章系统地研究了八个西部城市群各自的空气污染规律以及治污减霾对策。另外，得益于使用了 AQI 及各项污染物浓度的高频分时数据，本书采用描述性统计分析、金融计量经济学分析、空间计量经济学分析以及数据挖掘等方法，多层次分析了各城市群的空气污染规律，包括污染物浓度的日内波动规律、污染物浓度及空气质量的季节性规律，污染物之间的相互作用规律，以及城市间空气污染在时间和空间维度上的关联规律等。因此，不论从分析方法还是分析角度来看，对上述八个西部城市群各自的研究都是比较丰富全面的。但是，研究工作没有涉及城市群之间的比较和总结分析，鉴于此，本章以前八章的研究成果为基础，在更宏观的视角上，以城市群或者大区域为研究对象，展开全局性的比较和总结分析。

第一节　研究区域及数据介绍

　　本章的研究区域为前八章研究区域之总和，西部城市群，包括成渝城市群、关中城市群、北部湾城市群、天山北坡城市群、呼包鄂榆城市群、兰西银城市群、滇中城市群和黔中城市群。这八大西部城市群所涉及的城市西起新疆维吾尔自治区的伊犁州，东至内蒙古自治区的呼和浩特市，最北端到达新疆的塔城地区，最南端则是海南省的海口市，囊括了新疆、青海、甘肃、内蒙古、宁夏、陕西、四川、重庆、云南、贵州、广西、广东和海南共 13 个省区（直辖市）的 70 多个地级城市，其轮廓覆盖了将近四分之一的国土面积。

由于部分城市的空气质量监测数据缺失，因此本章研究的城市共计 69 个，其中成渝城市群 16 个，关中城市群 5 个，北部湾城市群 10 个，天山北坡城市群 10 个，呼包鄂榆城市群 4 个，兰西银城市群 16 个，滇中城市群 5 个，黔中城市群 6 个。数据的种类包括各城市的分时 AQI 指数，以及 SO_2、CO、NO_2、O_3、$PM_{2.5}$ 和 PM_{10} 六种空气污染物的分时浓度数据。数据的时间跨度为三年，即 2015 年 1 月 1 日 0 时至 2017 年 12 月 31 日 23 时。

通过前文研究发现，各城市群所呈现出的空气污染规律除了存在很多相似性外，也不乏差异之处。基于相似性和差异性，本章将从以下三个方面来总结八个西部城市群的空气污染规律，即各城市群空气质量总体状况、污染物的分布规律和城市间空气污染的关联规律。

第二节　西部城市群空气污染的总体状况分析

第一，综合前八章中对各城市群的描述性统计分析来看，各城市群空气质量的总体状况有优有劣。优者如北部湾、滇中及黔中城市群，在统计的三年内出现中度以上污染的天数很少。而污染较严重的如关中城市群，其中西安、咸阳和渭南三市在 2016 年的中度及以上污染天数分别达到了 75、92 和 74 天。其他几个城市群的总体污染状况介于上述两者之间。具体而言，使用各城市分时空气质量指数数据计算出各城市群 2015 至 2017 三年的年度

AQI 均值，作西部城市群空气质量指数年度波动图可以清晰地呈现出上述差异。如图 9-1 所示，关中城市群在 2016 和 2017 年两年的 AQI 均值均超过 100，同时，其三年总平均值同样超出 100，成渝、天山北坡、呼包鄂榆和兰西银城市群的 AQI 均值水平则低于关中城市群，位于 80 左右，其余三城市群的空气质量指数均值则都低于 60。

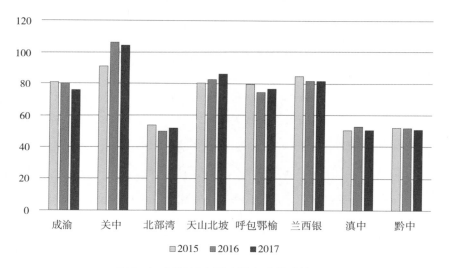

图 9-1　西部城市群 AQI 年度波动情况

依据图 9-1 并结合以上分析，按照空气质量的总体状况，可以将 8 个西部城市群划分为三个阶梯，如表 9-1 所示，空气质量状况随阶梯递增依次变差，如关中城市群空气质量在所有西部城市群中相对最差。表 9-1 中每个阶梯内的城市群排名不分先后。另外，分析图 9-1 和表 9-1 可知，8 个西部城市群中，南方的城市群空气质量整体上要明显优于北方的城市群。

表 9-1　西部城市群空气质量阶梯划分

阶　梯	城市群
第一阶梯	北部湾、滇中、黔中
第二阶梯	成渝、天山北坡、呼包鄂榆、兰西银
第三阶梯	关中

第二，空气污染的季节效应和趋势性也有所不同。总的来讲，每个城市群的空气污染都有明显的季节效应，但季节效应的细节有所不同。所有城市群全年空气质量最差的季节普遍为冬季，另外，北部的城市群全年污染较严重的时期要长于南部的城市群，如关中城市群和天山北坡等北方城市群冬季的严重污染会持续到来年春季的 3 月份至 4 月份，而滇中、黔中和北部湾城市群全年的重污染时期则主要集中在冬季，持续时间相对较短。这主要是因为各城市群在冬季的首要污染物均表现为 $PM_{2.5}$ 和 PM_{10} 的微颗粒物污染，另外相关研究表明，冬季的低温有利于 $PM_{2.5}$ 等微颗粒物的生成[①]，而南方城市群由于更靠近赤道，导致其一年中温度较低的时期明显短于北方的城市群，因此也就造成了上述不同城市群之间空气污染季节效应的细节差异。根据城市群空气污染的趋势性，可以将西部城市群分为两类，即关中城市群和其他。研究表明，在无有效政策干预的情况下，关中城市群的空气污染有明显的加重趋势。而对其他 7 个城市群的研究没有类似的发现，也即其余 7 个城市群的空气污染没有明显的趋势性。

---

① 艾子贞：《不同季节 $PM_{2.5}$ 和 PM_{10} 浓度对地面气象因素的响应分析》，《环境与发展》2017 年第 6 期。

表 9-2　西部城市群整体 AQI 水平与全国水平比较

	2015	2016	2017
全　国	79.56	75.26	74.55
西部城市群	71.62	72.53	72.30

第三，西部城市群空气质量略优于全国平均水平，但该优势正逐年丧失。使用采集到的 2015 至 2017 三年内的全国 367 个城市的空气质量指数数据，可以求出研究期内每年的全国 AQI 均值。表 9-2 列示了各年西部城市群空气质量指数平均水平与全国平均水平。由表 9-2 可知，研究期内西部城市群空气质量均优于全国平均水平，但这一优势有逐年缩小的趋势，这是由于研究期内全国空气质量水平明显提升，而西部城市群空气质量平均水平则略有下滑（AQI 均值略有增加），另外，观察图 9-1 发现，西部城市群空气质量平均水平的下滑主要是由关中城市群贡献的。

第三节　污染物分布规律的总结分析

一、首要污染分布规律

根据环境空气质量标准（GB 3095—2012）中的相关规定，使用各城市各时刻的六项污染物浓度数据，可以计算出该时刻所对应的首要污染物。通过计算并统计各城市群首要污染物的分布情况数据，绘制研究期内（2015—2017 年）各城市群首要污染物占比情况图（若 AQI 小于 50 则该时刻没有首要污染物，此时空气质量等级为"优"，对应在图中即为 AQI<50），如图 9-2 所示。同时，结合本书前八章中关于各城市群首要污染物的

一系列相关研究，可总结出以下规律：

1. 西部城市群的首要污染物主要表现为 $PM_{2.5}$、PM_{10} 和 O_3，并且三种污染物的分布有明显的季节规律。在图 9-2 中，除了 AQI<50 的情况外，八个城市群的首要污染物绝大部分被 $PM_{2.5}$、PM_{10} 和 O_3 三种污染物占据，而 SO_2、CO 和 NO_2 作为首要污染物出现的时刻占比近似为 0。这一方面说明，西部城市群在 SO_2、CO 和 NO_2 三种污染物的治理和控制方面卓有成效；另一方面，由于 $PM_{2.5}$、PM_{10} 和 O_3 占比的绝对性，此 3 种污染物应该是西部城市群空气污染治理的重点所在。另外根据前文的首要污染物研究可知，$PM_{2.5}$ 和 PM_{10} 两种空气微颗粒污染物在各城市群秋末、冬季和春初的浓度相对较高，污染在一年中最为严重；而 O_3 污染较严重的季节主要为夏季。

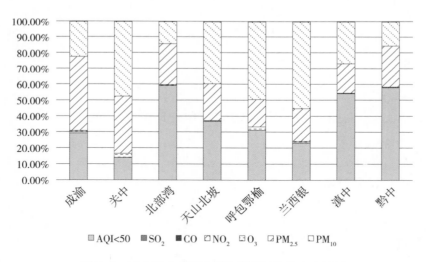

图 9-2　研究期内各城市群各首要污染物占比情况

2. 各城市群在研究期内的首要污染物构成存在细节差异。一方面表现为 AQI<50（空气质量等级为"优"）占比的明显不同。其中关中城市群空气质量等级为"优"的时间占比小于 15%，成渝、天山北坡、呼包鄂榆和

兰西银城市群的 AQI<50 占比分布在 29% 到 37% 之间，而北部湾、滇中和黔中城市群则普遍高于 53%，另外，这一差异性也印证了本章第二节中对 8 个城市群空气质量的阶梯划分；另一方面，各城市群的首要污染物中各污染物的占比也各有不同。在所有城市群中，成渝城市群的 $PM_{2.5}$ 占所有首要污染物（包含 AQI<50 的情况）比例最高，达 46.90%，其次为关中城市群，其比例为 35.97%。其次，夏季 O_3 污染较严重的三个城市群依次为关中、呼包鄂榆和成渝城市群。

二、首要污染物的日内波动规律

本书前八章已经系统性地研究了 8 个城市群内各个城市主要空气污染物 $PM_{2.5}$ 和 O_3 的日内波动规律，本章对所有城市群的首要污染物也做类似研究，通过比较及概括各个城市群首要污染物浓度的日内波动规律，可以总结出城市群间的以下相似之处。第一，在污染较严重的典型月份，各城市群的 $PM_{2.5}$ 浓度日内波动大都呈现出"双峰"形态，具体而言，$PM_{2.5}$ 浓度一般分别在上午 10 时和 21 时左右达到两个峰值，在 17 至 18 时浓度降至一天中最低；第二，O_3 的日内相对浓度波动大致呈现"单峰"形态，总体来讲，O_3 浓度白天高于夜间，其浓度一般从上午 6 时逐步上升，正午时分增速最快，到 16 时左右达到一天中的浓度峰值，继而下降。为了更直观地呈现上述两条规律，作西部城市群 $PM_{2.5}$ 及 O_3 的日内相对浓度波动示意图，如图 9-3 和 9-4 所示。以图 9-3 为例，其横轴表示一天中从 0 时到 23 时共 24 个时刻，纵轴代表 $PM_{2.5}$ 的相对浓度水平，纵轴为 1 对应 $PM_{2.5}$ 在一天中的浓度平均值，若某一时刻的 $PM_{2.5}$ 浓度水平高于 1 则表示该时刻的浓度高于全天平均水平，反之亦反之。

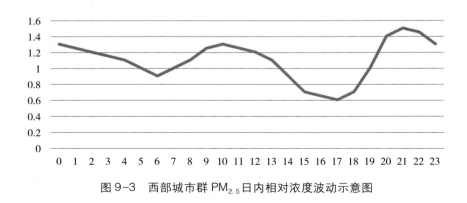

图9-3 西部城市群PM$_{2.5}$日内相对浓度波动示意图

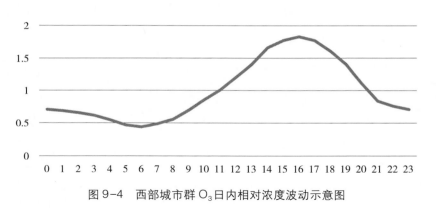

图9-4 西部城市群O$_3$日内相对浓度波动示意图

三、污染物之间的相互作用规律

对于污染物之间相互作用的研究，本书前八章中，除成渝和北部湾城市群外的6个城市群均有着墨。相互作用研究主要围绕重点污染物展开，也即主要分析其他污染物对PM$_{2.5}$和O$_3$污染形成的作用。对上述6个城市群的空气污染物之间的相互作用研究主要采用了相关系数和数据挖掘的方法，根据研究结果，可总结出以下规律：

（1）NO$_2$与高浓度PM$_{2.5}$的形成有较高的关联度。在对关中城市群的相关分析中发现，所有被分析污染物中，NO_2 浓度与 t+1 期和 t+2 期的 $PM_{2.5}$ 浓度的相关性普遍较高；对其他城市群的分析也有类似发现，对天山北坡、呼包鄂榆和兰西银城市群的研究表明，高级别的 $PM_{2.5}$ 污染与较高浓度的 NO_2 有很高的关联度。

（2）在其他 5 项污染物中，SO_2 在高浓度 $PM_{2.5}$ 生成中的促进作用仅次于 NO_2。在被研究的几个城市群中，SO_2 浓度与 $PM_{2.5}$ 浓度有较高的相关性，通过数据挖掘研究同样可以得到相对高浓度的 SO_2 与高级别 $PM_{2.5}$ 污染之间存在置信度较高的关联规律。

（3）在空气质量较好的地区，污染物间的相互作用关系并不明显。使用数据挖掘方法分析滇中和黔中城市群，没有发现置信度较高的规律。

第四节　城市间空气污染关联规律的总结分析

"空气流域理论"认为，由山脉、盆地等地形地貌确定的大的空气流域内的小空气流域（如城市空气流域）是相通的，即大空气流域内的城市间存在空气流动的相互影响，在空气污染的治理中，每个城市不可能仅治理自己空域的污染，置流域中的其他城市于不顾[1]。基于这一理论，借鉴已有的对处于不同空间位置事物间相互关联规律的研究，本书前几章使用包括描述性统计、向量自回归和空间计量在内的几种方法，分析了各城市群内城市间空气污染的关联规律。研究结果表明，城市群内的各城市间确实存在空气污染的相互影响。经分析归纳，可以从空间和时间两个维度对 8 个西部城市群的相关研究结论加以总结和概括。

---

[1]　蒋家文：《空气流域管理——城市空气质量达标战略的新视角》，《中国环境监测》2004 年第 6 期。

（1）城市群内各城市的空气污染存在明显的空间溢出效应，即一个城市的空气污染会对其他城市的空气质量产生不良影响。具体而言，城市间距离越近，相互间空气污染传播得越快，空气污染的相互影响也越深，随着空间距离的增大，城市间空气污染的相互作用效果逐渐减弱，直至消失。

（2）从时间维度来讲，一方面，城市间空气污染的相互影响存在明显的持续性，一个城市的污染升级，会影响其周边城市的空气质量，而后者又会反过来作用于前者，如此反复，直到城市间空气污染达到相对平衡的状态；另一方面，随着时间推移，城市间空气污染影响的程度会先迅速增大，达到峰值，继而减弱逐步衰减趋零。

第五节　结论及建议

一、研究结论

本章通过各城市群空气污染的总体状况、污染物的分布规律以及各城市间空气污染的关联规律三方面总结了已有研究，对西部城市群空气污染现状及其具体规律有了全局性的认识。

研究发现，西部城市群空气质量总体略优于全国平均水平，但优势逐年缩小，说明西部城市群的空气污染治理效果落后于全国平均水平，治理工作有待继续加强；各西部城市群空气污染规律存在相似性，具体表现在首要污染物的分布，首要污染物的日内波动规律，污染物间的相互作用规律以及城市间空气污染的关联规律等方面；此外，城市群间也存在明显的差异，根据城市群空气污染的总体状况可将 8 个西部城市群划分出三个阶梯，其中北部湾、滇中、黔中城市群为第一阶梯，成渝、天山北坡、呼包鄂榆、兰西银城市群为第二阶梯，关中城市群为第三阶梯，阶梯越低城市群空气质量越好。

二、建议

1. 各西部城市群应不同程度地加强对空气污染的治理力度。鉴于西部城市群空气质量好于全国平均水平的优势逐年缩小，同时各西部城市群的空气污染状况又有明显差异，处于第三阶梯和第二阶梯的各城市群应该着力加强对空气污染的治理，根据各自城市群的污染现状设置合理治理目标，并加强监管考核。而处于第一阶梯的城市群应该在保持良好空气质量的同时，以其他西部城市群为前车之鉴，全方位做好环境保护工作，处理好环境与经济发展的关系。

2. 基于西部城市群空气污染规律在各层面的相似性，空气污染有待进一步治理的城市群或城市可以借鉴治理比较成功的城市的相关经验。各西部城市群在首要污染物的分布，首要污染物的日内波动规律，污染物间的相互作用规律以及城市间空气污染的关联规律等方面均存在不同程度的相似性，因此，如本书第八章中西安市对城市空气污染治理的成功经验，就值得其他周边城市或其他城市群学习借鉴。当然，西安市同时也是其他城市在空气污染治理过程中容易忽视的一点是对臭氧污染的治理，因此，新的治理规划需要充分涉及对夏季臭氧超标的治理。

第十章 区域空气污染联防联治
费用结算机制设计

——以关中城市群为例

在本书的研究及写作过程中，与学生们讨论并设计了一种城市群内部空气污染区域联防联治的费用结算机制，经过进一步分析整理，以关中城市群为例，现将该费用结算机制及空气污染治理制度在本章呈现。以关中城市群为例，主要是因为在所有西部城市群中，该城市群的空气污染形势最为严峻，另外，以关中城市群为例的分析不影响本章所述的费用结算机制在其他城市群使用，即该结算机制具有一定程度的普适性。

第一节 文献综述

根据前文的相关研究，城市群内部各城市之间存在明显的空气污染相互影响，城市大气污染的外溢性导致当前城市空气污染治理由"各自为政"的状态逐渐转向了"联防联治"的局面。但是受制于区域内各城市责任划分及利益分配不明确等现实问题，大气污染联防联控工作难以有效实施[①]。

---

① 姜玲、乔亚丽：《区域大气污染合作治理政府间责任分担机制研究——以京津冀地区为例》，《中国行政管理》2016 年第 6 期。

目前，已有不少学者对大气污染治理的区域合作问题做了规范研究，朱京安和杨梦莎（2016）通过研究京津冀地区的空气污染及治理问题，建议综合法律机制、市场机制和公众参与机制等构建上下互动的网状区域治理机制①。赵新峰和袁宗威（2016）则提出应完善管制型、市场型与自愿型工具，从而更好地协调治理区域大气污染②。王红梅等（2016）针对竞争性、互补性和非竞争性三种地方利益关系，提出了引入第三方、完善利益补偿机制、构建市场化协商机制等措施以促进利益协商③。魏巍贤和王月红（2017）分析了欧洲跨区域大气污染治理体系，从科学化定量体系和制度化保障体系两个维度结合中国国情提出了政策建议④。

在方法运用方面，Petrosjan 等（2014），薛俭等（2014），唐湘博等（2017）分别采用合作博弈方法探讨了区域大气污染费用分配方法⑤⑥⑦。徐飞（2017）使用 Copula 函数法研究了空间关联视域治污资源的跨区域配置问题⑧。Kanemoto 等（2014）则使用多区域投入产出模型分析了区域污染中

---

① 朱京安、杨梦莎：《我国大气污染区域治理机制的构建——以京津冀地区为分析视角》，《社会科学战线》2016 年第 5 期。

② 赵新峰、袁宗威：《区域大气污染治理中的政策工具：我国的实践历程与优化选择》，《中国行政管理》2016 年第 7 期。

③ 王红梅、邢华、魏仁科：《大气污染区域治理中的地方利益关系及其协调：以京津冀为例》，《华东师范大学学报（哲学社会科学版）》2016 年第 5 期。

④ 魏巍贤、王月红：《跨界大气污染治理体系和政策措施——欧洲经验及对中国的启示》，《中国人口·资源与环境》2017 年第 9 期。

⑤ Petrosjan, L., Zaccour, G., "Time-Consistent Shapley Value Allocation of Pollution Cost Reduction", *Journal of Economic Dynamics and Control*, Vol.27, No.3, 2003, pp. 381-398.

⑥ 薛俭、李常敏、赵海英：《基于区域合作博弈模型的大气污染治理费用分配方法研究》，《生态经济》2014 年第 3 期。

⑦ 唐湘博、陈晓红：《区域大气污染协同减排补偿机制研究》，《中国人口·资源与环境》2017 年第 9 期。

⑧ 徐飞：《空间关联视域下跨区域治污资源配置研究》，《环境经济研究》2017 年第 1 期。

的责任分担及利益分配问题①。诸多方法，孰优孰劣，尚无定论。本章在继承前文相关章节研究的基础上，使用基于 VAR 模型方法的一系列分析，设计区域空气污染联防联治的费用结算机制。

第二节　理论基础及设计思路

一、空气流域理论

蒋家文（2004）指出，大气被"空气分水岭"分割为多个彼此相对孤立的气团，这些气团笼罩下的地理区域称为"空气流域"。根据空气流域理论，虽然没有阻止空气流通的边界，但从污染源排出的污染物在一定时间内仅污染局部地区的空气。但是在由山脉、盆地等地理环境确定的大空气流域中，大气污染物会在其中各个小空气流域内相互混合，最终造成区域性影响②。因此，在空气污染治理过程中，若仅针对单个城市进行大气污染防治，势必会忽略其所在区域内污染物的相互扩散，因此实施区域大气污染联防联控就显得尤为重要。

二、费用结算机制设计思路

在本书前面的研究中，已经使用向量自回归模型以及脉冲响应分析研究了部分城市群内各城市间空气污染的关联规律，而此处的城市群内大气

---

① Kanemoto, K., Moran, D., Lenzen, M. et al., "International Trade Undermines National Emission Reduction Targets: New Evidence from Air Pollution", *Global Environmental Change*, No. 24, 2014, pp. 52-59.
② 蒋家文：《空气流域管理——城市空气质量达标战略的新视角》，《中国环境监测》2004年第6期。

污染结算机制设计正是对上述研究的延伸。基于 VAR 模型系统的脉冲响应函数可以衡量当某一内生变量受到一个标准差的冲击时，对该内生变量及 VAR 模型系统中其他内生变量的动态影响。而方差分解则是通过分析每个冲击对内生变量变化的贡献度来测度不同冲击对每个内生变量的相对重要性。当城市群内某个城市发生大气污染时，它对其他城市空气质量的影响程度及持续时期可以通过脉冲响应函数进行清晰刻画，从而衡量出各城市间大气污染的动态影响。而运用方差分解方法可以量化城市群内各个城市对其中任一城市空气污染的贡献程度，为进一步设计大气污染结算机制提供科学依据。

第三节　城市群内各城市大气污染贡献净份额测度

需要说明的是，以下分析所用到的数据为关中城市群 5 个城市 2015 至 2017 年三年的空气质量指数（AQI）分时数据。

一、各城市大气污染扩散强度和时滞分析

首先，使用关中城市群各年度 AQI 数据构建分年度 VAR 模型，之后进行各年度 VAR 模型的脉冲响应函数分析，通过提取脉冲响应函数图信息，可得到城市间空气污染影响峰值出现的时间以及峰值大小两个指标，总结如表 10-1 所示。

表 10-1 城市间大气污染相互影响情况

年份	冲击发出城市	受冲击后峰值出现所需小时数及峰值大小				
2015	VAR（5）	西安	咸阳	铜川	宝鸡	渭南
	西安	—	6 [5.2]	11 [5.1]	15 [3.9]	8 [6.0]
	咸阳	4 [3.9]	—	13 [2.9]	16 [2.5]	9 [5.3]
	铜川	12 [3.2]	13 [3.6]	—	8 [4.7]	6 [3.7]
	宝鸡	13 [3.7]	14 [4.3]	4 [2.4]	—	19 [3.8]
	渭南	5 [1.3]	6 [1.8]	8 [2.1]	13 [1.3]	—
2016	VAR（5）	西安	咸阳	铜川	宝鸡	渭南
	西安	—	4 [10.1]	16 [3.9]	14 [5.4]	8 [9.5]
	咸阳	5 [3.3]	—	3 [1.5]	42 [0.1]	7 [4.5]
	铜川	6 [5.9]	6 [7.4]	—	6 [5.5]	6 [8.7]
	宝鸡	12 [6.2]	11 [5.9]	8 [4.7]	—	19 [3.6]
	渭南	11 [2.7]	10 [3.2]	12 [1.2]	30 [0.7]	—
2017	VAR（5）	西安	咸阳	铜川	宝鸡	渭南
	西安	—	7 [12.5]	11 [5.4]	10 [7.1]	11 [9.6]
	咸阳	6 [5.0]	—	23 [0.81]	30 [0.66]	7 [4.5]
	铜川	12 [6.8]	10 [7.5]	—	8 [6.6]	11 [7.6]
	宝鸡	8 [6.4]	7 [5.3]	4 [3.8]	—	8 [4.1]
	渭南	6 [1.5]	18 [1.3]	9 [1.9]	31 [0.41]	—

表 10-1 中"［］"内的数值为某个城市受系统中其他城市（不妨将其称冲击发出城市）一个标准差的大气污染冲击后，该城市大气污染达到的峰值，"［］"外的数字为该城市大气污染达到峰值所需要的小时数，这两个数字分别反映了大气污染从冲击发出城市向受冲击城市扩散的强度和时滞。从表 10-1 可以看出，各城市大气污染扩散的强度和时滞显现出非对称

现象，且每年大气污染扩散的强度和时滞亦有所不同，大气污染扩散的时空异质性非常明显，说明了按年度对各城市大气污染的外部性进行量化进而设计结算机制的必要性。

二、各城市大气污染贡献净份额测算

大气污染并不仅仅是某一城市的责任，邻近城市对于其污染的"贡献"不可忽略。实施大气污染区域联防联治虽然已是共识，但由于责任及利益划分的不明确，当前多依靠行政手段，尚未建立可以长效运行的机制[①]。结合各城市大气污染扩散强度和时滞的非对称现象，本部分运用基于 VAR 模型的方差分解方法，尝试量化当某个城市大气污染情况（以 AQI 衡量）发生变化时，该区域内所有城市对该市大气污染的贡献程度，为明确城市群内各城市大气污染的责任划分提供解决思路。

某城市的大气污染除了受自身经济发展、人口密度等因素的影响以外，还会受到区域内其他城市的影响。令 p_{ab} 表示城市 a 受城市 b 冲击后大气污染达到的峰值，令 t_{ab} 表示城市 a 受城市 b 冲击后达到峰值所需的小时数，那么，城市 a 受 b 发出的大气污染冲击后到达峰值的污染传导速度 v_{ab} 为：

$$v_{ab} = \frac{p_{ab}}{t_{ab}} \tag{10.1}$$

城市 a 受城市 b 大气污染冲击后所达峰值越高，到达峰值所需时间越短，其所受影响越大，因此，v_{ab} 这一污染传导速度衡量了城市 b 对城市 a 大气污染的影响程度。分别求出各城市的污染传导速度，然后按照污染传导速度由大到小的顺序确定 Cholesky 因子分解的顺序，进行方差分解，即可得到

---

① 胡秋灵、刘伟奇：《区域大气污染外部性量化及结算机制设计——以宁夏回族自治区为例》，《宁夏大学学报（自然科学版）》2018 年第 39 卷第 1 期。

同一城市群内各城市对于每个城市大气污染变化的贡献度。关中城市群各城市大气污染贡献度的具体量化情况见表 10-2。

表 10-2　各城市大气污染的贡献程度

年份	AQI 变动城市	各城市对 AQI 变动城市的贡献程度（%）				
		西安	咸阳	铜川	宝鸡	渭南
2015	西安	66.4	1.2	9.3	21.6	1.5
	咸阳	24.0	42.9	9.2	21.5	2.4
	铜川	24.5	1.1	59.8	12.5	2.1
	宝鸡	18.1	1.08	11.8	67.9	1.1
	渭南	33.0	4.1	12.4	14.4	36.2
2016		西安	咸阳	铜川	宝鸡	渭南
	西安	62.6	1.6	12.7	19.8	3.4
	咸阳	24.0	41.1	15.0	16.0	3.9
	铜川	8.8	1.2	73.2	15.5	1.3
	宝鸡	14.9	2.0	5.5	76.9	0.7
	渭南	24.4	3.9	20.3	8.7	42.7
2017		西安	咸阳	铜川	宝鸡	渭南
	西安	62.2	4.9	13.3	18.6	0.9
	咸阳	30.5	40.8	13.8	14.1	0.8
	铜川	19.8	0.5	69.4	8.0	2.3
	宝鸡	24.0	0.3	12.5	62.7	0.5
	渭南	37.6	3.1	23.7	6.5	29.1

观察表 10-2 发现，表中每个矩阵主对角线上的数值是其所在行的最大值，这表明大部分城市需要对自身的大气污染承担主要责任。此外，非主对角

线上的数值并不对称，说明各城市大气污染之间的影响不会相互抵消。以西安市为例，表10-2中某年"西安行"表示该年所有城市对西安市大气污染变化的贡献度，"西安列"则表示该年西安市对区域内所有城市大气污染变动所应承担的责任，列值之和减去行值之和后的差值便为该年西安市的大气污染贡献净份额。显然，某一城市的年度大气污染净贡献份额可正可负。用S表示大气污染贡献净份额，则S衡量了某城市与区域内其他城市大气污染相互影响的净效应，即该城市大气污染的外部性。基于表10-2所测各城市大气污染贡献度，可以计算出关中城市群各城市大气污染的外部性，结果见表10-3。

表10-3　各城市大气污染外部性量化

年　份	西　安	咸　阳	铜　川	宝　鸡	渭　南
2015	66.0	-49.6	2.5	37.9	-56.7
2016	34.7	-50.2	26.7	36.9	-48.0
2017	74.1	-50.4	32.7	9.9	-66.4

当S>0时，该城市为"大气污染净输出方"，说明该城市对区域内其他城市大气污染的贡献度之和要高于其他城市对该城市大气污染的贡献度之和；当S<0时，该城市为"大气污染净输入方"，说明该城市对区域内其他城市大气污染的贡献度之和要低于其他城市对该城市大气污染的贡献度之和。如2015—2017年，西安市均为大气污染净输出方，这既有社会经济方面的原因，也有地理位置及风向等气象因素的影响。显然，同一年份中所有城市的S值总和为零。

同理，根据市内遍布的监测点搜集的空气质量数据，我们可以进一步测算出区（县）乃至村镇一级的大气污染外部性，将责任落实到基层去，为精确实施大气污染治理提供有力依据。值得注意的是，各地区每年的大气污染外溢度各不相同，且随着大气污染治理的深入开展将会有更大的变化，而无论作为"大气污染净输出方"还是"大气污染净输入方"，均是一个相对的"定性"概念，需要结合当年大气污染治理是否达标来判断是否需要实施进一步的奖惩措施，以便为各地区开展大气污染治理提供激励。

第四节　区域联防联治组织架构及结算机制设计

一、组织架构设计

要落实区域联防联控，首先必须设立权威的组织管理机构作保障。参考美国建立联邦环境署及其下设的区域办公室等机构，城市群可以分层设置组织机构进行管理。仅由环保部门参与会使其缺乏相关政府权限而阻力重重，因此本书建议由城市群财政部门和环境保护部门共同参与，既利于环保目标的制定与监督，又便于进行城市间的结算工作。

本书提出设置三层结构，如图 10-1 所示：①由城市群财政部门和环境保护部门牵头，设置"城市群联防联控委员会"作为第一层级，对城市群内的联防联控工作进行统筹，设定各市的大气污染治理目标，并对下设机构的环保治理情况和城市间结算情况进行监督。②在所辖五市分别设置五个"市联防联控委员会"作为第二层级，考察各市的大气污染治理目标完成度，对下级区县的大气污染治理目标做具体分工，并对其实施相应的监督及结算工作。③根据各市行政区划设置若干"区县联防联控委员会"作为第三层级，利用广泛分布的监测点位，分村、镇对大气污染治理工作进行细分，并对其大气污染治理目标完成情况进行考核和结算，将责任明确落实到村、镇一级。

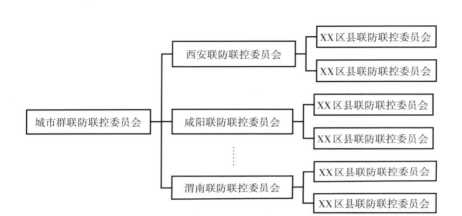

图 10-1　大气污染联防联控组织架构

二、结算机制设计

首先，设定年度空气质量目标。由"城市群联防联控委员会"设定城市群内所辖 5 座城市的空气质量目标，比如年均 AQI 值降低一定百分比，或全年达中度及以上污染的天数控制在若干天以内，分别依据各城市的特点做具体划分。类似地，再由"市联防联控委员会"设定该市各区（县）的空气质量目标，由"区县联防联控委员会"根据其境内遍布的监测点位将大气污染治理目标进一步细化、落实至乡镇。

其次，根据年度空气质量目标，按季节分别设立具体目标并进行考核，尤其重点关注空气质量较差的春冬季节。对于未完成目标的区域，要将责任落实到乡镇，从底层着手解决大气污染问题。

最后，根据年末空气质量达标情况进行结算。由"区县联防联控委员会"对各村镇的达标情况进行核查及结算，再由"市联防联控委员会"对各区县的达标情况进行结算，最后由"城市群联防联控委员会"对各市的空气质量达标情况进行核查及结算。重点关注未达标地区、季节的具体污染情况，及时调整相应治理策略，并由此确定下一年的空气质量目标。

进行结算工作时，依据某地空气质量贡献净份额 S 将其划分为"大气污染净输入方"或"大气污染净输出方"，当该地空气质量达标时，若其为大气污染净输入方，可以获得奖励，若其为大气污染净输出方，则无须缴纳罚金。当该地空气质量未达标时，若其为大气污染净输入方，则不会获得奖励，若其为大气污染净输出方，则需要缴纳罚金。根据大气污染净份额 S 计算出具体奖惩金额，如图 10-2 所示。

假设 k 市空气质量目标为 W_k，k 市空气质量实际值为 A_k，每一单位大气污染净份额奖惩金额为 X 元，由"城市群联防联控委员会"统一制定。当 k 市达到空气质量目标 W_k 时，即 $A_k \leqslant W_k$ 时，若 $S_k \leqslant 0$，获得奖励 | $S_k * X$ | 元，若 $S_k > 0$，不支付罚金；相反，若 k 市空气质量未达标，即 $A_k > W_k$ 时，若 $S_k \leqslant 0$，不会获得奖励，若 $S_k > 0$，则支付罚款 $S_k * X$ 元。依次类推至区县及村镇进行结算。支付的罚金可以直接由财政拨入所属层级联防联控委员会专设的账户，专门用于开展区域内大气污染治理工作。

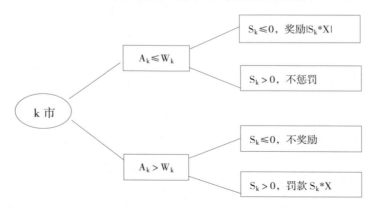

图 10-2　区域大气污染结算机制

通过这种结算机制，各地区可以将治理大气污染的具体责任明确分配至区县、村镇等基层单位，为大气污染区域联防联控工作的开展提供了技术支持，亦为各地下辖的细分单位治理大气污染提供了一定的主动性。

第五节　研究结论及有待进一步研究的问题

一、研究结论

本章以关中城市群为例，利用2015至2017年分时 AQI 数据，借助 VAR 模型的脉冲响应和方差分解方法，对各城市大气污染的外部性进行了量化，并基于此设计了大气污染结算机制。获得如下研究结论：其一，大气污染扩散具有非对称性。在同一区域内，城市 a 的大气污染向城市 b 扩散的强度及时滞与城市 b 的大气污染向城市 a 扩散的强度及时滞不同。其二，存在大气污染净输入方与净输出方。在同一区域内，某些城市为大气污染净输入方，另一些则为大气污染净输出方。可以据此明确各城市在大气污染治理中对应的责任，并设计各城市间的结算机制。其三，结算机制具有普适性。该方法不仅适用于城市群内各城市间的结算，同样适合于其他类型区域，如城市内各区县大气污染责任分担与结算。

二、有待进一步研究的问题

本章在设计大气污染结算机制的过程中，依然存在几点问题有待解决：

1. 在量化各城市大气污染外溢度的过程中，仅考虑了所选范围内城市间大气污染的影响，忽略了辖区范围之外的城市，这可能会造成测算误差。

2. 进行结算机制设计时，需合理设定每一单位大气污染净份额的奖惩金额，既要符合大气污染治理成本，又要使各地政府部门给予一定重视。结算过程中亦要严格秉持"公平、公正、公开"的原则，确保其在各个层级均能顺利实施。

后　记

在书稿即将出版之际，我百感交集，需要说的话很多，但都汇集于两个字：感谢！

感谢金融，虽然不是金融科班出身，但一直保持着对金融的热爱，依仗着硕士研究生时期和博士研究生时期大量的学习和阅读积淀，依仗着数十年如一日的财经热点新闻浏览、思考与学习，读者会发现我的观点创新中总会有金融的影子，习惯于将已有的金融知识用到所研究的新的领域问题，我的研究生们应该会有这种体会，在看到他们论文存在问题或创新面临瓶颈时，我都习惯于从自己已有的金融知识寻求突破，这也许恰好体现了金融工程的思想精髓。

感谢数学，作为计算数学专业科班出身的我，一直保持着对数学的热情，尽管专业深度与广度已无法与曾经的同窗相比，但数学教给我的严密的思维逻辑仍然保持着，自认为没有给数学丢脸，只要我能想明白，我就一定能讲明白，本科、硕士、博士答辩中，我总能获得好评，原因是听者即使不懂我的研究领域，但在听我讲解之后，也能明白我在做什么，这是曾经的一位同事批评她的学生时的原话，虽然以第一人称的形式写出。我想这也是我的学生们喜欢我讲授的计量经济学课程的原因。

感谢陕西师范大学刘明教授，在我犹豫彷徨、踌躇不前时，他总会给予我鼓励。也许是曾经伤得太深的缘故，偶然的热情总会被一股无形的力量浇灭。虽然从未停止研究与思考，但是从不想因为一些外因改变自己的研究兴趣。好在我等到了一些契机，所以想也许还有一拼。

感谢西安交通大学陈逢吉教授、张成虎教授、李富有教授、冯涛教授、沈悦教授、崔建军教授、王晓芳教授、邓晓兰教授、宋丽颖教授，当然还有冯根福教授、孙早教授、严明义教授等，他们或给予我学业上的帮助，或给予我精神上的鼓励，或与我亦师亦友，从不吝惜对我的夸赞，也毫无保留地批评我、刺激我、鼓励我前进。

感谢陕西师范大学国际商学院的雷宏振教授、周晓唯教授、张淑慧教授、许军教授、王琴梅教授、睢党臣教授以及所有学术委员会的其他同仁对本著作的认可，在评审稿还有诸多瑕疵时，你们选择了投支持票，加速了这本著作的面世。感谢张治河教授、易兰教授、王兆萍教授在教育部课题申请过程中给予的经验分享，没有教育部课题也就没有这本著作，感谢解勇国书记以及国际商学院的其他所有同仁，你们均给予了我充分的理解、支持与信任。

感谢我所有的学生们，你们一直陪伴我、激励我前行，看着你们渴求知识的目光和积极的学习态度，我从不敢懈怠，在我心中，你们是学生、孩子、朋友，不管在哪里，心中装着的是永远的牵挂。特别感谢我的学生杨哲、李雅静、游艳艳、刘伟奇、郭帅，从数据收集、初稿撰写，到思想火花的碰撞，你们都给予了我充分的支持，你们年轻有为、勤奋刻苦、思维活跃，积极肯干，没有你们，书稿的完成估计还需时日。特别感谢我的研究生杨哲，本书所用的所有数据都是他所收集的，他对书稿的编辑、修改工作也付出了辛勤的劳作。

　　感谢人民出版社的曹春老师还有其他所有老师，你们为本书的最终出版付出了辛劳。

　　感谢我的家人对我的理解与支持，辛苦工作的路上自然疏于对你们的照顾，有时候甚至无视于你们的存在，可是你们始终毫无怨言。

　　谨以此献给所有支持我的你们！

胡秋灵

2018 年 11 月

责任编辑:曹　春　于　璐

图书在版编目(CIP)数据

空气变化规律与污染治理:基于西部城市群大气环境质量数据/
　胡秋灵　著. —北京:人民出版社,2018.12
ISBN 978－7－01－017554－6

Ⅰ.①空…　Ⅱ.①胡…　Ⅲ.①空气污染控制-研究-中国　Ⅳ.①X51

中国版本图书馆 CIP 数据核字(2018)第 285499 号

空气变化规律与污染治理
KONGQI BIANHUA GUILÜ YU WURAN ZHILI
——基于西部城市群大气环境质量数据

胡秋灵　著

人民出版社　出版发行
(100706　北京市东城区隆福寺街 99 号)

北京盛通印刷股份有限公司印刷　新华书店经销

2018 年 12 月第 1 版　2018 年 12 月北京第 1 次印刷
开本:710 毫米×1000 毫米 1/16　印张:30.75
字数:406 千字

ISBN 978－7－01－017554－6　定价:138.00 元

邮购地址 100706　北京市东城区隆福寺街 99 号
人民东方图书销售中心　电话 (010)65250042　65289539